计算机类技能型理实一体化新形态系列

Python程序设计

项目化教程

（微课视频版）

主　编　刘衍琦　杨　斌
　　　　田　华
副主编　陈守森　许　强

清华大学出版社
北京

内 容 简 介

本书由校企联合开发，具有以下特色：一是兼顾基础理论和实践应用，实现从基础到实践的全覆盖，既涵盖程序设计基础知识、Python 语言基本语法和应用技巧，又包含项目思维，以工程项目演示 Python 语言实践应用，便于学生解决实际问题；二是编写人员既有教学经验丰富的高校教师，又有企业一线高级工程师，内容与社会岗位需求吻合，章节组织适合教学，语言通俗易懂，既便于教师教学，又便于学生理解；三是不仅提供教学大纲、教案等完整配套资料，而且提供电子活页、习题库等拓展资料，还提供相关公众号，既方便提供前沿配套资料和拓展资料，又能够为读者提供技术支持和答疑。

本书既可以作为高校教材，也可以作为自学参考资料。

本书封面贴有清华大学出版社防伪标签，无标签者不得销售。
版权所有，侵权必究。举报：010-62782989，beiqinquan@tup.tsinghua.edu.cn。

图书在版编目（CIP）数据

Python 程序设计项目化教程：微课视频版 / 刘衍奇, 杨斌, 田华主编．
北京：清华大学出版社, 2024.12.
（计算机类技能型理实一体化新形态系列）
ISBN 978-7-302-67713-0

Ⅰ. TP312.8

中国国家版本馆 CIP 数据核字第 202411EX48 号

责任编辑：张龙卿　李慧恬
封面设计：刘代书　陈昊靓
责任校对：刘　静
责任印制：杨　艳

出版发行：清华大学出版社
网　　址：https://www.tup.com.cn, https://www.wqxuetang.com
地　　址：北京清华大学学研大厦 A 座　　邮　编：100084
社 总 机：010-83470000　　邮　购：010-62786544
投稿与读者服务：010-62776969, c-service@tup.tsinghua.edu.cn
质量反馈：010-62772015, zhiliang@tup.tsinghua.edu.cn
课件下载：https://www.tup.com.cn, 010-83470410

印 装 者：小森印刷霸州有限公司
经　　销：全国新华书店
开　　本：185mm×260mm　　印　张：16　　字　数：388 千字
版　　次：2024 年 12 月第 1 版　　印　次：2024 年 12 月第 1 次印刷
定　　价：49.80 元

产品编号：099036-01

前　言

人工智能和大数据技术在社会各个领域应用广泛，使 Python 语言成为当下非常流行的编程语言之一。相比其他计算机编程语言，Python 编写程序时包含代码更少，同时开发的程序更容易阅读、调试和扩展。我国在中小学信息技术课程中也采用了 Python 语言作为编程基础语言，程序基础知识和思维已经成为人们必须掌握的基本能力与素养。

Python 在人们工作、生活中都有应用，人工智能、大数据程序、游戏、Web 应用程序、商业统计报表等都可以用 Python 实现。与此同时，由于学习和使用 Python 的人很多，Python 社区非常活跃，遇到问题时可以向解决过类似问题的人寻求帮助，社区中很多人愿意分享经验和回答问题。

对于大部分初学者，缺乏合适教材或教材讲述啰唆，以及反复调试程序，是掌握编程技能的几个重大障碍。因此，为消除初学者的学习障碍，本书设计目标如下。

（1）简单明确。用浅显的语言解析专业词汇。

（2）注重结果。尽量减少因为执行程序时无法通过而产生挫败感，可将程序执行过程分解为多个具体步骤。

（3）内容循序渐进。尽管本书内容来自于一个现实项目，但是通过任务分解、分步完成，就形成了一个由浅入深、由易到难的分层递进的体系结构。

（4）理实一体。通过本书的学习，不仅可以掌握编程语言，同时能够掌握编程技巧和方法，甚至包括和其他人协作完成项目。

为了照顾零基础读者，本书第 1 部分采用案例引导、理实一体的方式编写，第 2 部分按照真实软件项目开发方式组织内容。通过阅读本书，能够实现从零开始快速掌握 Python 程序设计。本书第 1 章介绍了程序运行环境和开发环境，便于读者理解程序的基本概念；第 2 章介绍了如何从头建立一个项目开始设计读者的第一个程序；第 3 章介绍了 Python 语言基本语法，包括标识符、数据类型、运算符、内置函数等基础知识；第 4 章介绍了程序设计的三种基本结构，注重程序思维培养；第 5 章介绍了函数的相关知识；第 6 章介绍了常用的可视化和面向对象方法，使读者对程序有一个总体认识。至此，读者已具备 Python 程序设计基础能力。接下来提供了课堂电子考勤软件、智能翻译软件、AI 手写数字识别软件和高数问题求解软件 4 个综合实训供读者实践，按照填写项目确认单、环境搭建、界面设计、功能设计、测试、验收等步骤完成。

不同学习目标的人可以选择不同的学习方法：将来不会从事程序设计相关工作的人，只需要通过复制本书提供的源代码了解知识点即可；而对于想成为计算机专业人才的读者而言，则最好通过自己动手设计代码逐步完成相关工作，并且需要深入阅读和思考拓展知识。本书是一本 Python 程序设计的入门教材，本系列教材还包括高级项目实战、人工智能和大数据等专门的教材，读者可以逐步学习。

最后，对在本书编写过程中提供过帮助的教师和同学们表示感谢。

限于编者水平，书中难免有一些错误，欢迎大家批评指正。

编　者
2024 年 9 月

目 录

第1部分 基础知识

第1章 运行环境和开发环境 3
- 1.1 Python 语言简介 3
  - 1.1.1 程序设计语言简介 4
  - 1.1.2 Python 语言 5
- 1.2 运行环境 7
  - 1.2.1 硬件运行环境 7
  - 1.2.2 软件运行环境 8
- 1.3 开发环境 11
- 1.4 运行 Python 程序 16
  - 1.4.1 从终端运行程序 16
  - 1.4.2 从 PyCharm 运行程序 18
- 1.5 实践训练 20

第2章 建立项目 22
- 2.1 创建项目 22
  - 2.1.1 在 PyCharm 中创建项目 23
  - 2.1.2 常见问题 26
- 2.2 程序的灵魂——算法 27
  - 2.2.1 算法概念理解 28
  - 2.2.2 常用算法举例 28
  - 2.2.3 算法评价 30
- 2.3 流程图和三种基本结构 31
  - 2.3.1 流程图 31
  - 2.3.2 三种基本结构 31
  - 2.3.3 流程图举例 33
- 2.4 实践训练 36

第3章 开发基础 38
- 3.1 标识符和输入/输出 38
  - 3.1.1 标识符 39
  - 3.1.2 输入/输出函数 43
- 3.2 数据类型和运算符 45

- 3.2.1 数据类型 ... 46
- 3.2.2 数据类型转换 ... 47
- 3.2.3 运算符 ... 48
- 3.3 字符串 ... 50
  - 3.3.1 字符串的定义 ... 51
  - 3.3.2 转义字符 ... 52
  - 3.3.3 字符串格式化 ... 53
  - 3.3.4 字符串运算符 ... 55
- 3.4 列表 ... 55
  - 3.4.1 列表的创建 ... 56
  - 3.4.2 列表的访问 ... 57
  - 3.4.3 列表元素的操作 ... 58
  - 3.4.4 列表训练 ... 66
- 3.5 元组 ... 68
  - 3.5.1 元组的定义 ... 68
  - 3.5.2 元组的创建 ... 69
  - 3.5.3 元组的访问 ... 70
  - 3.5.4 元组的遍历 ... 71
  - 3.5.5 修改元组 ... 72
  - 3.5.6 删除元组 ... 72
- 3.6 字典 ... 72
  - 3.6.1 字典的定义 ... 73
  - 3.6.2 字典的创建 ... 74
  - 3.6.3 字典的访问 ... 74
  - 3.6.4 字典的遍历 ... 75
  - 3.6.5 字典元素的修改 ... 76
  - 3.6.6 删除字典 ... 76
- 3.7 实践训练 ... 77

第 4 章 程序结构 ... **79**

- 4.1 顺序结构 ... 79
- 4.2 选择结构 ... 80
  - 4.2.1 选择结构流程图 ... 82
  - 4.2.2 条件表达式 ... 82
  - 4.2.3 if 语句 ... 84
  - 4.2.4 选择结构嵌套 ... 88
  - 4.2.5 条件运算符构成的选择结构 ... 91
  - 4.2.6 选择结构的应用 ... 92
- 4.3 循环结构 ... 97
  - 4.3.1 循环结构的流程图 ... 97
  - 4.3.2 while 语句 ... 98
  - 4.3.3 for 语句 ... 99
  - 4.3.4 break 语句和 continue 语句 ... 100

	4.3.5	循环结构嵌套与算法效率	103
	4.3.6	循环结构的应用	105
4.4	实践训练		109

第5章 函数 111

- 5.1 函数的定义和调用 111
  - 5.1.1 函数的定义 112
  - 5.1.2 函数的调用 112
- 5.2 函数的参数 113
  - 5.2.1 参数的类型和形式 113
  - 5.2.2 函数的返回值 118
- 5.3 嵌套和递归 119
  - 5.3.1 函数的嵌套调用 119
  - 5.3.2 函数的递归调用 120
- 5.4 变量的作用域 121
  - 5.4.1 局部变量 121
  - 5.4.2 全局变量 122
- 5.5 常用的内置函数和标准库函数 124
  - 5.5.1 内置函数 124
  - 5.5.2 标准库函数 127
- 5.6 实践训练 129

第6章 开发进阶 131

- 6.1 班级出勤统计 131
  - 6.1.1 Matplotlib 工具包 132
  - 6.1.2 绘制曲线图 134
  - 6.1.3 绘制散点图 136
  - 6.1.4 绘制柱状图 137
  - 6.1.5 绘制直方图 138
- 6.2 学生学籍管理 140
  - 6.2.1 面向对象编程基础 142
  - 6.2.2 面向对象编程应用 148
  - 6.2.3 面向对象编程拓展 155
- 6.3 实践训练 159

第2部分 综合实训

综合实训1 课堂电子考勤软件 163

- 任务 7.1 填写项目确认单 163
- 任务 7.2 环境搭建 165
- 任务 7.3 界面设计 171
- 任务 7.4 功能设计 177
- 任务 7.5 测试 181

任务 7.6　验收 ··· 185

综合实训 2　智能翻译软件 ··· **188**
　　任务 8.1　填写项目确认单 ··· 188
　　任务 8.2　环境搭建 ·· 189
　　任务 8.3　界面设计 ·· 195
　　任务 8.4　功能设计 ·· 197
　　任务 8.5　测试 ·· 204
　　任务 8.6　验收 ·· 206

综合实训 3　AI 手写数字识别软件 ·· **208**
　　任务 9.1　填写项目确认单 ··· 208
　　任务 9.2　环境搭建 ·· 209
　　任务 9.3　界面设计 ·· 211
　　任务 9.4　功能设计 ·· 214
　　任务 9.5　测试 ·· 223
　　任务 9.6　验收 ·· 224

综合实训 4　高数问题求解软件 ·· **226**
　　任务 10.1　填写项目确认单 ··· 226
　　任务 10.2　环境搭建 ·· 227
　　任务 10.3　界面设计 ·· 230
　　任务 10.4　功能设计 ·· 233
　　任务 10.5　测试 ·· 245
　　任务 10.6　验收 ·· 246

参考文献 ··· **248**

第1部分 基础知识

第 1 章 运行环境和开发环境

运行环境和开发环境

- 掌握计算机硬件、软件的基本概念；
- 掌握程序开发软硬件环境概念和在软件开发中的作用；
- 了解 Python 语言的发展历史；
- 熟悉程序编码、运行的过程；
- 了解程序开发工具的作用和用法。

- 能够安装 Python 和 PyCharm 两个软件；
- 能够通过命令行进入 Python 编程环境；
- 能够通过 PyCharm 进入 Python 编程环境；
- 能够熟练建立工程，并成功运行示例程序；
- 能够完成综合训练，并熟练填写任务工单。

素养目标

- 理解信息化进程中创新的作用，培养创新精神；
- 养成认真仔细、精益求精的软件开发理念；
- 培养团队协作、有效沟通的能力；
- 培养爱岗敬业、履职尽责的职业精神。

1.1 Python 语言简介

　　程序是指计算机能够识别的一组指令，按照一定顺序和规则组合在一起；程序设计语言是用来书写指令的计算机语言，由一组记号和一组规则组成。计算机作为当前人类社会的一种重要辅助工具，其设计目的是提高人们的工作效率。计算机系统由硬件和软件组成，其中软件最主要的组成部分就是程序，即指挥计算机操作的指令集合，这些指令以计算机硬件能够"理解"的方式书写。也就是说，人们按照一定规则，应用程序设计语言设计出计算机软件，从而实现人和计算机之间的沟通交互，提高工作效率。人类借助程序语言设计程序从而指挥计算机，计算机通过执行程序完成工作。

1.1.1 程序设计语言简介

语言是人类用来沟通交流的工具之一，人与人之间使用语言进行交流，人类文明成果通过语言文字进行保存。

为什么不直接采用自然语言设计程序呢？一方面，自然语言种类繁多、千差万别，不利于计算机识别，据统计地球上有五千多种自然语言，显然让计算机识别每一种自然语言在当前阶段是不现实的；另一方面，自然语言语义在很多时候存在二义性和模糊性，一些词语无法作为计算机执行的指令，如汉语中一些"可能、也许"之类的词语，计算机系统无法给出具体执行结果。因此，必须单独设计出一套通用的指令系统，用于设计计算机程序，指挥计算机系统完成工作。

1. 机器语言

机器语言是最早、最原始的程序语言，也称为第一代程序语言。机器语言用二进制代码表示机器指令集合，与每台计算机的 CPU 等硬件有直接关系，难以理解、难以记忆，也难以掌握，很少有人能直接使用机器语言。但是机器语言是计算机芯片唯一能直接"理解"的语言，其他语言都需要翻译成机器语言。

2. 汇编语言

汇编语言是在机器语言之后出现的第二代程序设计语言，它将机器语言中指令符号化，使机器指令容易记忆，并且能够直接与符号相对应。尽管汇编语言已经采用符号来帮助人们记忆枯燥的指令，但是仍然难以记忆、难学难用。然而由于汇编语言可以面向计算机硬件系统直接编程，并且效率较高，因此在一些特殊的场合会利用汇编语言来进行程序设计。

3. 高级语言

在机器语言和汇编语言的基础上，又发展出了第三代程序语言，也就是我们通常所说的高级程序设计语言。第三代程序语言在形式上接近算术语言和自然语言，在概念上接近人们通常使用的语言，因此高级语言具有易学易用、便于记忆、通用性强、应用广泛等特点。高级语言的一个命令可以代替几条、几十条甚至几百条汇编语言指令，书写起来比较精简，大大提高了程序设计效率。高级程序语言主要包括以下几种。

（1）C 语言。C 语言是一种跨平台语言，既具有高级语言的特点，又具有汇编语言的特点，有时候人们把 C 语言称为中级程序语言。C 语言至今仍在广泛应用，也经常作为教学语言使用，并且现在流行的 Java 语言和 .NET 都以 C 语言语法为基础。

（2）BASIC 语言。BASIC 语言是一种结构简单但是功能强大的程序语言，其简单易学而且执行方式灵活，尤其是早期微软公司的大多数软件是用 BASIC 语言设计的，推动了 BASIC 语言的发展。随着程序设计技巧发展进步，在 BASIC 语言基础上发展出了 VB、VB.NET 等程序设计语言，很多计算机语言也借鉴了 BASIC 语言的语法结构。

（3）APT 语言。APT 语言是第一个专用语言，用于数控机床程序设计。

（4）Fortran 语言。Fortran 语言是第一个广泛使用的高级语言，其特点使其非常适合科学计算使用，为广大科研人员使用。在计算机语言发展初期，使用率非常高，但随着计算机深入社会各个行业，Fortran 语言逐步被淘汰。

（5）COBOL 语言。COBOL 语言是一种面向商业的通用语言，是 20 世纪商业程序设计使用最广泛的语言，现在很多流行的程序语言是以它为原型演化出来的，COBOL 语言适用于数据处理。

（6）Pascal 语言。Pascal 语言是一种重要的结构化程序设计语言，非常适合教学，曾被各大高校作为程序设计教学语言使用，但现在基本上已被淘汰。

（7）Perl 语言。Perl 语言是一种广泛应用于 UNIX/Linux 系统管理的脚本语言，至今仍被广泛使用。

（8）C++ 语言。C++ 语言是在 C 语言基础上发展起来的一种面向对象的程序设计语言，便于构建大型软件，并且具有较高的效率，有利于项目管理和开发。

（9）Java 语言。Java 语言是 SUN 公司在 C 语言语法基础上发展起来的面向对象的程序设计语言，它不仅是一种语言，同时包括了一系列软件开发技术和软件设计思想。Java 语言是一种跨操作系统的语言，具有高通用性、高安全性和易开发等特性，是目前最流行的程序语言之一。

1.1.2 Python 语言

Python 语言是一种解释型、面向对象的程序设计语言,具有简洁易学、应用广泛等特点,适合零基础入门学习，不少地区中小学开始 Python 语言学习，普及程序设计基础，锻炼程序设计思维。

Python 语言同时是开源的、免费的、解释型高级动态编程语言，多次跃居编程语言排行榜首位，已成为当今最为流行的开发语言之一。程序设计方面具有语法灵活、模块众多和跨平台等优点，能够广泛应用于科学计算、Web 开发、大数据及人工智能等领域。随着 Python 语言的普及，不同领域不断丰富的拓展库也极大增强了 Python 的功能，反过来进一步推动了 Python 的发展，使其几乎渗透到了所有的领域和学科，被称为"胶水语言"。它能够将不同语言编写的程序融合在一起，集成不同语言工具优点，满足人们实际应用要求，当前越来越多的院校已采用 Python 语言作为程序设计教学语言。

1. Python 语言发展历史

Python 语言诞生于 1990 年，是由著名计算机科学家吉多·范罗苏姆（Guido van Rossum）设计并领导开发。诞生 30 多年来，Python 语言主要形成了两大版本系列，即 Python 2.X 和 Python 3.X，二者比较相似，但也存在一定差异。

（1）Python 2.X。2000 年 10 月，Python 2.X 系列开始发布，目前最新版本为 Python 2.7，并且不再进行重大更新，主要适用于历史遗留 Python 代码。

（2）Python 3.X。2008 年 12 月，Python 3.X 系列开始发布，在语法和解释器内部都进行了较多改进，是当前流行的主要版本。本书采用 Python 3 语法进行示例。

2. Python 语言特点

Python 语言除了可以解释执行之外，还支持将其源代码通过伪编译方式得到字节码，以提高程序运行速度，同时在一定程度上对源代码进行加密，起到源代码保护作用。Python 有命令式和函数式两种编程模式，支持面向对象程序设计，便于构建多模块、多功能和多环境软件架构，并且具有较高开发效率，有利于软件项目管理和开发，具有较强通用性。其主要特点总结如下。

（1）简单且易学。Python 语言是一种解释型编程语言，遵循简单、明确、高效的设计原则，程序语法清晰易读，是程序设计初学者的入门首选。

（2）免费且开源。Python 语言是当前主流的开源程序设计语言之一，既允许自由下载、阅读和修改，也允许将其包含于其他符合开源协议的软件中发布。

（3）高级且易开发。Python 语言是一门高级程序设计语言，用户无须考虑底层实现细节，并且内置包含列表、元组和字典等高级数据结构，方便进行程序开发。

（4）面向对象且易移植。Python 语言支持面向过程和面向对象程序开发，提供类继承、重载和多态等功能，具有较强可复用性。Python 语言也支持跨平台开发，在主流 Windows、Linux 和 Mac 等环境下均可部署和运行，易于程序在不同平台上移植。

（5）功能丰富且易拓展。Python 语言提供了功能丰富的标准库，支持通过 pip 等命令安装第三方自定义库，方便不同领域应用需求。Python 语言也提供了丰富 API 和工具，便于软件拓展和系统集成，便于不同领域程序员协同开发。

（6）可嵌入其他语言。Python 语言具有灵活的可嵌入性，如将其嵌入 C/C++ 程序中，以提高其他程序语言脚本化编程能力。

基于以上特点，不少高校采用 Python 作为程序设计入门教学语言，不仅计算机相关专业大类学生学习 Python 语言，不少非计算机专业大类学生也选择学习 Python 语言，以获取程序设计思维，帮助其他专业课学习。一旦熟练掌握 Python 语言，不仅能够帮助学生掌握程序设计思维，并且对于学习其他程序语言以及大数据和人工智能算法等课程，都有非常大的帮助。

下面先来看一段用 Python 语言设计的程序源代码。

【例 1-1】 计算某选修课平均成绩并输出。

程序代码如下：

```python
# 选修课原始成绩列表
v=[65,90,77,80,76,55,64,88,92,83,72,93,50,74,49,54,71,87,63,67]
# 使用 len 函数求出人数
n=len(v)
# 初始化平均数
avg=0
for i in range(n):
# 根据原始成绩求出成绩总和
    avg=avg+v[i]
# 求出平均成绩
avg=avg/n
# 输出计算结果
print('平均成绩   ',avg)
```

这段程序运行结果如下：

平均成绩： 72.5

在这段程序中，以"#"开头的行为注释，注释是为了方便阅读程序，并不被计算机执行。其余为正式程序，又称为源代码，用来实现相应功能。那么这些源代码该放到哪里执行才能够得到想要的结果呢？怎样才能让计算机执行这些代码或者指令呢？或者说，要经过一个什么样的过程，才能得到我们想要的结果呢？例1-1中计算了20个人的平均成绩，如果不是20个人呢？平均成绩经过计算后，又将结果输出到哪里呢？如何查看结果？

通常情况下，可在设计环境中设计好源代码，并在相应运行环境（包括软硬件环境）中运行。接下来，我们将逐步了解运行Python程序的相关基础知识和操作方法，熟悉运行环境、开发环境配置，掌握程序设计知识和方法。

1.2 运 行 环 境

运行一个程序，不仅需要计算机、网络、存储等硬件设备支持，同时需要考虑操作系统、配套软件、数据库软件等软件兼容等问题。程序运行所需要的硬件设备和软件共同构成了程序运行环境，称为硬件运行环境和软件运行环境。

1.2.1 硬件运行环境

硬件运行环境是指能够支持软件运行的硬件系统，随着计算机软件的发展，运行软件对硬件的要求越来越高。例如，2GB内存可以支持Windows XP运行，但是对于Windows 7或Windows 10就捉襟见肘了。Python基础开发对计算机硬件配置的要求并不高，普通的四核CPU、4GB内存、100GB硬盘即可满足基础的开发需求。但是Python也经常用在一些复杂场合中，如大数据、人工智能等，这些开发场景可能会对内存、显卡等配置有特殊的要求。下面重点从程序与内存的角度来介绍程序硬件运行环境。

存储器是组成计算机的重要部分，其主要功能就是存储程序和数据，正是因为有了存储器，计算机才能具备"记忆"功能，是计算机智能化基础条件之一。计算机中主要存储器包括硬盘和内存，例1-1中提到的源代码，正是通过键盘输入（键盘和鼠标为计算机系统的输入设备），完成输入的源代码以文件形式存储在计算机硬盘中。因为硬盘中的数据即使在断电情况下也可以保存，因此完成输入的源代码不会丢失，设计人员下次既可以继续编辑，也可以通过U盘等外界存储设备复制到不同计算机上进行编辑。

在Python语言中，编辑好的源代码以源文件形式存放在硬盘上，此时该源代码无法直接运行，只有当设计人员下达运行指令时，代码从计算机硬盘中调入内存中，由Python解释器将其转换为字节码，再由Python解释器来执行这些字节码，从而得到运行结果。如图1-1所示，程序运行过程中将内存作为载体，程序启动时，需要将源代码从硬盘加载到内存，并由内存为源代码运行提供基础环境。源代码执行完毕，如果需要输出结果，则可将结果通过显示器或打印机等设备输出。

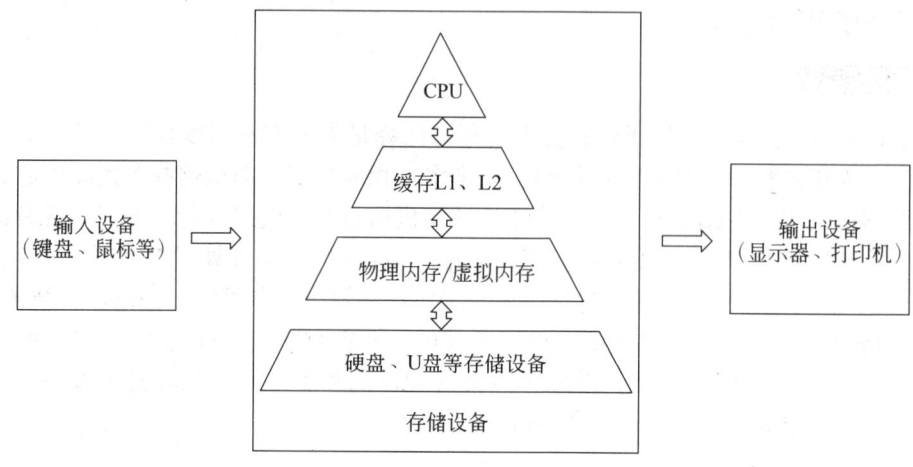

图 1-1　程序存储与运行

从图 1-1 中可以看出，程序是一组计算机能够识别的指令，这些指令按照一定的顺序组合，并以文件的形式保存。运行该程序时，计算机可以依据这些指令，有条不紊地进行工作。为了使计算机系统能实现各种功能，需要不同的成千上万的程序，这些程序既可以"同时"运行，也可以按照程序设计人员的意志依次执行。

1.2.2　软件运行环境

软件运行环境即操作系统平台和程序运行支撑软件（软件相关知识见本章电子活页）。不同程序设计语言往往需要不同软件运行环境的支持，如早期的 BASIC、Fortran、.NET 系列等语言只能运行在 Windows 操作系统上，在 Linux 上无法运行（现在可以通过安装一些支撑软件来运行）。后来出现了一些跨平台程序设计语言，如 C 语言、Java 语言，但是 Java 语言实际上需要安装 JVM 支持，从而忽视操作系统。程序设计语言运行环境和一些常见软件一样，需要考虑不同操作系统，如 Windows 32、Windows 64、Linux 和 macOS 等之间的差异。

Python 语言也是跨平台开发语言，其软件运行环境对操作系统平台没有要求，但需要安装 Python 解释器，下面我们以 Window 10 操作系统为例进行演示。

1. 下载文件

如图 1-2 所示，访问官网，单击 Download Python 3.10.2 按钮，下载得到如图 1-3 所示安装文件。注意由于 Python 处于持续发展阶段，所以不同时期下载的 Python 版本存在差异。此外，如果使用其他操作系统，如 Linux、macOS 等，也可按页面提示选择对应下载链接进行切换。

2. 安装下载好的文件

如图 1-3 所示，下载得到的安装文件为 exe 格式，与其他 Windows 软件安装过程类似，可直接双击此 exe 文件从而进入安装向导。为便于操作，此处尽量按软件默认选项进行安装，具体过程如下。

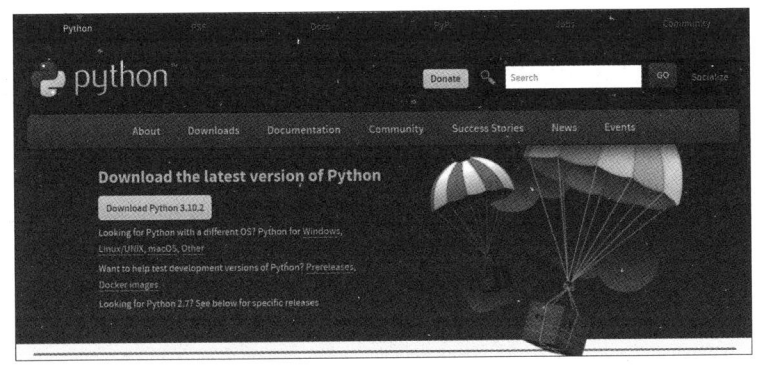

图 1-2　Python 下载页面　　　　　图 1-3　Python 安装文件

（1）如图 1-4 所示，选中底部 Add Python 3.10 to PATH 复选框，这样能自动配置 Python 路径到操作系统中，自动完成环境变量设置，便于系统指令找到执行程序。

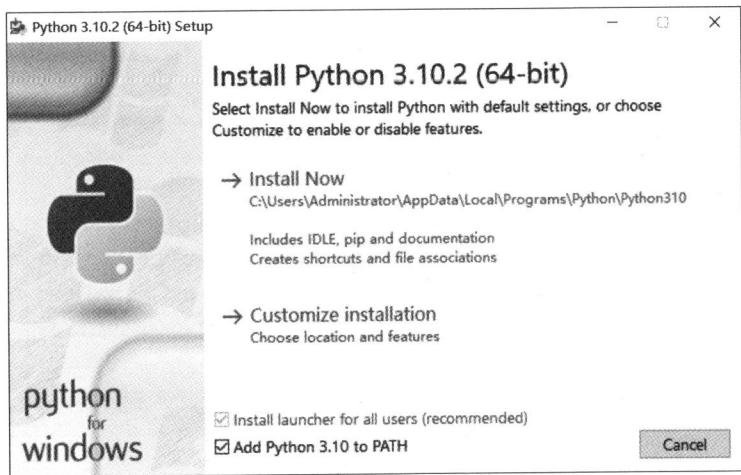

图 1-4　设置安装选项

（2）单击 Install Now 选项，执行安装，如图 1-5 所示。
（3）如图 1-6 所示，等待安装完成。
（4）如图 1-6 所示，部分计算机由于操作系统配置原因，可能会出现 Disable path length limit 的提示项，此时可单击此提示以完成最后的配置，最终结果如图 1-7 所示。

单击右下角的 Close 按钮，即可完成安装。根据前面的默认配置，安装目录为 C:\用户\Administrator\AppData\Local\Programs\Python\Python310，进入此目录可查看已安装的文件信息，如图 1-8 所示。

至此，Python 基础运行环境安装完毕，类似于例 1-1 这样的简单程序可以在该环境下运行。我们先对运行环境安装结果进行检验。进入 cmd 窗口（在操作系统搜索框中输入 cmd，然后按 Enter 键，即可进入 cmd 窗口），在命令提示符下输入 python 命令，按 Enter 键就可以得到如图 1-9 所示界面，这里显示了所安装的 Python 版本、版权等信息。

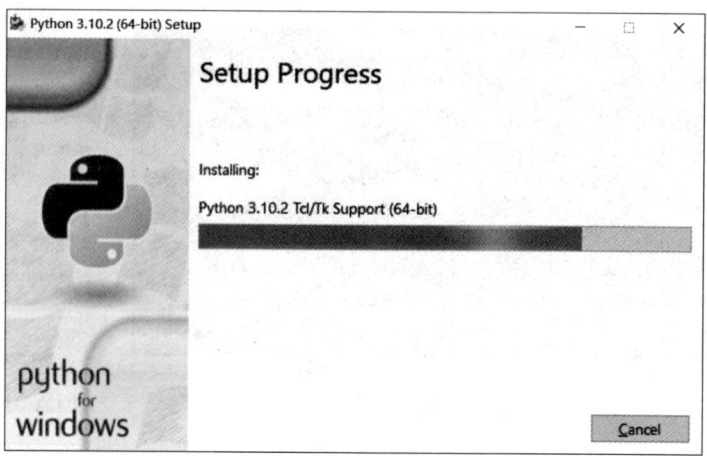

图 1-5 执行安装

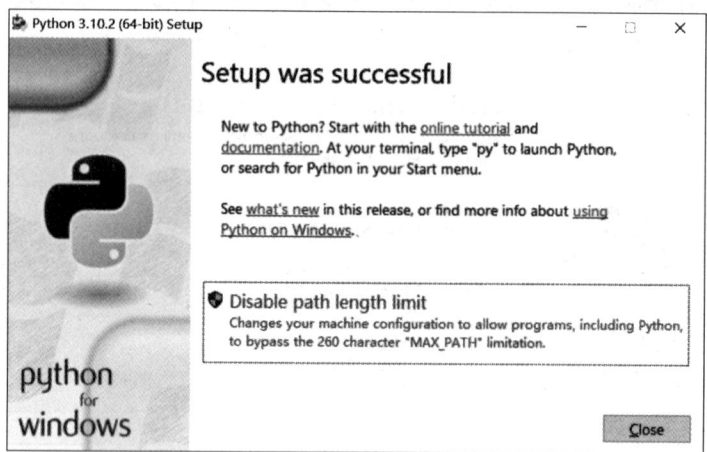

图 1-6 完成安装

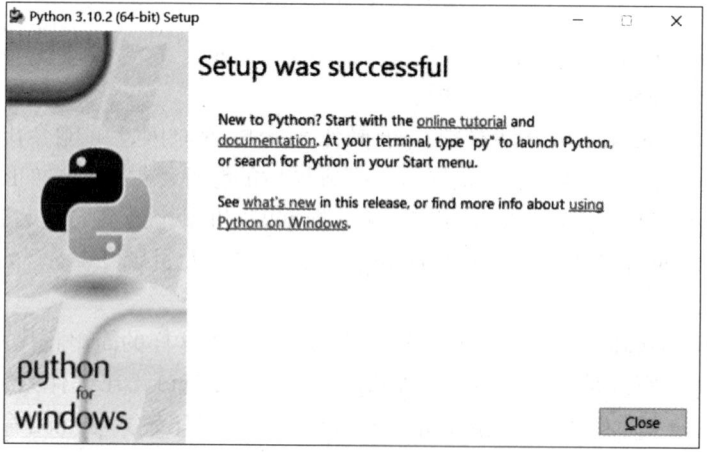

图 1-7 安装成功

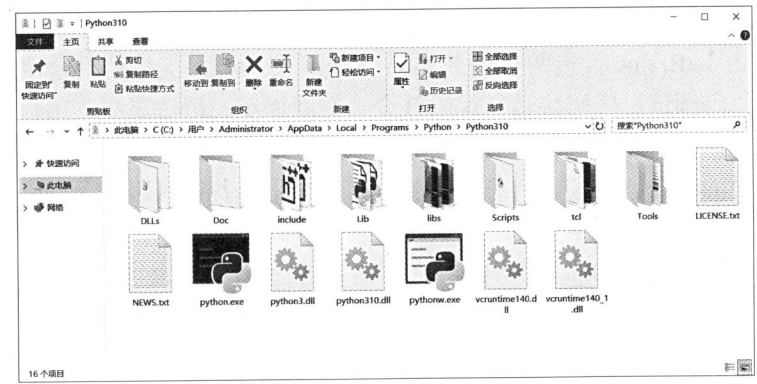

图 1-8　安装目录

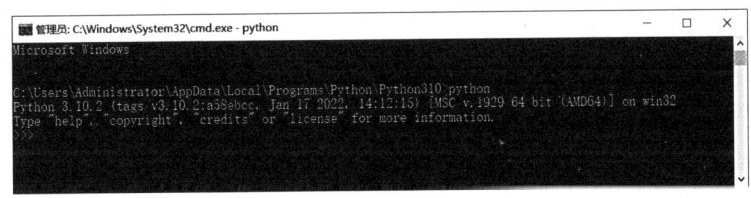

图 1-9　Python 版本、版权信息

注意：当在 cmd 窗口输入 python 命令以后，其提示符变为 >>>，这说明 Python 环境已经启动。在该提示符下，通过 Python 语言自带命令，可以实现运行程序、查看错误、调试程序等功能，在本书后面会进行介绍。

1.3　开 发 环 境

这里的开发环境主要是指软件开发环境（software development environment，SDE），硬件能够支持和运行开发环境所需软件即可，这里就不再单独阐述。软件开发环境是指在基本硬件和软件基础上，为支持系统软件和应用软件工程化的开发和维护而使用的一组软件。也就是用来支持书写和调试源代码的一组软件（一些大型项目工程需要多个软件配合），注意同一个项目、同一种语言，有很多种 SDE 可供选择，不同 SDE 有不同特点，至于如何选择，则主要根据项目特点和程序员的习惯偏好。常见的支持简单 Python 程序设计的 SDE 工具软件主要有以下几种。

（1）免费开发工具 Pydev+Eclipse。Pydev+Eclipse 是一组非常普遍、免费的 Python 开发工具，同时提供很多强大的功能以支持 Python 程序设计，如 Django 集成、自动代码补全、多语言支持、集成 Python 调试、代码分析等，这些强大功能使得其成为程序员的首选。

（2）一个开源并且遵循 GPL 协议、同样免费的文本编辑器 VIM。VIM 在 Python 程序设计人员中很受喜欢。VIM 不仅是一个功能强大、界面友好的文本编辑器，还是一个轻量级、模块化、快速响应的工具。同时 VIM 是一个支持 Linux 系统的 Python IDE，这满足了 Linux 开发者需求。

（3）专业的 Python 集成开发环境 PyCharm。PyCharm 是专门针对 Python 语言设计的 SDE 工具，是由 JetBrains 打造的一款 Python 集成开发环境，支持跨平台使用且具有强大的功能，包括代码调试、代码跳转、代码补全、智能提示、语法高亮、项目管理、单元测试和版本控制等。PyCharm 也支持插件拓展，提供方便的插件安装和管理功能，得到广大 Python 开发人员的青睐。PyCharm 有两个版本，一个是免费社区版本，另一个是面向企业开发者的专业版本。专业版本要更加高级，支持更多高级功能，如远程开发、数据库支持等。对于普通开发者和 Python 语言初学者而言，免费社区版本提供了足够多功能。

除了上述三种 SDE 以外，还有不少 SDE 能够支持 Python 语言进行程序开发，这里就不一一阐述了。接下来将对 PyCharm 下载、安装、使用过程进行详细介绍，本书大部分案例也是基于 PyCharm 进行开发的，本章介绍如何用 PyCharm 进行例 1-1 的开发，后面章节会逐步介绍其他功能。

1. 下载安装文件

官网提供多种版本的 PyCharm。如图 1-10 所示，本书选择 Windows 10 环境下的社区版 PyCharm 进行下载，得到的安装文件可参见图 1-11。

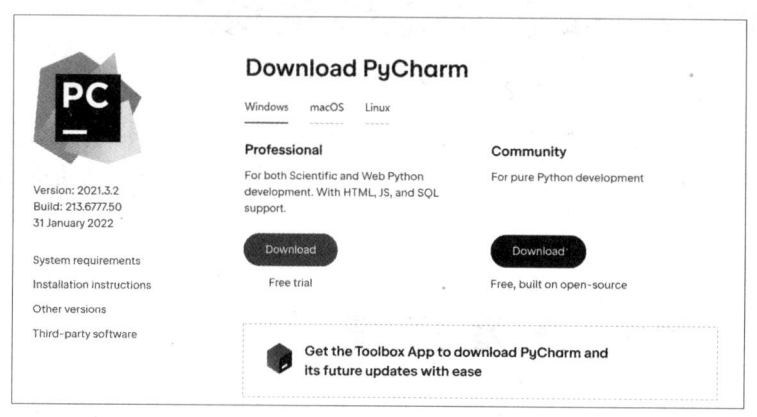

图 1-10　PyCharm 下载页面

图 1-11　PyCharm 安装文件

2. 安装 PyCharm

如图 1-11 所示，下载好的安装文件为 exe 格式，与其他 Windows 软件安装过程类似，可直接双击此 exe 文件从而进入安装向导。为便于操作，此处尽量按软件默认选项进行安装，具体过程如下所示。

（1）如图 1-12 所示，单击 Next 按钮进行安装。

（2）如图 1-13 所示，配置安装目录，单击 Next 按钮继续安装。

（3）如图 1-14 所示，配置安装选项，建议全部选中以便于使用并自动关联 .py，并单击 Next 按钮继续安装。

（4）如图 1-15 所示，单击 Next 按钮，执行安装。

（5）如图 1-16 所示，等待安装完成。

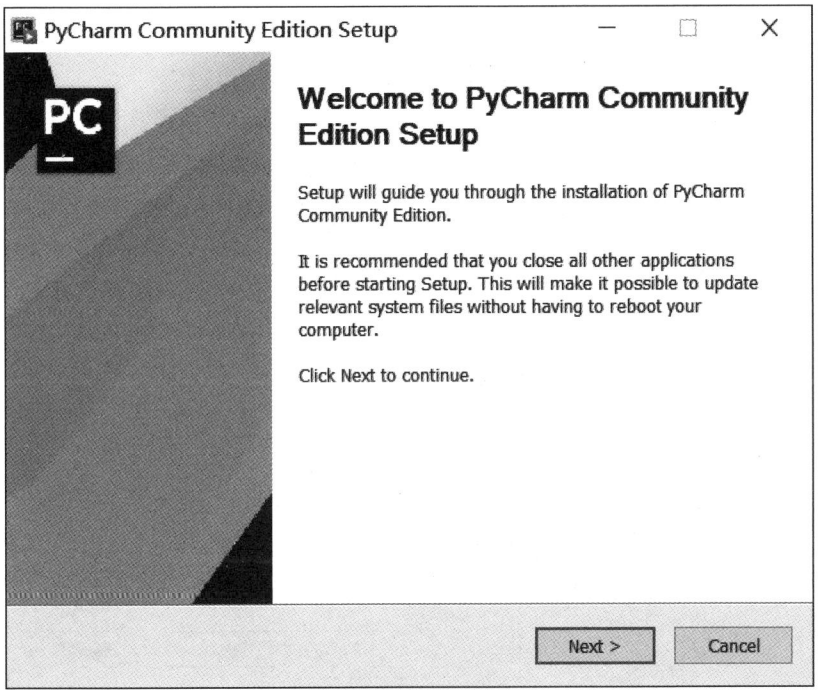

图 1-12　开始安装

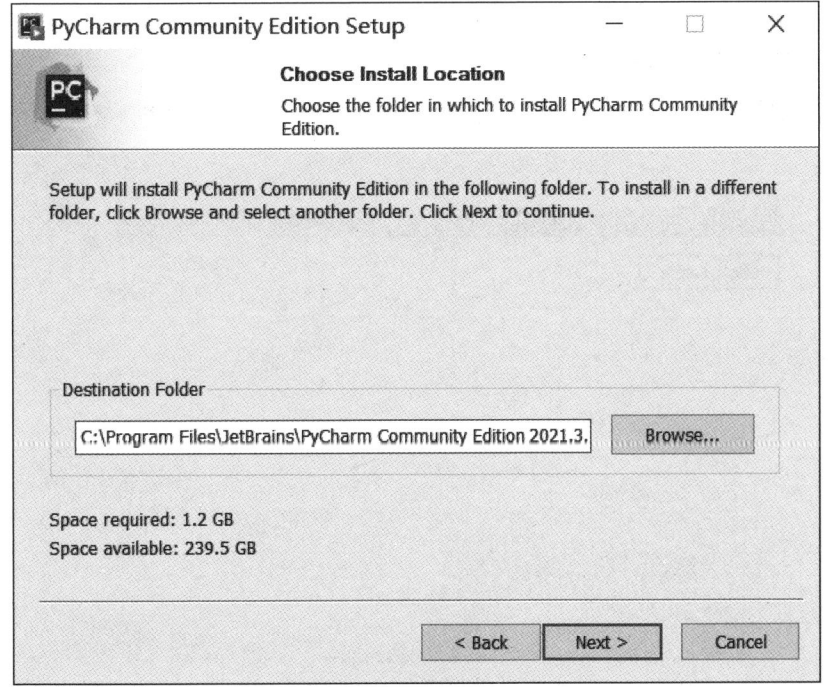

图 1-13　配置安装目录

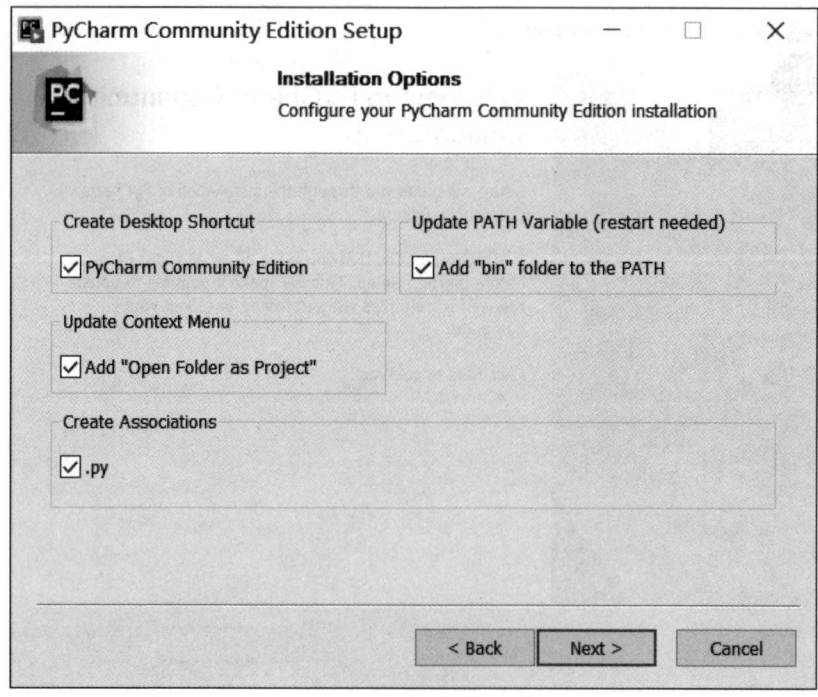

图 1-14　配置安装选项

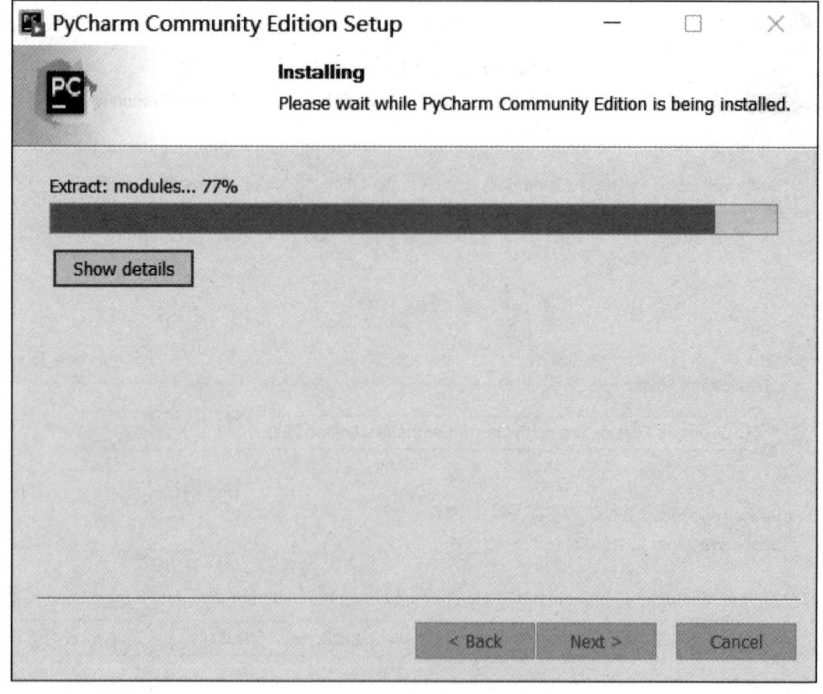

图 1-15　执行安装

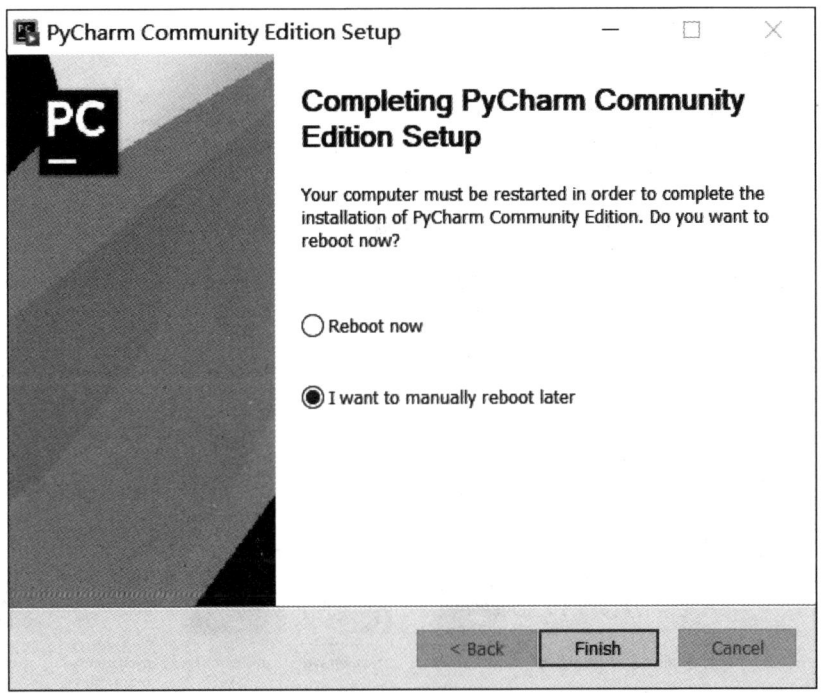

图 1-16　完成安装

单击 Finish 按钮，即可完成安装。根据前面的默认配置，安装目录为 C:\Program Files\JetBrains\PyCharm Community Edition 2021.3.2，进入此目录可查看已安装的文件信息，参见图 1-17。

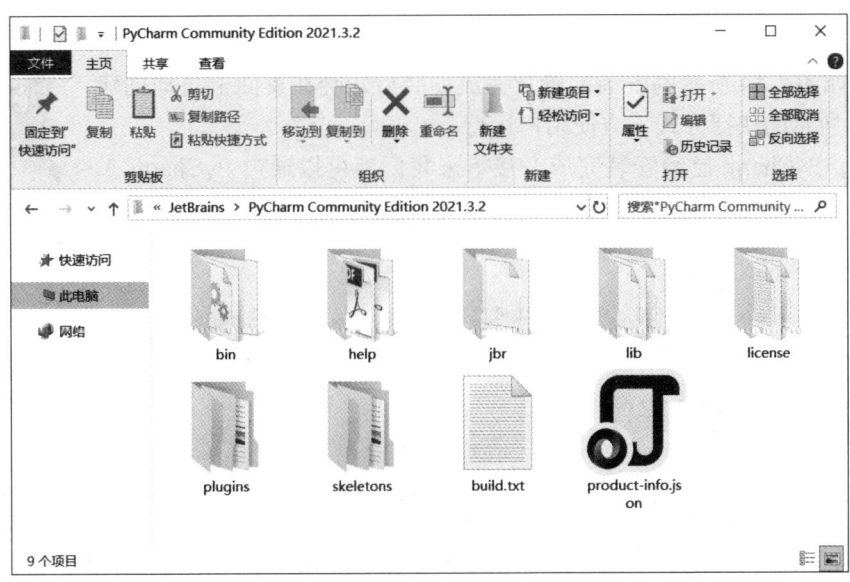

图 1-17　PyCharm 安装目录

此时，可进入 bin 目录查看可执行文件，具体如图 1-18 所示。

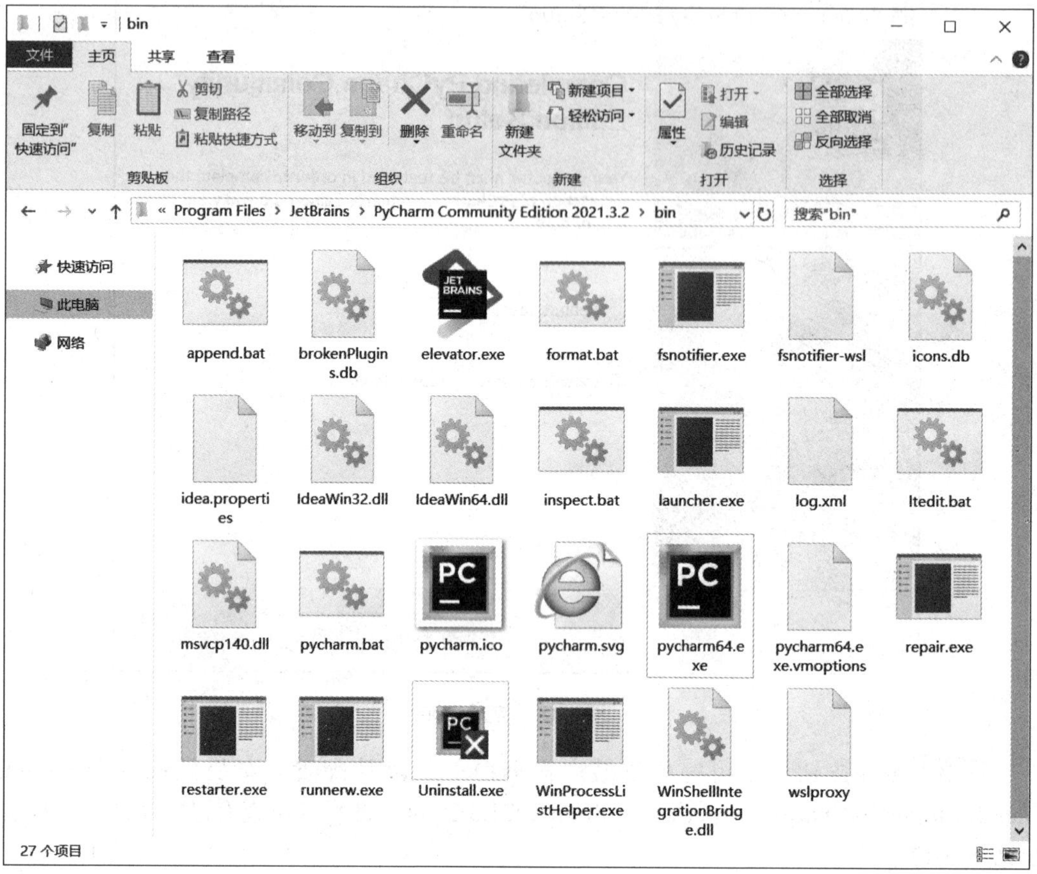

图 1-18　PyCharm 安装目录之 bin 目录

根据如图 1-14 所示的安装配置，完成安装后，会在桌面上自动创建如图 1-19 所示的快捷方式，方便用户运行。

至此，PyCharm 已经安装完成，接下来我们就可以通过 PyCharm 来进行 Python 语言程序设计了。

图 1-19　PyCharm 快捷方式

1.4　运行 Python 程序

1.4.1　从终端运行程序

如图 1-8 所示，安装完毕，Python 目录下包含了 Python 库目录和相关文件，其中 Python.exe 即为 Python 解释器。下面来看一下如何通过命令行窗口来运行 Python 程序。首先我们需要进入 Python 环境，即在操作系统中启动 cmd 命令窗口，并输入 python 命令。如图 1-20 所示，输入 python 命令后会自动进入编程窗口，并打印 Python 的版本信息和操作系统环境信息，在编程行首位置的 >>> 即为 Python 命令提示符，可在此提示符下编写程序，按 Enter 键后会自动运行。

图 1-20　在命令行窗口运行 Python 程序

例如，在此窗口下输入 print('hello Python') 命令，将会自动调用 Python 解释器执行并输出结果，具体如图 1-21 所示。

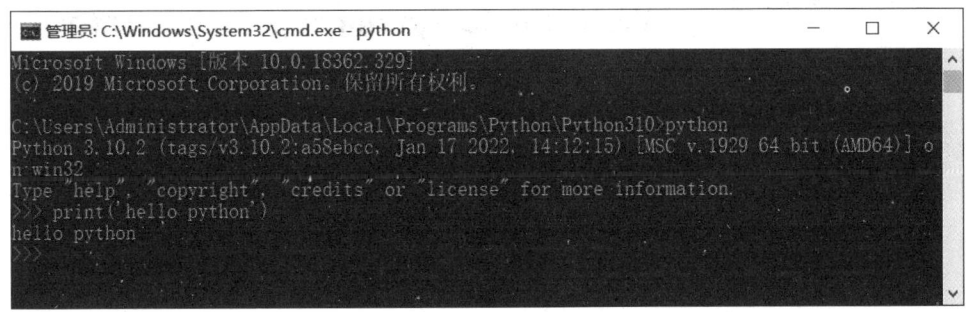

图 1-21　运行 Python 语句

如果想退出编程窗口，可采用以下 3 种方式。
（1）按 Ctrl+Z 组合键，再按 Enter 键。
（2）输入 quit( )，按 Enter 键。
（3）输入 exit( )，按 Enter 键。

Python 源码文件可以保存为以 .py 为后缀的文件，而在命令行窗口可以通过"python 文件名 .py"来执行 Python 文件。例如例 1-1，当我们在某个编辑器中编写好源代码，并将其保存到目录 C:/code/chapter01/ 中，命名为 code1_1.py，则打开 cmd 窗口并输入 python C:/code/chapter01/code1_1.py 即可运行此文件。程序运行完毕后会打印出平均成绩的输出结果，参见图 1-22。

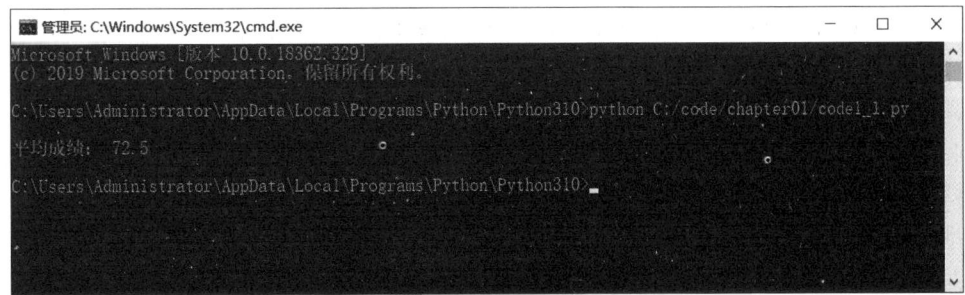

图 1-22　运行 Python 文件

17

1.4.2 从 PyCharm 运行程序

PyCharm 安装完毕后，可以发现它包含 bin 子目录和相关文件，其中 bin 目录下的 pycharm64.exe 即为 PyCharm 可执行文件，可直接进入 bin 目录并双击此文件运行，也可双击桌面上 PyCharm 快捷方式运行，运行后的效果如图 1-23 所示。

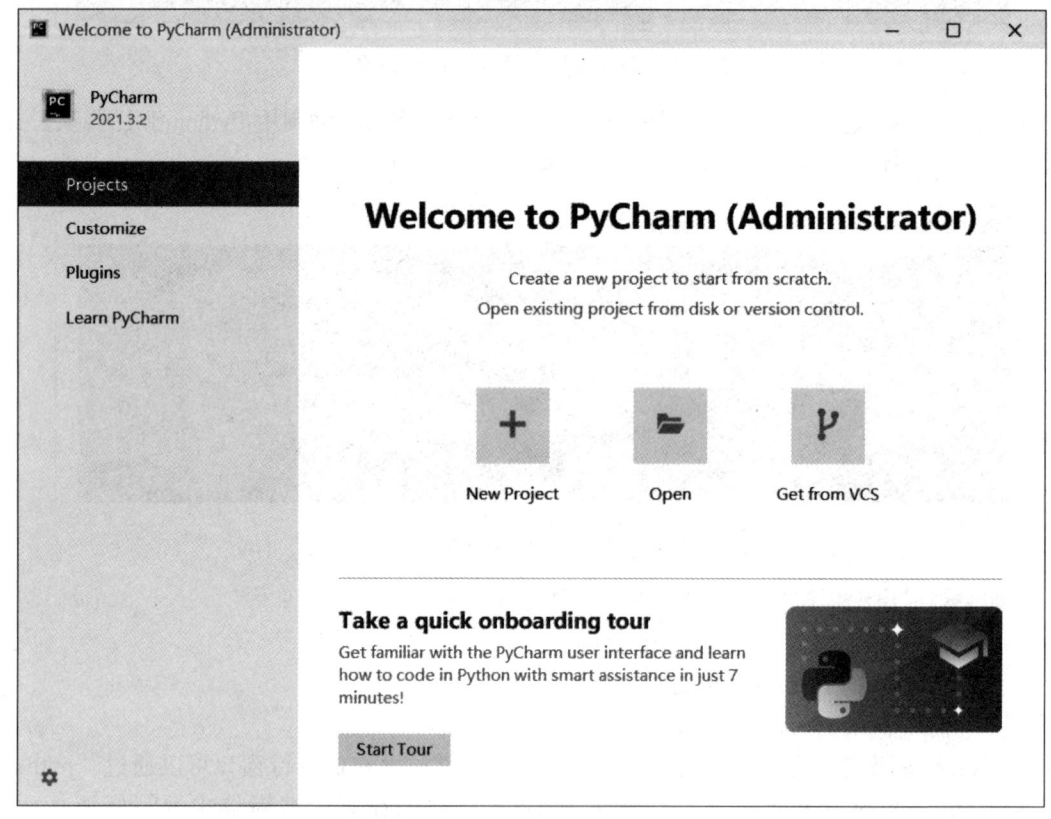

图 1-23 PyCharm 启动页面

如图 1-23 所示，PyCharm 启动后，首页呈现左右栏分布，左侧栏为菜单选项，右侧栏为内容面板。部分用户的首页可能会呈现出偏暗的灰色显示效果，此时可单击左侧的 Customize 选项，选择颜色主题来切换配置，具体如图 1-24 所示，可选择 Windows 10 Light 主题。

如图 1-24 所示，此时既可以选择配置颜色主题，也可以进行字体大小等配置，编辑后会自动即时生效。然后，单击左侧栏菜单的 Projects 选项即可回到首页，单击 Open 按钮可以找到编辑好的例 1-1，打开 .py 文件会得到如图 1-25 所示内容。

部分用户的终端可能会出现信息弹窗，要求用户进行确认，此时按照提示确认即可。由于是第一次启动，需要自动配置 Python 开发环境，需等待其完成初始化。最终，打开例 1-1.py 文件后的效果如图 1-26 所示。

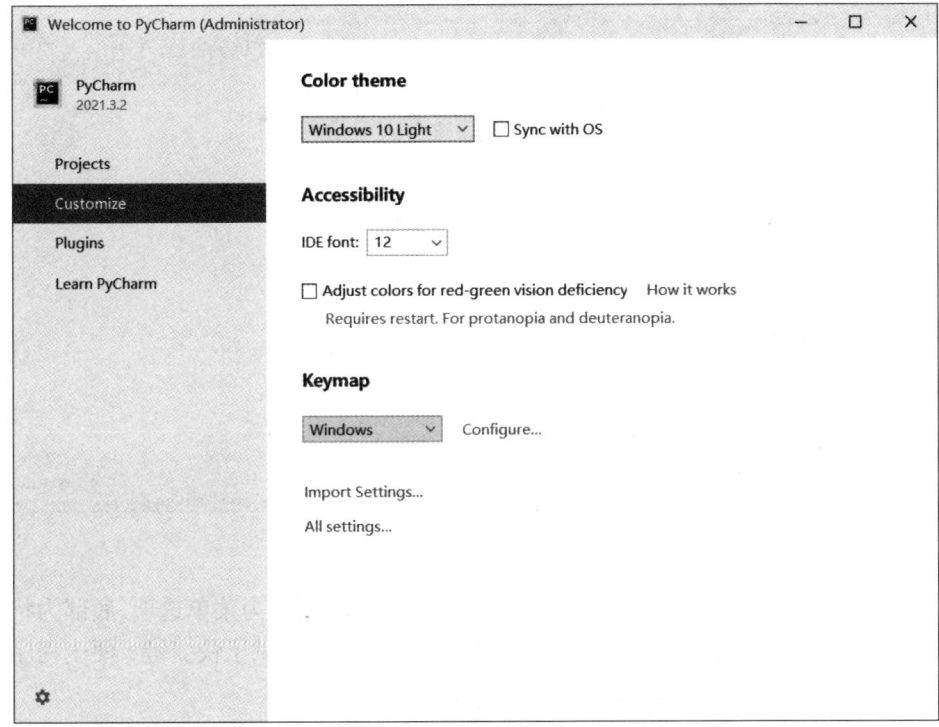

图 1-24　PyCharm 配置页面

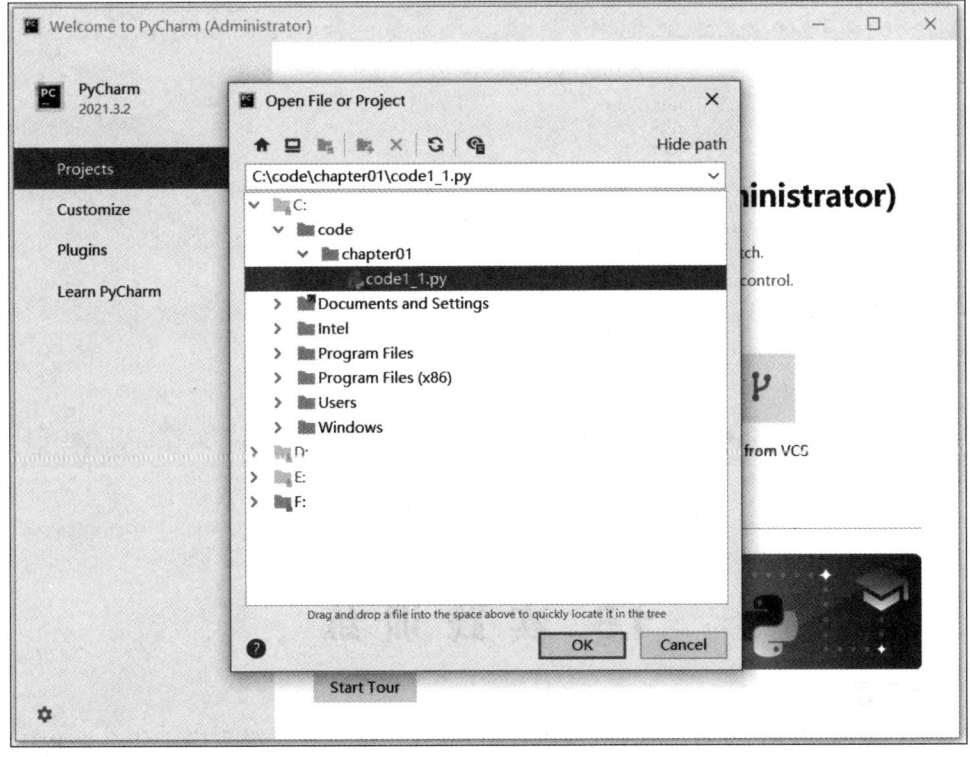

图 1-25　选择 .py 文件

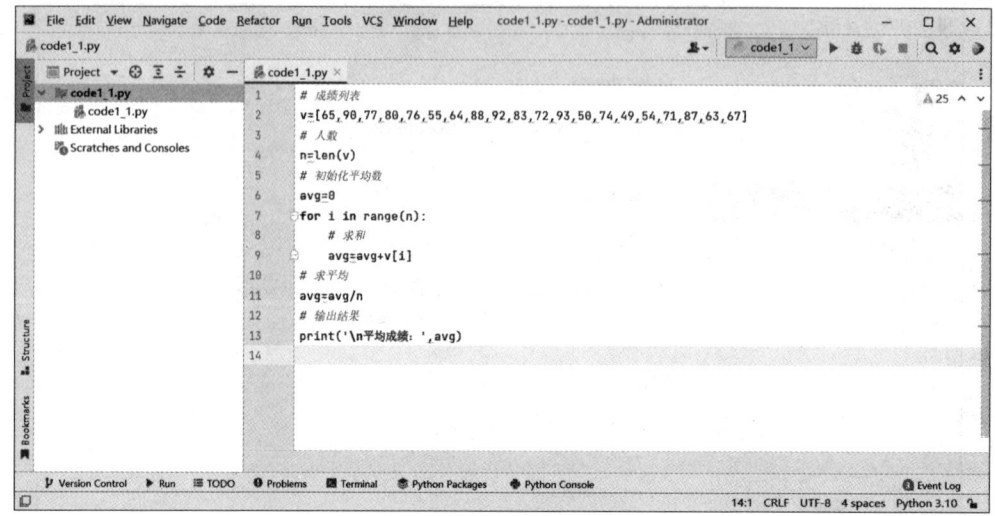

图 1-26 打开 .py 文件

从图 1-26 可以看出,PyCharm 提供了丰富的功能模块,顶部为菜单选项,底部为状态栏,左侧为文件列表,右侧为编码窗口,并且在右上方的工具栏提供了快捷键,便于程序运行。单击"运行"▶按钮即可运行此程序,效果如图 1-27 所示。

下方会自动出现运行窗口,此时会根据程序完成平均数的计算,并打印出运行结果。

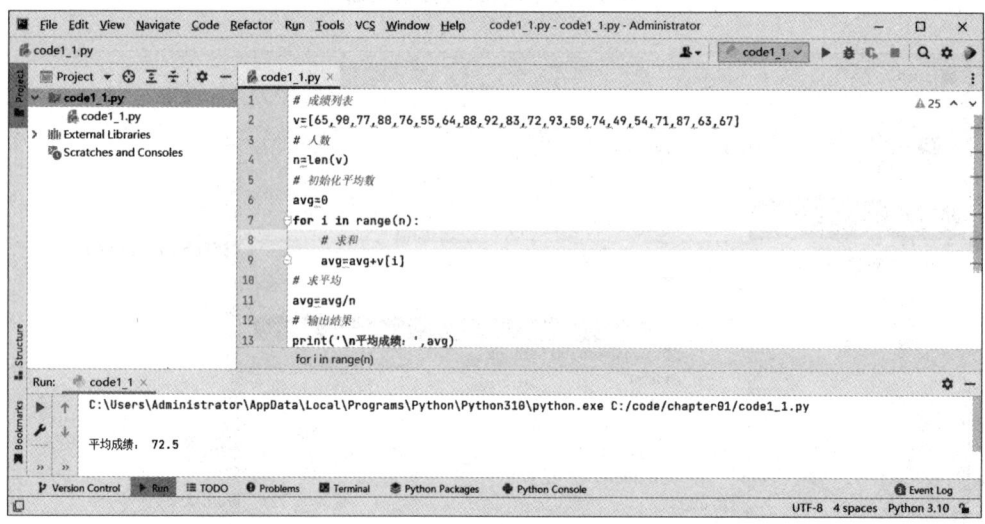

图 1-27 运行 .py 文件

1.5 实 践 训 练

1. 练习题

(1) 什么是可执行文件?通过运行可执行文件,体会什么是程序。什么是 Python 源文件?源文件和可执行文件之间的关系与区别是什么?

(2)举例说明操作系统之间的区别和联系,并说明为什么同一个可执行文件不能在不同操作系统上运行。

(3)掌握下列名称的含义:

① 系统、硬件系统、软件系统;

② 软件、程序、源文件;

③ 文件、语言、Python 语言;

④ 环境、运行环境、SDE。

(4)为什么需要计算机语言?举例说明 Python 语言和其他程序设计语言之间的联系与区别。

(5)以 Python 软件设计为例,说明软件、软件运行环境、软件设计环境之间的区别与联系。

2. 完成下列任务工单

【任务工单 1-1】 通过搜索引擎了解 Python 基本知识,访问 Python 官方网站,下载 Python 3.x 并进行安装。

【任务工单 1-2】 访问 PyCharm 官方网站,下载 PyCharm 社区版并进行安装,最后创建示例工程。

【任务工单 1-3】 通过终端和 PyCharm 两种方式运行例 1-1 中的 Python 程序。

第 2 章　建 立 项 目

- 了解软件开发过程；
- 学会用项目化思维解决问题；
- 理解算法的概念；
- 掌握三种基本结构的流程图。

- 能够在 PyCharm 中创建项目；
- 能够熟练使用 PyCharm 集成开发环境编辑程序；
- 能够熟练使用 PyCharm 集成开发环境调试程序；
- 能够熟练使用 PyCharm 集成开发环境运行程序；
- 能够分析程序算法并画出流程图。

- 激发自主创新的科学精神；
- 培养科技报国的爱国情怀。

建立项目

2.1　创 建 项 目

在第 1 章中，我们学习了 Python 程序设计语言运行环境和开发环境安装，并分别在 cmd 命令窗口和 PyCharm 中运行了例 1-1。如果要从头设计例 1-1 或者更复杂的软件，需要如何做呢？

软件开发过程简而言之就是实现用户需求，软件自身不产生生产力，但是能够通过提高生产效率来提升生产力。为了实现这一目标，软件开发人员要根据用户需求，通过一系列方法界定项目范围、获取项目需求，然后通过分析，遵循一定开发原理，采取相对应方法，完成所有程序开发、调试、测试、验收，最终产生用户所想要的软件，提升用户生产效率。

为了能够在 PyCharm 中进行软件设计，我们首先要建立一个项目工程。这是因为，一款成熟的软件包括源代码等一系列文件、配套资源、用户手册。即使是软件核心源代码，也可能需要多个文件来保存，并且需要将源文件打包成可执行文件并发送给用户，因此从一开始养成项目思维，对于日后软件开发工作非常重要。本书前 6 章介绍 Python 程序设计语言基础知识，大部分案例放在一个文件中即可；后 4 章每章通过一个实际项目来演示程序设计技巧，每个项目都相对独立且包含多个文件、多个资源。本章简单介绍如何创建项目和为了完成项目需要做哪些准备。对于初学者而言，往往在开始学习阶段着急写、运行、调试代码，实际上欲速则不达，"工欲善其事，必先利其器"，只有做好充分准备，后面再进行代码设计、程序调试才能事半功倍。在正式学习写代码之前，先掌握如何在 PyCharm 中创建项目，学习程序设计最基础知识——算法和流程图，然后一步步学习编程语言和代码设计。

2.1.1 在 PyCharm 中创建项目

安装好 PyCharm 后，为了方便程序设计，需要在 PyCharm 中创建项目，下面逐步介绍如何创建项目，并且在项目中建立一个 Python 源文件，从而完成程序设计前的准备工作，具体步骤如下。

1. 启动 PyCharm

双击 PyCharm 图标，打开 PyCharm 软件，进入如图 2-1 所示界面，单击 New Project，开始新建一个 Python 项目。

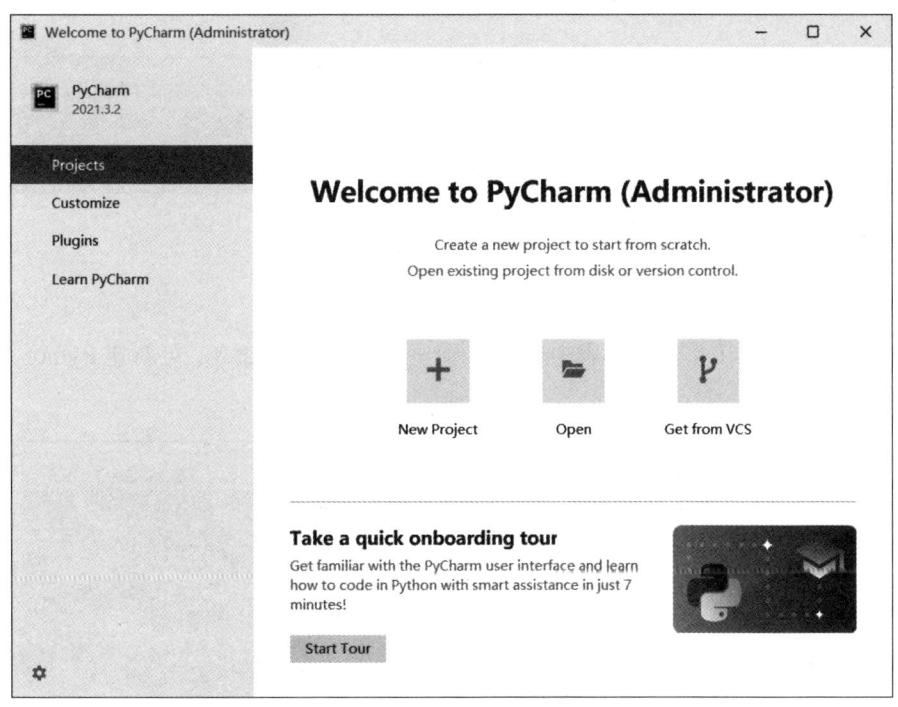

图 2-1　PyCharm 界面

2. 建立一个新的工程

选择 File → New Project 命令，如图 2-2 所示。

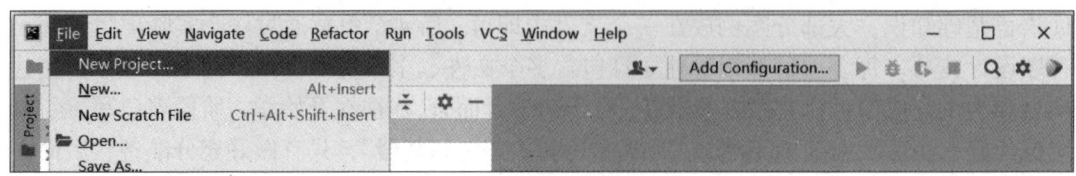

图 2-2　选择新创建项目

3. 输入工程名称

在创建项目对话框中，选择创建工程所在目录（本书案例为 C:\code），并输入名称，这里建议为了学习方便，每章建立一个工程，如本章工程名可设置为 chapter02。

4. 完成工程创建

单击 Create 按钮，在弹出的打开项目对话框中选择 This Window 完成创建，这样就在选中的目录下自动创建了一个名为 chapter02 的文件夹，以后所有程序和资源都会存放在这个文件夹下，方便管理。

5. 在 PyCharm 中查看工程

返回 PyCharm 窗口，可以看到在窗口左侧 Project 列表下会显示新建的项目，如图 2-3 所示。

图 2-3　新建的项目

6. 创建 Python 源文件

右击 chapter02，在弹出的列表中选择 New → Python File 命令，可新建 Python 源文件，如图 2-4 所示。

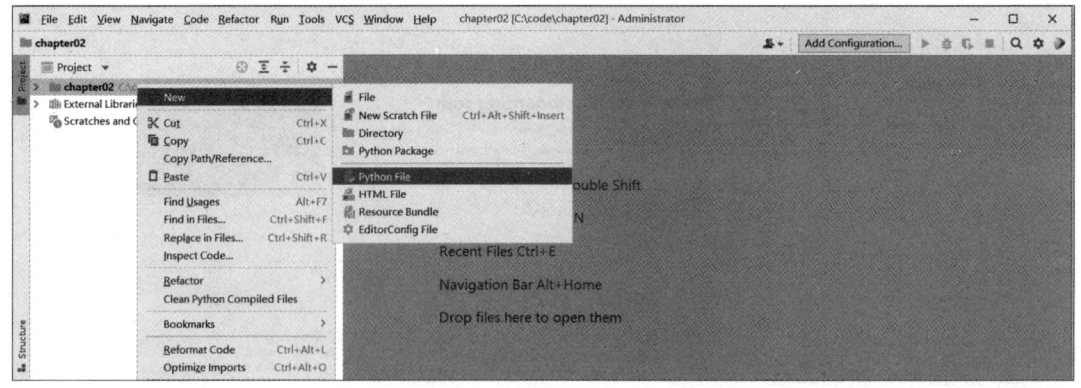

图 2-4　新建 Python 文件

7. 输入 Python 源文件名称

在弹出的新建 Python 文件对话框中输入 Python 文件名,为了便于演示,这里新建文件名为"第一个 Py 程序",如图 2-5 所示。但是在以后程序设计中,文件名尽量不要用中文。

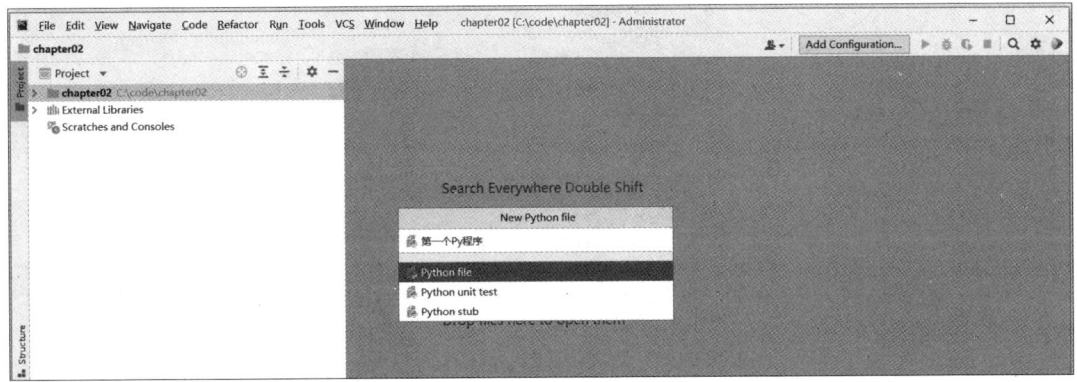

图 2-5　输入 Python 文件名

8. 查看创建好的源文件

按 Enter 键后即可返回 PyCharm 窗口,看到在 Project 项目下出现"第一个 Py 程序 .py"文件,窗口右侧是程序编辑区,在此区域编辑代码,如图 2-6 所示。

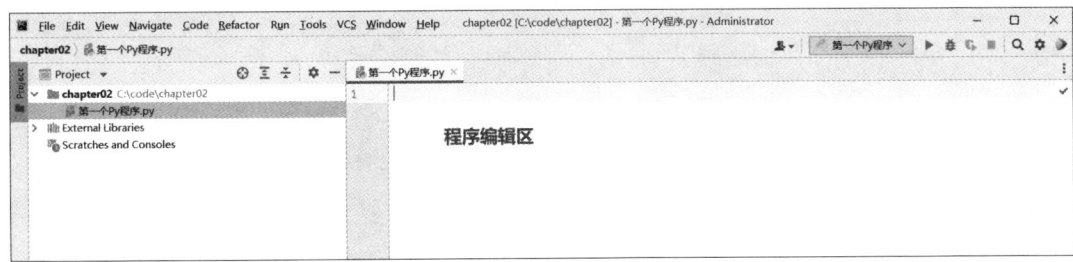

图 2-6　Python 程序编辑区

9. 试运行第一个 Py 程序

接下来对 Python 源文件进行测试,可以输入一行简单的代码:

```
print('Hello,world!')
```

代码输入完后便可运行 Python 源文件,在程序编辑区域右击,选择"Run '第一个 Py 程序'"命令,如图 2-7 所示。

10. 查看运行结果

PyCharm 中程序运行结果显示在软件下半部分,如图 2-8 所示。

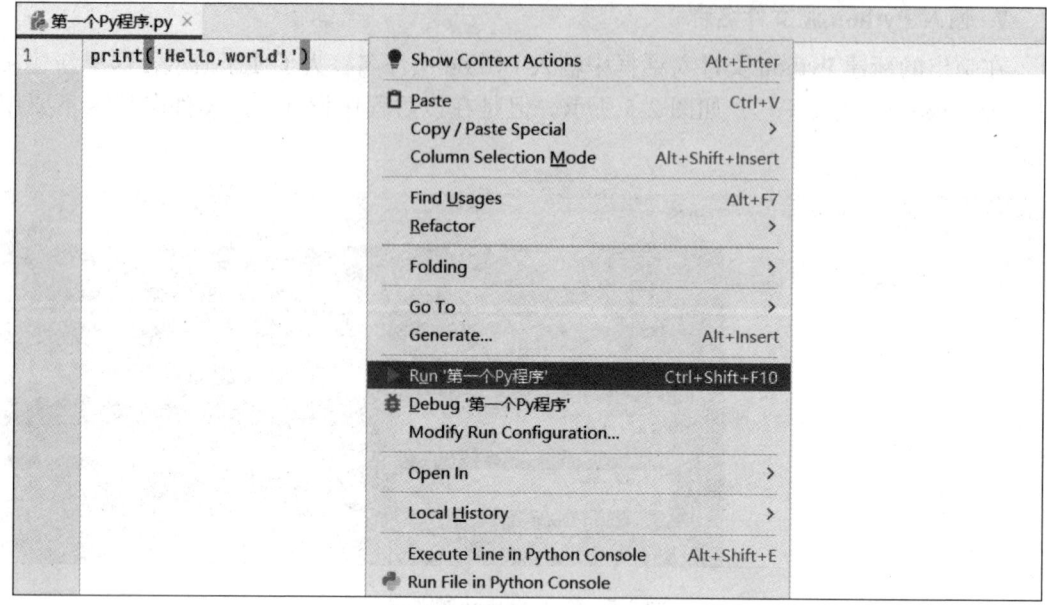

图 2-7　Python 程序运行方法

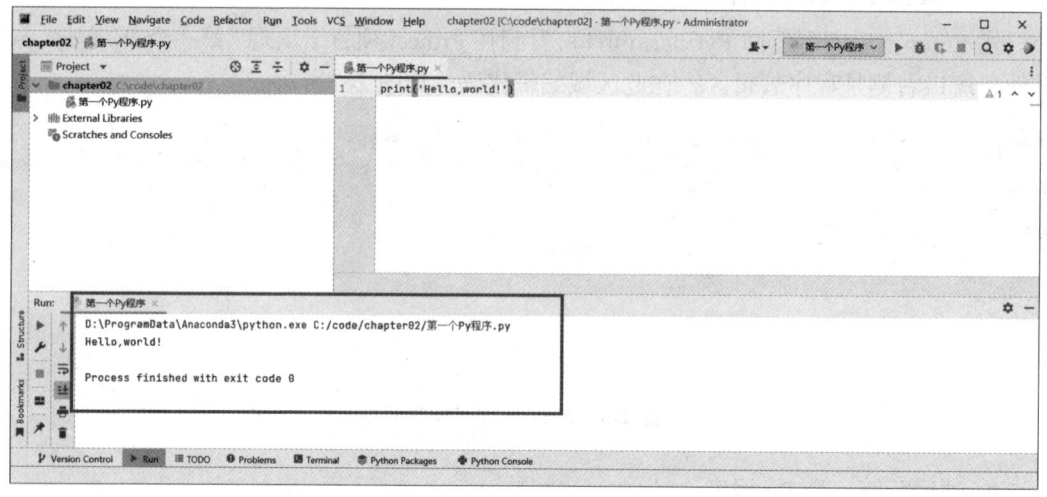

图 2-8　Python 程序运行结果

2.1.2　常见问题

在 Python 的安装和使用过程中，可能会面临一些异常或报错等情况，此处总结常见的问题及解决方法。

1. 安装不成功

问题描述：安装不成功可能是由于多种原因引起的，如下载速度慢、安装程序无法启动、下载文件损坏等。

解决方法：
（1）检查网络连接是否正常。
（2）检查下载的安装包是否完整，能否直接执行。
（3）检查下载的安装包与操作系统是否匹配，如 Windows 64 位操作系统。
（4）尝试使用管理员权限运行安装程序。
（5）尝试更改下载源，删除下载的安装包并重新下载。

2. 第一个程序运行不出来

问题描述：尝试运行 Python 的第一个程序，发现无法运行或者没有得到预期的结果，甚至异常退出等。

解决方法：
（1）检查 Python 环境变量配置是否正确。
（2）检查 Python 版本是否匹配。
（3）认真检查程序，确保语法正确。
（4）尝试通过命令行的方式来运行程序。

3. 模块导入错误

问题描述：尝试导入一个 Python 模块，但出现了 ImportError 的错误，无法正常使用。

解决方法：
（1）检查模块是否已安装，可通过 pip list 命令查看已安装的模块列表。
（2）检查模块所在的路径是否可访问，可通过 sys.path 命令查看 Python 解释器可访问的路径列表。
（3）通过 pip install 命令重新安装模块，查看安装过程是否正常。

4. 版本错误

问题描述：使用 Python 时，可能会出现版本不兼容的问题，如程序无法在 Python 2.x 上运行，或者某个模块只支持 Python 3.x 等。

解决方法：
（1）检查程序的版本要求，查看支持的范围。
（2）尝试使用不同的 Python 版本运行程序。
（3）尝试通过 virtualenv 或 conda 等方式构建虚拟环境从而设置不同的 Python 版本。

2.2 程序的灵魂——算法

一般来讲，一个程序主要包括以下两方面（也可能仅包含其中一方面）。
（1）对数据的描述，即在程序中要用到哪些数据以及这些数据在计算机内部的存储形式及组织形式，这就是数据结构。
（2）对操作的描述，即解决问题的步骤，就是算法。

著名计算机科学家尼克劳斯·沃思（Nikiklaus Wirth）提出一个公式：程序 = 算法 +

数据结构,后来有专家对这个公式加以补充:程序 = 数据结构 + 算法 + 程序设计方法 + 语言工具和环境。对于一个程序而言,算法是灵魂,数据结构是加工对象,语言是工具。一个程序,如果采用合适的算法和数据结构则事半功倍。

2.2.1 算法概念理解

算法概念包括范围很广泛,从百度、微信、淘宝等大型系统,到例 1-1 这样的小程序,通通蕴含着算法。算法是对解题方案的描述,是一系列解决问题的指令,代表用系统方法描述、解决问题的策略和机制。通俗来讲,算法就是解决某个问题的方法和步骤。作为能够在程序中使用的算法,必须具备以下五个特性。

1. 有限性

有限性是指任何一种算法都必须能在有限操作步骤内完成,也就是说一个程序执行算法时要有终止条件。

2. 确定性

确定性是指算法中任何一个操作步骤都必须清晰无误,不会使计算机产生歧义,计算机只能执行明确指令,而不能执行含糊不清的语句。

3. 可行性

可行性是指算法中任何一个操作步骤都能够在现有计算机软硬件条件下和逻辑思维中实施,计算范围不超过现有硬件。

4. 能够输入

算法中既可以没有数据输入,也可以输入多个需要处理的数据。

5. 能够输出

算法执行结束之后必须有数据处理结果输出,没有输出结果的算法是毫无意义的。需要注意的是,这种结果未必是数据改变,也可能是对某种操作的改变。

需要特别指出的是,一个大型软件或程序往往需要应用多个算法组合,才能更好地解决问题。

注意:初学者往往会把算法和数学计算方法混淆,算法不等同于数学计算方法,尽管大多数算法和数学息息相关。我们举例子也会从一些简单数学问题开始,这是因为这些问题最具备代表性且容易说明问题,但并不是所有算法都是数学问题。

2.2.2 常用算法举例

【例 2-1】 计算 5 的阶乘,即 $1\times2\times3\times4\times5$。

分析:对于这种连续乘法,有好几种方法可以得到正确结果,先来看一种简单相乘方法,即先取前两个数相乘,所得的积再与下一个数相乘,重复上一步操作直至乘完为止。算法可描述如下:

（1）计算 1×2，得到乘积 2。
（2）计算 2×3，得到乘积 6。
（3）计算 6×4，得到乘积 24。
（4）计算 24×5，得到乘积 120，输出最终结果 120，算法结束。

上述算法虽然没有错误，但是只能用于少量数据相乘。如果把例 2-1 中式子推广到 1×2×3×…×99×100，这样做就过于烦琐，下面我们对算法进行改进。

通过对前面算法分析，可以发现以下规律：
（1）整个过程都在重复地进行乘法运算，只有被乘数和乘数两个操作数；
（2）被乘数是上一次乘法运算中的积；
（3）乘数是上次乘法运算中乘数增加 1。

很自然地，我们可以设置两个变量 f 和 i，f 表示被乘数，其相当于一个累乘过程，设置其初始值为 1；i 表示乘数，其初始值为 1，终止值为 5。这样，就可对上述计算过程进行改进，改进后的算法可描述如下。
（1）定义变量 f 和 i，并设置 f 初值为 1，i 初值为 1。
（2）将 i 累乘至 s 中，可表示为 f=f*i；将 i 值更新为原来值加上 1，即 i=i+1。
（3）如果 i≤5，返回（2）；否则，输出 f 值，算法结束。

如果求 1×2×3×…×99×100，只需将改进后的算法（3）中的 i≤5 改为 i≤100 即可。
如果改求 1×3×5×7×9，算法流程不变，只需做数据改动。
（1）f=1，i=1。
（2）f=f*i，i=i+2。
（3）若 i≤9，返回（2）；否则，输出 f 值，算法结束。

思考：若将例 2-1 改为求 2+4+6+8+…+98+100，算法应如何修改？

【例 2-2】 有 20 个学生，输出成绩在 90 分以上学生的学号和成绩。

分析：因为输出信息包含学号和成绩两个内容，因此可以定义两个变量 n 和 g，分别用来表示学生的学号和成绩。

对于每一个学生，都要进行以下操作：输入该学生的学号和成绩，判断其成绩是否大于或等于 90。若是，则输出其学号和成绩，并继续判断下一个学生；若不是，则不进行任何操作，继续判断下一个学生。总共有 20 个学生，所以需要重复 20 次上述过程。

要控制学生人数是 20，还需一个变量 i 用来记录学生数量，i 初值为 1。当 i 值小于或等于 20 时，输入一个学生的学号和成绩并进行判断，然后将 i 值增加 1，再判断 i 值是否小于或等于 20。若是，则再输入一个学生的学号和成绩并进行判断，然后将 i 值再次增加 1，直到 i 值大于 20 时，程序结束。

经过分析，算法可表示如下。
（1）1→i。
（2）输入第 i 个学生的学号 n 和成绩 g。
（3）如果 g≥80，则输出 n 和 g；否则转（4）。
（4）i+1→i。
（5）若 i≤20，转（2）；否则，结束。

【例 2-3】 输入一个 2000—2500 内的年份，判断该年份是否是闰年，并输出判断结果。

分析：首先要清楚闰年条件，满足下列条件中任意一个者即是闰年。

（1）能被4整除，但不能被100整除。

（2）既能被100整除，又能被400整除。

既然满足以上两个条件中的一个就可判断是闰年，因此对于输入年份year，首先进行第一个条件判断，若不满足，再进行第二个条件判断，最终输出判断结果。

经过分析，算法可表示如下。

（1）输入2000—2500中的一个年份year。

（2）若year能被4整除但不能被100整除，则输出"是闰年"，结束；否则转（3）。

（3）若year能被400整除，则输出"是闰年"，结束；否则输出"不是闰年"，结束。

若将题目改为：判定2000—2500年中的每一年是否是闰年，并将结果输出。

分析：定义一个变量year，用来表示年份，其值控制在2000—2500内。对于year的每一个取值，判断其是否是闰年，若是，则输出该年份。

经过分析，算法可表示如下。

（1）2000 → year。

（2）若year≤2500，转（3）；否则结束。

（3）若year能被4整除但不能被100整除或者能被400整除，则输出year的值。

（4）year+1 → year，转（2）。

2.2.3 算法评价

从案例中可以看出，同一问题可用不同算法解决。一个算法的优劣将影响到程序效率。程序设计人员要能够为问题选择合适算法，主要从以下几个方面考虑如何为程序选择合适算法。

1. 正确性

算法必须要正确，能够解决问题，这是最重要标准。

2. 时间复杂度

时间复杂度是指执行算法所需要的计算工作量。一般来说，算法是问题规模的函数，算法的时间复杂度也因此记作：

$$t(n)=O[f(n)]$$

式中，t 表示运行时间；$f(n)$ 表示问题规模。因此问题规模越大，算法执行时间越长。并且执行时间增长率与规模相关。

3. 空间复杂度

算法的空间复杂度是指算法需要消耗的内存空间。其计算和表示方法与时间复杂度类似，一般都用复杂度渐近性来表示。同时间复杂度相比，空间复杂度分析要简单得多。

4. 可读性

可读性是指一个算法可供人们阅读的容易程度。

5. 鲁棒性

鲁棒性是指一个算法对不合理数据输入的反应能力和处理能力,也称为容错性。

2.3 流程图和三种基本结构

算法设计好之后,接下来就要准确、清楚地将所涉及的算法步骤描述出来,流程图和程序是描述算法最常用的方法。但是,对于初学者来说,此时还未掌握 Python 语言的语法及规则,因此最好的选择就是流程图,即用图形化方法来描述算法流程。

2.3.1 流程图

流程图又称为程序框图,是一种用确定的图形、直线、文字说明来形象直观地表示各种操作的方法,符合人们思维习惯,易于理解和学习。流程图中使用的基本图形及功能见表 2-1。

表 2-1 流程图中使用的基本图形及功能

图 形	名 称	功 能
⬭	起始框、结束框	表示一个算法的起始和结束
▱	输入框、输出框	表示一个算法的输入/输出信息
▭	处理框	表示赋值、计算等处理
◇	判断框	判断条件是否成立
→↓	流程线	连接图形

2.3.2 三种基本结构

程序是一组组指令,这些指令根据算法设计出来且有先后顺序,指令执行顺序称为程序执行流程。不同问题的程序执行流程可能不同,因此存在流程控制问题。经过多年研究证明,无论是多么复杂的算法,都可以用三种流程控制结构来描述,即顺序结构、选择结构、循环结构。

1. 顺序结构

顺序结构是按照语句先后顺序,从上而下依次执行这些语句,是任何一个算法都离不开的基本结构。

顺序结构流程图如图 2-9 所示。

【例 2-4】 在程序中有 3 个变量 a、b、c,变量 a 要赋值 4,变量 b 的值等于变量 a 的值,变量 c 的值等于变量 b 的值。

这就是一个典型的顺序结构:先定义变量 a、b、c,然后给变量 a、b、c 赋值。
用 Python 语言实现代码如下:

```
a=4
b=a
c=b
```

例 2-4 流程图如图 2-10 所示。

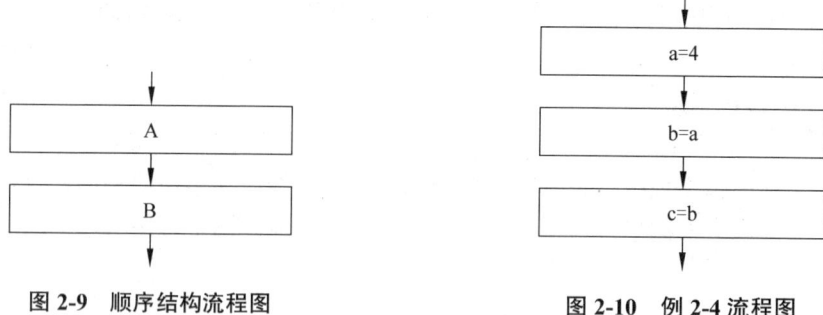

图 2-9　顺序结构流程图　　　　　　　图 2-10　例 2-4 流程图

2. 选择结构

选择结构根据某种条件是否满足来选择程序走向。当满足条件时,执行"成立"的分支;不满足条件时,执行"不成立"的分支,这种结构叫作双分支选择结构。如果只考虑满足某个条件时要执行的操作,则称为单分支选择结构。

选择结构流程图如图 2-11 所示。

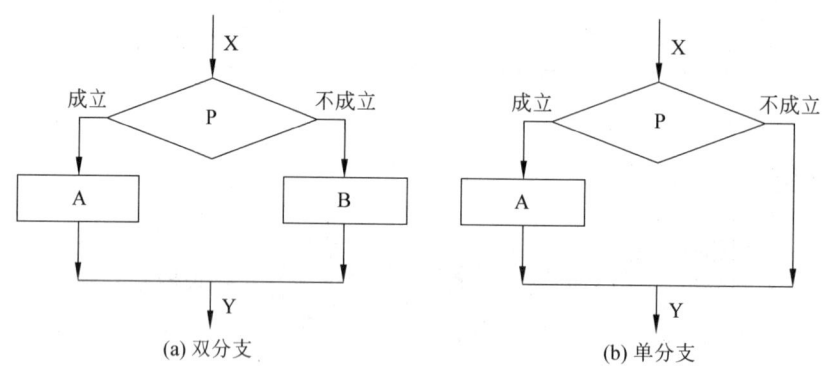

图 2-11　选择结构流程图

在图 2-11(a)中,从 X 到 Y 的路线是 XAY 还是 XBY 取决于条件 P 是否成立,若成立,执行路线是 XAY;否则就是 XBY。图 2-11(b)与图 2-11(a)不同的是,当条件 P 不成立时,什么都不执行,从 X 直接到 Y。

3. 循环结构

循环结构的特点是当满足某个条件时,反复执行某段代码,用来解决重复进行某些操作的问题。满足的"某个条件"称为循环条件,反复执行的"某段代码"称为循环体。

循环结构流程图如图 2-12 所示。

循环结构的执行过程是:先进行条件 P 判断,如果成立,则执行循环体 A,然后判断 P 是否成立,如果仍然成立,再执行循环体 A……如此重复,直到条件 P 不成立为止。然后退出循环,继续向下执行循环结构后面的语句。

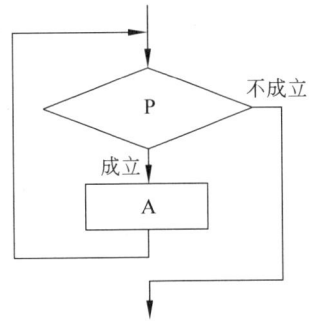

图 2-12 循环结构流程图

2.3.3 流程图举例

【例 2-5】 求 $1 \times 2 \times 3 \times 4 \times 5$。

分析:根据 2.2.2 小节算法部分内容分析,程序中只需要定义两个变量 f 和 i,其中 f 用来存放积,其初始值为 1;i 用来存放求和的数,其初始值为 1,逐渐增 1,直到 5 为止。因为不断地重复乘法运算,所以本例的实现要依靠循环控制结构:循环条件为"i 的值小于或等于 5";循环体为"将 i 的值累乘到 f 中,然后将 i 的值增加 1"。当 i 的值大于 5 的时候,结束循坏,此时 f 的值即为 $1 \times 2 \times 3 \times 4 \times 5$ 的乘积,将其输出即可。

根据上述分析,例 2-5 流程图如图 2-13 所示。

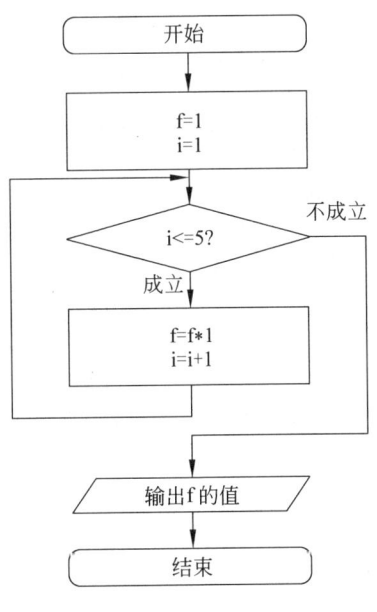

图 2-13 例 2-5 流程图

【例 2-6】 输入一个 2000~2500 内的年份,判断该年份是否是闰年,并输出判断结果。

分析:本例中,需定义一个变量 year 来接收从键盘上输入的年份,然后依次对 year 进行两个闰年条件的判断,因此需要用选择结构实现。

满足下列条件之一,则是闰年:

(1)能被 4 整除,但不能被 100 整除;

（2）能被400整除。

因此，判断year是否是闰年的过程可以描述如下。

（1）用一个双分支选择结构判断year是否满足能被4整除但不能被100整除，若满足，则输出判断结果"year是闰年"，程序结束；若不满足，则执行（2）。

（2）仍然用一个双分支选择结构判断year能否被400整除，若能，则输出判断结果"year是闰年"，程序结束；若不能，输出判断结果"year不是闰年"，程序结束。

按照上述描述过程画出的流程图如图2-14所示。

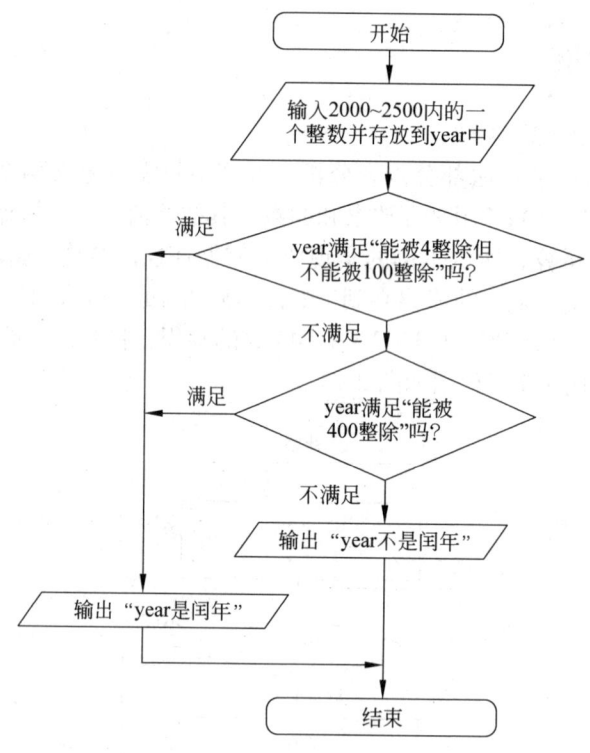

图2-14 例2-6流程图

【例2-7】 从键盘上输入一个大于或等于3的整数，判断其是否是素数并输出判断结果。

分析：素数是只能被1和它本身所整除的数。

从素数定义出发，假如要判断的数是n，只要能证明2~n–1内没有一个整数能整除n，则n为素数；否则为非素数。

因此，我们首先要统计2~n–1内能整除n的数的个数，这是一个循环结构，如果用count来存储统计的个数，用i来存储2~n–1内的整数，那么，count的初始值为0，i的初始值为2，循环条件是"i小于或等于n–1"，循环体是"如果n能被i整除，则count增1"。

循环结构结束后，对count的值进行判断：如果count>0，则说明n不是素数；否则，n是素数。

综上所述，判断一个整数 n 是否是素数的过程如下。

（1）count=0，i=2。

（2）输入一个大于或等于 3 的整数并存储到 n 中。

（3）统计 2~n–1 内能整除 n 的数的个数 count。

（4）对 count 值进行判断，如果 count=0，则 n 为素数；否则为非素数，结束。

通过上述分析，可得到如图 2-15 所示的流程图。

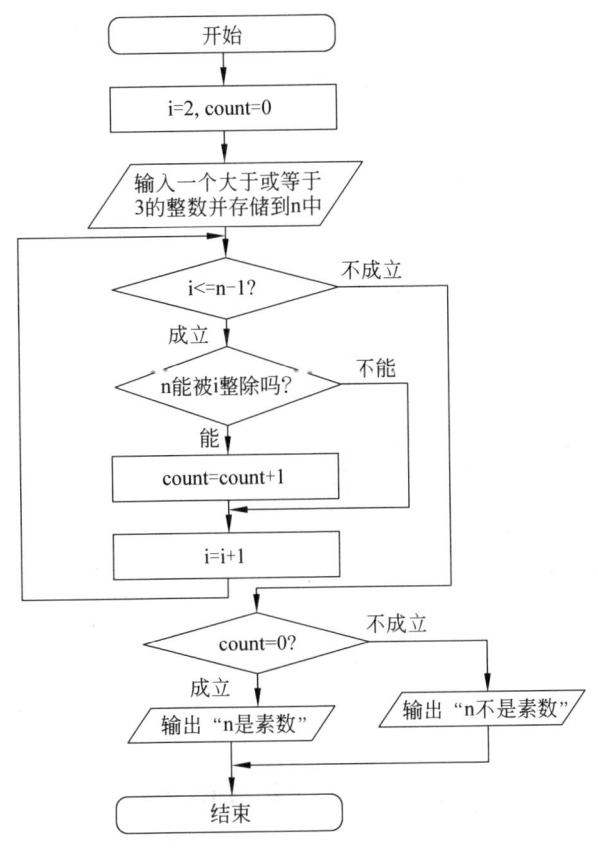

图 2-15　例 2-7 流程图

【例 2-8】 输出 200~300 内的所有素数。

分析：本例由例 2-7 演变而来，例 2-7 是对一个数进行"是否是素数"的判断，而本例是对某个范围内的所有整数进行"是否为素数"的判断，因此，只需在例 2-7 基础上增加一个外部循环结构，用来控制 n 从 200 逐渐增 1 直到 300 为止。

另外，修改一下输出，本例中要求输出所有素数。

根据上述分析以及图 2-15，画出本例流程图，如图 2-16 所示。

按照沃思最早提出的概念：程序 = 算法 + 数据结构，至此，我们完成了算法基本概念和初步表示方法入门级学习。算法是程序最核心的内容，学习并理解已有算法，设计出最合适的算法，是每个程序设计人员必修课之一。本书中前 6 章介绍的案例比较容易理解、应用，后 4 章中的部分算法比较复杂，请读者查阅相关资料。

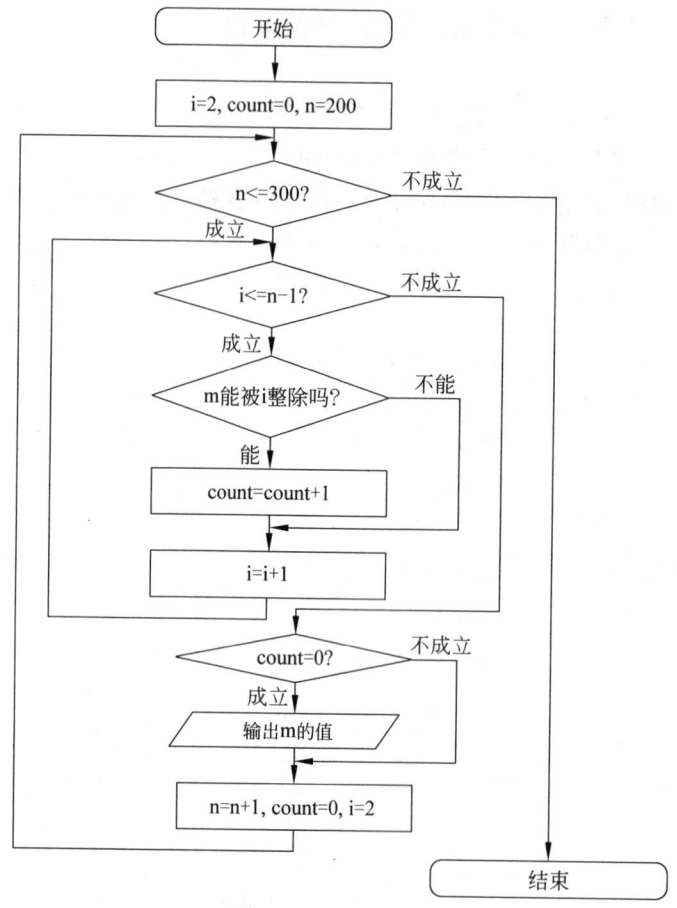

图 2-16 例 2-8 流程图

2.4 实 践 训 练

1. 掌握下列名称的含义。
（1）程序结构、顺序结构、分支结构、循环结构。
（2）Python 模块、Python 2.x 版本、Python 3.x 版本。
2. 什么是算法？试从日常生活中找出 3 个例子，描述它们的算法。
3. Python 编程的格式和注释有何特点？试举例说明。
4. 用传统流程图表示求解以下问题的算法，并尝试用 Python 编程实现。
（1）有两个盒子 A 和 B，分别存放糖块和巧克力，要求将它们互换。
（2）假设从 A 地到 B 地共有三条线路，分别耗时 3、4、5 小时，费用分别为 150、100、50 元，请画出流程图表示根据不同费用选择不同的线路。
（3）有 4 个数 x、y、z、w，要求按从大到小的顺序把它们输出。
（4）求 $1\times2\times3\times\cdots\times100$。

（5）有一个函数，根据输入 x 的值，输出相应的 y 值。

$$y=\begin{cases} x, & x<1 \\ 2x-1, & 1\leq x<100 \\ 3x-1, & x\geq 0 \end{cases}$$

（6）求阶乘之和：$1!+2!+3!+4!+\cdots+10!$。

（7）猴子吃桃问题。猴子第 1 天摘下若干个桃子，当即吃了一半，还不过瘾，又多吃了一个。第 2 天早上又将剩下的桃子吃掉一半，又多吃了一个。以后每天早上都吃了前一天剩下的一半零一个。到第 10 天早上想再吃时，就只剩一个桃子了。求第 1 天共摘了多少个桃子。

第 3 章 开 发 基 础

- 熟悉变量以及命名规则、关键字和注释的用法；
- 掌握输入/输出函数的格式及用法；
- 掌握 Python 中基本数据类型及数据类型间的转换；
- 熟知运算符的类型及运算规则；
- 了解字符串定义及存储方式，掌握字符串常用内置函数格式及用法；
- 掌握列表、元组、数据字典的格式、用法。

- 能够编写、调试简单的 Python 程序；
- 能够运用本章知识完成工单任务。

- 养成严谨认真、精益求精的软件工匠精神；
- 培养团队协作、有效沟通的能力；
- 培养认真仔细的工作态度和职业素养；
- 培养爱岗敬业、履职尽责的职业精神。

开发基础

　　学习程序设计，离不开基础知识，前 6 章主要介绍 Python 程序设计的基本语法和规则。为了便于读者理解，每个小节都精心设计了一个案例，读者可以先学习一下案例，对照案例逐步分析知识点，通过"做中学、学中做"，将非常有利于知识的掌握。

　　本章从输入/输出学生个人基本信息开始，包括计算并打印输出学生成绩、统计字符个数、修改点餐单、运动会报名管理、毕业生就业调查等 6 个引导案例，将 Python 程序设计中变量、数据类型、字符、列表、元组、字典等基础内容一一阐述清楚，便于读者学习和掌握相关理论基础知识。

3.1 标识符和输入/输出

【例 3-1】 设计一个程序，能够输入学生姓名、学号、性别、年龄、身高，之后一起输出。

设计思路：这是我们正式设计的第一个程序，根据第 2 章的知识，可以为本章创建一个工程，为本小节建立一个源文件（也可以一个案例有一个源文件）。本程序可以分为三个部分：输入，通过内置函数 input 实现；存储，通过变量来实现；输出，通过内置函数 print 实现。

程序源代码和运行结果如图 3-1 所示。

```
# 例3-1
# 定义变量并使用输入函数给各变量赋值，然后输出
name=input('请输入姓名：')
num=input('请输入学号：')
sex=input('请输入性别：')
age=int(input('请输入年龄：'))
height=float(input('请输入身高：'))
print('学生姓名是：',name,',学号为：',num,',性别为：',sex)
print('学生年龄为%d,身高为%f'%(age,height))
```

```
D:\ProgramData\Anaconda3\python.exe C:\code\chapter03\code3_1.py
请输入姓名：张三
请输入学号：2021360218
请输入性别：男
请输入年龄：18
请输入身高：1.84
学生姓名是： 张三 ,学号为： 2021360218 ,性别为： 男
学生年龄为18,身高为1.840000
```

图 3-1 例 3-1 程序源代码和运行结果

程序分析：程序运行时，在提示符状态下，依次输入相应数据。案例程序中，使用 name、num、sex、age、height 5 个变量来存储输入数据，并且使用 input 和 print 来实现输入和输出。接下来详细介绍标识符。

3.1.1 标识符

1. 标识符概述

程序设计过程中，程序员需要自己定义一些名字，如变量名、类名、函数名等，这些统称为标识符。例 3-1 中总共出现了 name、num、sex、age、height 5 个变量，input 和 print 两个内置函数，int、float 两个关键字，这些都是标识符。下面从 Python 语言标识符命名规则、命名规范和特殊标识符三个方面来进一步阐述。

1）命名规则
- 只能由字母、数字、下画线组成。
- 不能以数字开头。
- 区分大小写。
- 不能是 Python 的关键字。

只有遵循上述规则的标识符才能被编译环境认可并执行，否则会影响程序运行。例如，下面是一些合法的标识符：

```
UserName
```

```
name
Phone1
book_name
```

而以下标识符则是不合法的:

```
66type      # 不能以数字开头
try         # try 是关键字,不能作为标识符
$money      # 不能包含特殊字符
```

2)命名规范

在 Python 语言中给标识符命名,除了必须要遵守命名规则外,不同场合中标识符的命名也要遵循一定规则,具体如下。

(1)当标识符用作模块名时,应尽量短小,并全部使用小写字母,可以使用下画线分隔多个单词,如 game_main、game_register 等。

(2)当标识符用作包的名称时,应尽量短小且全部使用小写字母,如 com.mr、com.mr.book 等。

(3)当标识符用作类名时,应采用单词首字母大写的形式,如定义一个图书类时可以命名为 Book。

(4)模块内部的类名,可以采用"下画线+首字母大写"的形式,如 _Book。

(5)函数名、类中的属性名和方法名,应全部使用小写字母,多个单词之间可以用下画线分隔。

(6)常量名应全部使用大写字母,单词之间可以用下画线分隔。

3)特殊标识符

以单下画线开头的标识符,如 _width,表示不能直接访问的类属性,其无法通过 from...import* 的方式导入;以双下画线开头的标识符,如 __add,表示类的私有成员;以双下画线开头和结尾的标识符,如 __init__,是专用标识符。因此,除非特定场景需要,应避免使用以下画线开头的标识符。需要注意,这是 Python 语言的特有规则,其他语言不一定遵循这个规则。

Python 程序设计语言中的标识符主要包括关键字、变量、自定义函数、内置函数以及类和类中成员命名,本章我们先介绍关键字、变量和内置函数,其他知识在相应章节中介绍。

2. 关键字

Python 中具有特殊功能和作用的标识符称为关键字,也称为保留字。为避免冲突,用户不能把关键字作为变量名使用,除了 None、True、False 外,关键字全部都是小写。Python 的标准库提供了一个关键字模块,可以在 Python 集成开发工具 PyCharm 中输入以下命令查看当前版本的所有关键字:

```
import keyword
print(keyword.kwlist)
```

运行结果如下:

```
['False', 'None', 'True', 'and', 'as', 'assert', 'break', 'class',
'continue', 'def', 'del', 'elif', 'else', 'except', 'finally', 'for', 'from',
'global', 'if', 'import', 'in', 'is', 'lambda', 'nonlocal', 'not', 'or',
'pass', 'raise', 'return', 'try', 'while', 'with', 'yield']
```

这些关键字都有其固定意义,是计算机能够理解用户意图的关键。例如,for 表示引导循环语句;if 表示引导选择结构,和 else、elseif 等配套使用。

3. 变量

例 3-1 中的 name、num、sex、age、height 都是变量。顾名思义,变量就是在程序运行期间其值可以改变的量。也可以这么理解,对于大部分程序而言,变量是程序在内存中定义的空间,用来存放数据。变量是学习程序设计最重要的基础知识,理解和掌握变量内涵,熟练使用变量,是学会程序设计的关键。

变量包含两部分内容,即变量名和变量值。

例如:

```
name="Python"
```

name 是变量的名字,变量名命名规则和标识符规则一样,这里不再赘述。"Python"是变量值,变量名和变量值都要占用存储单元。命名变量时,相当于把变量值所在内存的地址给了变量名,即变量名存储的是变量值所在内存的地址,变量通过内存地址指向了数据。

假如存放 "Python" 的内存地址为 880,name 所占内存地址为 110,其内存示意图如图 3-2 所示。

图 3-2 中,name 中存储的是一个地址,即存放 "Python" 的存储单元地址,这个地址可以使用内置函数 id( ) 来获取。

图 3-2 变量内存示意图

在 Python 中,每个变量在使用前都必须赋值。首次赋值时,Python 编译环境就会创建变量,而不需要对变量进行声明。已经创建的变量还可以重新赋值,重新赋值时可以更改其类型。下面通过一个案例来演示首次创建变量,以及创建之后重新赋值导致内存的变化。

【例 3-2】 创建变量并重新赋值。

程序代码如下:

```
1  x = 10
2  y = "Bill"
3  x = "Python"
4  y = 5
```

程序分析:执行前两行代码是首次创建变量 x 和 y,其内存示意图如图 3-3 所示。执行第3和第4行代码时，重新对变量x和y进行赋值，并更改其类型，其内存示意图如图3-4所示。

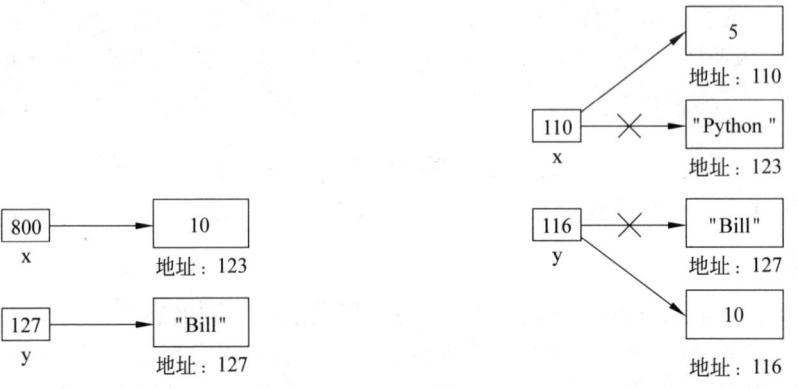

图3-3　变量内存示意图　　　　　图3-4　变量重新赋值内存示意图

同时Python允许在一行中为多个变量赋值，也允许在一行中为多个变量分配相同的值。下面通过一个案例演示使用这两种方式创建变量以及其内存分配情况。

【例3-3】 在一行中为多个变量赋值。

程序代码如下：

```
1  x, y, z = "Python", "Java", "C#"
2  a = b = c = "Python"\
```

程序分析：第1行代码同时创建了3个变量x、y和z，其值分别为"Python"、"Java"和"C#"，其内存示意图如图3-5所示。第2行同时创建了3个变量a、b和c，并为它们分配相同的值"Python"，其内存示意图如图3-6所示。

图3-5　为多个变量同时赋值的内存示意图　　图3-6　同时为多个变量分配相同的值的内存示意图

使用变量时，应注意理解以下两点。

（1）在Python中，把变量看作对象来处理，这样便于处理不同类型变量。万物皆可成为对象，数值和字符串都是对象。给变量赋值就是给对象赋予具体内容，变量命名就好比给对象贴一个访问标签。

（2）Python采用基于值的内存管理模式。赋值语句执行过程是：首先计算赋值号右侧表达式值，然后在内存中分配一块存储单元用来存放该值，最后创建变量并指向这块内存。变量中存储具体值所在内存单元地址，这也是变量重新赋值时可以改变类型的原因。

3.1.2 输入/输出函数

在程序设计语言中，函数不同于数学中的概念，读者不要将二者混淆。程序设计语言中的函数，是一个可以反复执行的程序段。也就是说，在程序设计过程中，我们可能需要反复使用某项功能，本着一次设计、重复使用的原则，将这些功能设计成一个单独程序块，并给这段程序起个名字，叫作××函数。函数分为自定义函数和内置函数，自定义函数即功能由用户编写，这部分知识将在第 5 章专门学习；内置函数可以理解为运行环境中已经编写好且具备某些常用功能的程序段，通过内置函数名来调用。本小节介绍 Python 中两个最基本的内置函数——输入函数 input( ) 和输出函数 print( )。

1. 输入函数 input( )

在程序中，经常需要在程序运行过程中动态输入数据。input( ) 函数用于将用户从编译环境输入的内容以字符串的形式读入计算机内部，如例 3-1 中输入学生信息。

input( ) 函数语法格式如下：

```
name=input ([prompt])
```

name 是变量，input( ) 将接收到的字符串存入 name 变量中；prompt 是提示信息，通常是一个字符串，当程序运行时可在控制台上显示，提示用户输入数据内容，如果不写 prompt 则不会有提示信息。注意一定要用英文单引号表示开始和结束，这里有不少初学者因为没有及时转换中英文输入，导致程序运行错误。为了拥有良好的交互性，建议在使用 input( ) 函数时进行信息提示，如图 3-7 所示。

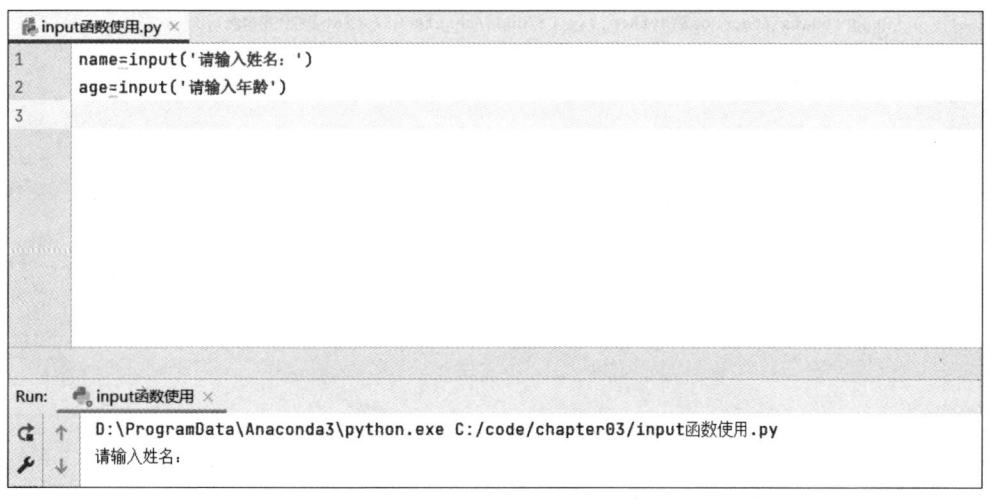

图 3-7　input( ) 函数使用举例

2. 输出函数 print( )

print( ) 函数是 Python 提供的内置函数，用于将数据内容进行显示输出。print( ) 函数语法格式如下：

```
print(*object(s), sep='',end='\n', file = sys.stdout, flush = False)
```

print( ) 函数参数含义如表 3-1 所示。

表 3-1　print( ) 函数参数含义

参　　数	含　　义
object(s)	输出对象，可以任意数量。输出多个对象时，需要用半角逗号隔开
sep='separator'	可选，指定如何分割对象。默认值为空格
end='end'	可选，指定在末尾打印的内容。默认值为 '\n'（换行符）
file	可选，有写入方法的对象。默认为 sys.stdout
flush	可选，布尔值，指定输出是刷新（True）还是缓冲（False）。默认为 False

print( ) 函数输出数据后默认是换行的，如果不希望换行，可以将 end 参数赋值为空字符串，如图 3-8 所示。

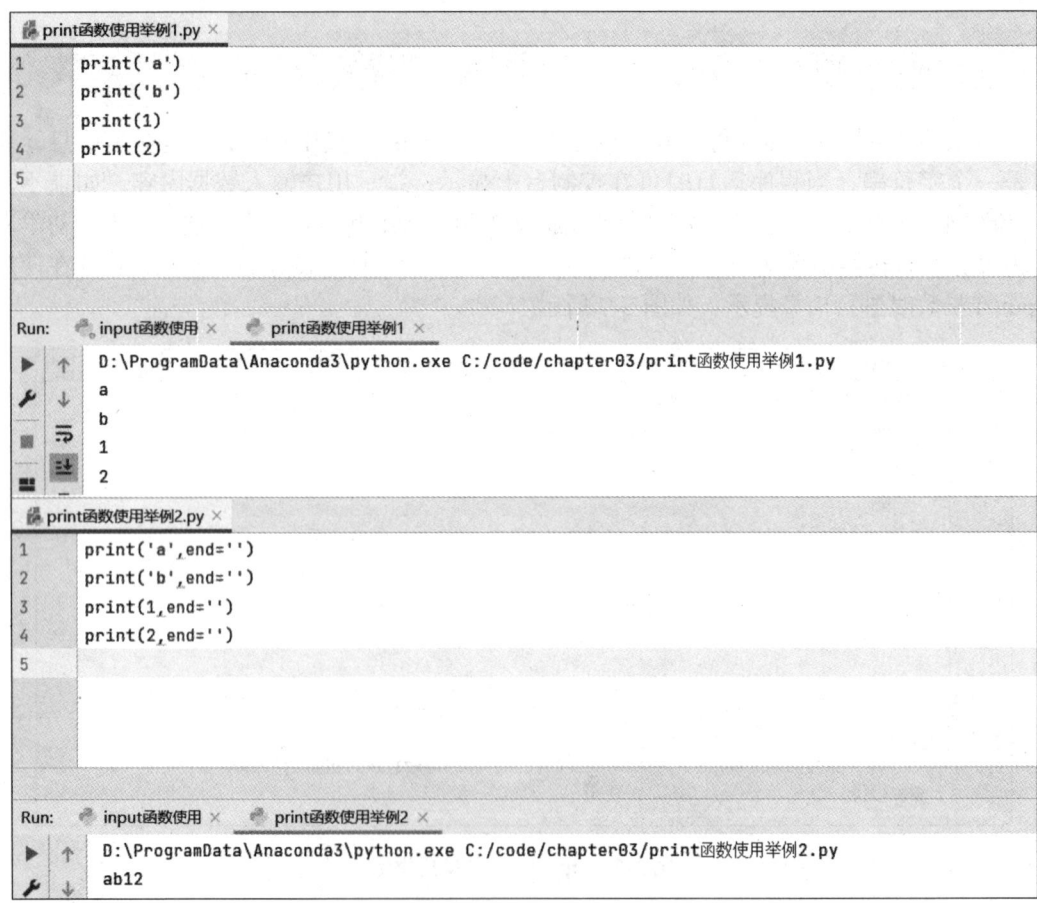

图 3-8　print( ) 函数使用举例

用户可以通过 print( ) 函数格式化输出,实现特定格式内容的输出。格式化输出的好处是:制定一种格式,只需按照格式填充内容即可。比如,制定一个自我介绍格式:"你好!我是×××,我今年××岁,我的爱好是××××,很高兴认识你!",那么所有人的自我介绍都可套用这个格式,只需将 X 部分填入相应内容即可。例如,使用 print( ) 函数实现设计了一个输出格式:

```
print("你好,我是%s,我今年%d岁,我的爱好是%s,很高兴认识你!"%("张三",19,"唱歌、打羽毛球"))
```

这段程序运行产生如下结果:你好!我是张三,我今年 19 岁,我的爱好是唱歌、打羽毛球,很高兴认识你!

这里使用到占位符 %s 和 %d,对应的数据内容分别为字符串和十进制整数,上例中有三处使用了占位符,所以 %( ) 括号里面要有 3 个与占位符类型对应的数据内容,中间用半角逗号隔开。Python 中常用的占位符如表 3-2 所示。

表 3-2　Python 中常用的占位符

占位符	说　　明	占位符	说　　明
%c	字符	%f	浮点数,可指定小数点后的精度
%s	字符串	%x	十六进制整数
%d	十进制整数		

3.2　数据类型和运算符

【例 3-4】 输入学生姓名、语文成绩、数学成绩、英语成绩,输出学生的总成绩和平均成绩。

设计思路:根据 3.1 节内容,可以设计四个变量,分别存储学生姓名和各科成绩,然后对成绩进行计算,最后输出即可。

程序源代码和运行结果如图 3-9 所示。

图 3-9　例 3-4 源代码和运行结果

程序分析：程序中，使用了 name 来存储学生姓名，Ch、Ma、En 存储各科成绩，然后在第 6 行进行成绩总和计算，第 7 行进行平均成绩计算。注意到 name 和 Ch、Ma、En 虽然都是变量，但不属于同一种类型，name 无法进行加、减、乘、除运算，而 Ch、Ma、En 则可以，接下来我们进一步学习数据类型和运算符相关知识。

3.2.1 数据类型

数据是一个广义概念，包括数字、文字、声音、图片以及视频等不同种类。这些不同种类数据在计算机内部的存储方式以及处理方法不同，但同一种类数据在计算机内部表示以及处理方法则相同。

程序在运行过程中需要处理大量的数据，如果程序设计语言中能够区分各种数据种类，那么在编程时就可以根据需要选择合适类型，大大地方便了程序编写。这就好比交通工具分为火车、汽车、飞机、轮船等不同种类一样，它们各有各的特点。当人们要出行时，就可以根据实际路况选择合适的交通工具。

在例 3-1 和例 3-4 中，使用变量存储数据时，都未指定数据类型，那么它们的数据类型如何确定呢？Python 会根据赋值号右侧值自动确定变量中存储数据类型。

Python 内置丰富的数据类型，其中常用的数据类型如图 3-10 所示。

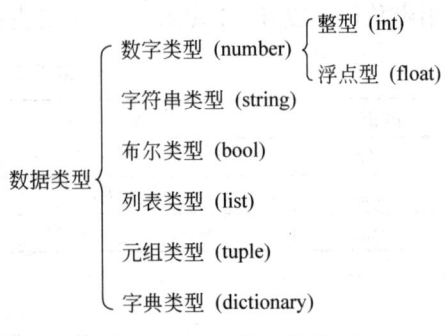

图 3-10 常用的数据类型

1. 整型

在 Python 中，整型能表示的数据仅与机器支持的内存大小有关。Python 中整型的表示方法可以采用二进制、八进制、十进制、十六进制等，需要在数据前加上限定符号加以区分，各进制的限定符号如表 3-3 所示。

表 3-3 各进制的限定符号

进 制	限 定 符 号	示 例
十进制	默认是十进制	print（10），输出 10
二进制	0b 或者 0B	print（0b10），输出 2
八进制	0o 或者 0O	print（0o10），输出 8
十六进制	0x 或者 0X	print（0x10），输出 16

2. 浮点型

浮点型数据也就是小数。Python 中的浮点型数据有两种表示形式：十进制小数和科学计数法，如 2.13、-0.89、3.02e3 等。使用科学计数法时，e 或者 E 之前必须有数字，且 e 或者 E 的后面必须为整数。浮点数默认保留 6 位小数。

注意：整数和浮点数在计算机内部的存储方式是不同的。整数运算永远是精确的，浮点数运算则可能会有四舍五入的误差。

3. 字符串类型

字符串是用单引号、双引号或者三引号（三个连续的单引号或者双引号）括起来的一个或多个字符。比如，"I'm a teacher"、" 张三 "、'"Hello ！ "' 等都是合法的字符串。

可以用 len( ) 函数返回字符串的长度，如 print(len('You are great!'))，输出结果为 14。

如果单引号本身也是一个字符，那就可以用双引号或者三引号括起来；如果双引号本身也是一个字符，可以用单引号或者三引号括起来；如果字符串中同时包含了单引号、双引号和三引号，那么就需要用转义字符进行转义。转义字符以反斜杠"\"开头，比如，'I\'m \"Daniel\"!' 表示的字符串内容是"I'm "Daniel"!"。

4. 布尔类型

布尔类型是一种特殊的整型，只有 True 和 False（注意 T 和 F 是大写）两个值。关系表达式和逻辑表达式的结果只能是 True 或者 False。

5. 列表类型

列表是 Python 中使用非常频繁的数据类型之一，它可以放置任意数量、任意类型的数据，这些数据称为列表的元素。列表中的元素使用方括号 [ ] 包含，元素的个数和值可以随意修改。创建列表也比较简单，用逗号分隔不同的元素，并用方括号将所有元素括起来。比如，list1=[1, '2', 3.12]。列表可以嵌套，比如，list2=[1, 'Python', [3, 4, 5, 'hello']]。

6. 元组类型

元组类型类似于列表，又称为不可修改的列表。元组的元素使用圆括号 ( ) 包含，元组的元素不能修改。元组的元素可以是任意类型的数据，可以嵌套使用。比如，tuple1=(1, '2', 'a',(3,4,5, 'hello'))。

7. 字典类型

字典是 Python 中的映射数据类型，由键值对构成。字典可存储任意类型的元素，元素使用花括号 {} 包含。字典的每个键值对用冒号分隔，键值对之间用逗号分隔。字典的格式如下：

```
dict1={键1:值1,键2:值2,键3:值3}
```

使用字典存储数据最大的优点就是查找速度快。

3.2.2 数据类型转换

Python 中内置函数 type( ) 可以返回数据的类型。type( ) 函数语法格式如下：

```
type (查询对象)
```

type( ) 函数接收一个对象作为参数，之后返回对象的相应类型。

要进行数据类型转换，可以使用数据类型转换函数，数据类型转换函数如表 3-4 所示。

表 3-4　数据类型转换函数

函数	描述	函数	描述
int(x)	将 x 转换成整型	bool(x)	将 x 转换成布尔类型
float(x)	将 x 转换成浮点型，不足的位数用 0 补齐	list(x)	将 x 转换为列表类型
str(x)	将 x 转换成字符串类型	tuple(x)	将 x 转换为元组类型

【例 3-5】对某个数字进行数据类型转换，代码和运行结果如图 3-11 所示。

```
# 例3_5
num=38
print('转换前类型为：',type(num),'转换后类型为：',type(float(num)))
print('转换前类型为：',type(num),'转换后类型为：',type(str(num)))
print(type('liming'))
print(type(18))
print(type(1.78))
```

```
D:\ProgramData\Anaconda3\python.exe C:\code\chapter03\code3_5.py
转换前类型为： <class 'int'> 转换后类型为： <class 'float'>
转换前类型为： <class 'int'> 转换后类型为： <class 'str'>
<class 'str'>
<class 'int'>
<class 'float'>
```

图 3-11　数据类型转换代码及运行结果

注意：不是完全由数字字符组成的字符串无法转换成数值型数据，包括整型和浮点型；只有在变量值为 0 时，bool( ) 的转换结果才为 False。

3.2.3　运算符

运算符就是一组告诉编译器执行特定数学或逻辑操作的符号，用来表示针对数据的特定操作。用运算符将变量、常量与表达式连接起来，就是表达式。Python 常用运算符有算术运算符、比较（关系）运算符、赋值运算符、逻辑运算符、成员运算符等。

1. 算术运算符

算术运算符也称为数学运算符，用来对数值进行数学运算，如加、减、乘、除等。Python 中的算术运算符及运算规则如表 3-5 所示。

表 3-5 算术运算符及运算规则

运算符	运 算 规 则	表 达 式	运算结果
+	加：两个对象相加	5+2	7
-	减：两个对象相减或者取负数	5-2	3
*	乘：两个对象相乘	5*2	10
/	除：两个对象相除	5/2	2.5
//	整除：返回商的整数部分	5//2	2
%	求余：返回除法的余数	5%2	1
**	幂运算：x**y，返回 x 的 y 次方	5**2	25

2. 比较运算符

比较运算符用于对变量、常量或表达式的结果进行大小比较，如果比较的关系成立，则返回 True；否则返回 False。比如，3>2 的结果为 True。

Python 中的比较运算符及运算规则如表 3-6 所示。

表 3-6 比较运算符及运算规则

运算符	运 算 规 则	表达式	运算结果
>	大于，如果 x>y 成立，返回 True；否则返回 False	3>2	True
<	小于，如果 x<y 成立，返回 True；否则返回 False	3<2	False
>=	大于或等于，如果 x>=y 成立，返回 True；否则返回 False	3>=2	True
<=	小于或等于，如果 x<=y 成立，返回 True；否则返回 False	3<=2	False
==	等于，如果 x==y 成立，返回 True；否则返回 False	3==2	False
!=	不等于，如果 x!=y 成立，返回 True；否则返回 False	3!=2	True

3. 赋值运算符

赋值运算符用来给变量赋值，将赋值符右侧变量值、常量或者表达式结果赋给左侧的变量。

Python 中的赋值运算符及运算规则如表 3-7 所示。

表 3-7 赋值运算符及运算规则

运算符	运 算 规 则	示 例
=	直接赋值，将赋值符右侧的值赋给左侧的变量	x=y
+=	加赋值，将赋值符两侧的值相加，然后赋给左侧的变量	x+=y，即为 x=x+y
-=	减赋值，将赋值符左侧变量减去右侧操作数，然后将结果赋给左侧的变量	x-=y，即为 x=x-y
*=	乘赋值，将赋值符左侧变量乘以右侧操作数，然后将结果赋给左侧的变量	x*=y，即为 x=x*y

续表

运算符	运算规则	示例
/=	除赋值,将赋值符左侧变量除以右侧操作数,然后将结果赋给左侧的变量	x/=y,即为 x=x/y
%=	取余赋值,将赋值符左侧变量对右侧操作数取余,然后将余数赋给左侧的变量	x%=y,即为 x=x%y
//=	整除赋值,将赋值符左侧变量对右侧操作数进行整除,然后将结果赋给左侧的变量	x//=y,即为 x=x//y
**=	幂赋值,将赋值符左侧变量进行幂运算,指数为右侧操作数,然后将结果赋给左侧的变量	x**=y,即为 x=x**y

4. 逻辑运算符

Python 程序设计语言中,将布尔值参与的运算称为逻辑运算符,用来表示日常交流中的"并且""或者""否定"等逻辑关系。如果逻辑关系成立,返回 True;否则返回 False。Python 中的逻辑运算符及运算规则如表 3-8 所示。

表 3-8 逻辑运算符及运算规则

运算符	运算规则
and	逻辑与,如果 x 为 True,则 x and y 返回 y 的值;否则返回 x 的值
or	逻辑或,如果 x 为 True,则 x or y 返回 x 的值;否则返回 y 的值
not	逻辑非,如果 x 为 True,则返回 False;否则返回 True

5. 成员运算符

Python 中提供了成员运算符,用于判断指定序列中是否包含(in)或者不包含(not in)某个值,如果包含则返回 True;否则返回 False。Python 中的成员运算符及运算规则如表 3-9 所示。

表 3-9 成员运算符及运算规则

运算符	运算规则
in	如果在指定的序列中找到指定对象,返回 True;否则返回 False
not in	如果在指定的序列中未找到指定对象,返回 True;否则返回 False

3.3 字 符 串

【例 3-6】 输入一行字符串,并统计字符的个数。

设计思路:本例中涉及一个新概念,即字符串。由于 Python 语言变量先使用、后定义,因此不管要求如何,先用一个变量存储输入信息。然后对变量中存储的字符串进行比对,将不同字符挑选出来。

程序源代码和运行结果如图 3-12 所示。

```
1   # 例3-6
2   # 输入一行字符，分别统计出英文字符、数字字符、空格以及其他字符的个数
3   sr=input('请输入一行字符串：')
4   n1=n2=n3=n4=0
5   for i in sr:
6       if 'a'<=i<='z' or 'A'<=i<='Z':
7           n1+=1
8       elif '0'<=i<='9':
9           n2+=1
10      elif i==' ':
11          n3+=3
12      else:
13          n4+=1
14  print('该字符串中英文字符、数字字符、空格字符和其他字符的个数分别为：',n1,n2,n3,n4)
```

```
D:\ProgramData\Anaconda3\python.exe C:\code\chapter03\code3_6.py
请输入一行字符串：wowour02mvn, .]\|/x    90UJKG2_: 123
该字符串中英文字符、数字字符、空格字符和其他字符的个数分别为： 14 8 9 8
```

图 3-12　例 3-6 源代码和运行结果

程序分析：程序中用变量 str 存储输入的字符串，然后对输入字符串从头进行比对，如果位于字符 a 和 z 或者 A 和 Z 之间，则说明是英文字符；如果位于数字字符 0 和 9 之间，则说明是数字字符；如果等于空格，则空格数加 1；否则为其他字符。当前读者可能难以理解程序中的两个地方：一是使用 for 循环进行逐个比对和统计，这部分我们将在第 4 章进行讲解；二是为什么字符可以进行大小比较，接下来我们将详细阐述这方面内容。

3.3.1　字符串的定义

字符串是字符序列，或者说是一串字符，由若干个字符组成，既可以是零个，也可以是一个或多个。键盘上的字符、英文字母、数字、标点符号都是字符，常用字符共有 128 个，合称为美国信息交换标准代码（American standard code for information interchange，ASCII），是基于拉丁字母的一套计算机编码系统，主要用于显示现代英语和其他西欧语言。因为 ASCII 码中，每一个字符都有固定对应数字，因此例 3-6 中字符可以进行大小比较、加减等运算。

字符串是 Python 中最常用的数据类型之一，是由单引号（'）、双引号（"）、三单引号（'''）或者三双引号（"""）界定符括起来的字符序列。Python 中没有单独的字符数据类型，一个字符就是一个长度为 1 的字符串。

创建字符串很简单，只要为变量分配一个用字符串界定符括起来的字符序列即可。通过数据输入，可以直接创建字符串。例如：

```
str1='This is Python!'
str2="Hello World!"
```

Python 中三对双引号允许一个字符串跨多行，字符串中可以包含制表符、换行符以及其他特殊字符，示例如下。

【例 3-7】 多行注释应用示例。程序源代码和运行结果如图 3-13 所示。

```
# 例3-7
str3="""这是一个多行字符串
多行字符串可以使用制表符
也可以使用换行符
"""
print(str3)
```

```
D:\ProgramData\Anaconda3\python.exe C:\code\chapter03\code3_7.py
这是一个多行字符串
多行字符串可以使用制表符
也可以使用换行符
```

图 3-13　例 3-7 源代码和运行结果

这是一个通过三双引号来实现多行字符串给变量赋值的例子，接下来我们介绍一些有特殊用途的字符。

3.3.2　转义字符

如果字符串中已经包含了单引号，那么字符串可用双引号括起来，比如 str1="Let's go!"，执行 print(str1) 的运行结果为"Let's go!"；如果字符串中已经包含了双引号，那么字符串可用单引号括起来，比如 str2='She said "Hello!"'，执行 print(str2) 的运行结果为"She said "Hello!""。

如果字符串中既包含单引号，又包含双引号和三引号，就需要使用转义字符"\"对字符串中的单引号、双引号和三引号进行转义。如果程序中需要输入换行符、回车符、制表符等不可见字符，也需要使用转义字符，即由反斜杠"\"加上后面的字符组成转义字符，表示不同的含义。比如，\n 表示换行，\r 表示回车，\t 表示制表等。转义字符不计入字符串的内容。常用的转义字符如表 3-10 所示。

表 3-10　常用的转义字符

转义字符	描　　述	转义字符	描　　述
\（在行尾时）	续行符	\\	反斜杠
\'	单引号	\"	双引号
\a	响铃	\b	退格
\000	空格	\n	换行符
\v	纵向制表符	\t	横向制表符
\r	回车符	\f	换页符
\yyy	八进制，y 代表 0~7 的字符。例如，\012 代表换行	\xyy	十六进制，以 \x 开头，y 代表字符。例如，\x0a 代表换行

如果字符串中有多个字符需要转义，就需要加入多个 \，为了简化，Python 允许使用 r 或者 R 来定义原始字符串，格式为 r' ' 或者 R' '，' ' 内部的字符串默认不转义。例如：

```
str1=r'Hello World!\n '
```

执行语句 print(str1) 的结果如下：

```
Hello World!\n
```

3.3.3 字符串格式化

Python 支持两种字符串的格式化方法：一种是使用格式化操作符 "%s" 进行字符串的格式化，另一种是使用 format( ) 进行字符串的格式化。

1. 使用 "%s" 操作符格式化字符串

Python 中提供了一个专门的字符串模板用于字符串的格式化。例如 print (" 我叫 %s，今年 %d 岁！ " % ('小明', 10))，执行结果为 "我叫小明，今年 10 岁！"。在这个例子中，" 我叫 %s，今年 %d 岁！" 就是用于字符串格式化的字符串模板，%s 是一个格式符，表示要按照字符串格式进行数据的输出，"('小明', 10)" 是传递真实值的元组，两个元素依次对应前面两个格式符。模板与元组之间用 "%" 进行连接，表示字符串格式化操作。

上述输出语句可替换成以下两条语句：

```
str1=" 我叫 %s, 今年 %d 岁, " % ('小明', 10)
print(str1)
```

在这个例子中，"" 我叫 %s，今年 %d 岁！ " % ('小明', 10)" 实际上是一个字符串表达式。

除此之外，还可以对格式符进行命名处理，这时需要使用字典进行值的传递。例如：

```
print(" 我叫%(name)s, 今年%(age)d 岁, "%{'name':' 小明 ','age':10})
```

程序的执行结果如下：

```
我叫小明, 今年 10 岁!
```

在以上例子中，将两个格式符分别命名为 name 和 age，命名用圆括号括起来，每一个命名都对应字典的一个键，这种命名可以防止格式符过多时值传递出现错误。Python 中常用的字符串格式符如表 3-11 所示。

表 3-11 常用的字符串格式符

格 式 符	描 述	格 式 符	描 述
%s	字符串	%e 或者 %E	浮点数（科学计数法）
%d	十进制整数	%b	二进制整数
%c	单个字符及其 ASCII 码	%o	八进制整数
%f	浮点数	%x	十六进制整数
%.2f	保留 2 位小数的浮点数		

2. 使用 format( ) 格式化字符串

Python 2.6 以后增加了一种新的字符串格式化方法，即 format( ) 方法。在这种方法中，用"{}"替代字符串中需要被替换的部分，没有被"{}"替代的部分仍然正常输出。

1）使用位置索引

第一个元素所在位置的索引为 0。使用位置索引时，要注意参数的排序。

```
print('Hi,{} and {}!'.format('LIly', 'Jack'))
# 运行结果如下
Hi,LIly and Jack!
```

2）使用关键字索引

给 format( ) 括号内的每一个待输出字符串一个对应的关键字,在花括号内写明关键字，则该关键字对应的字符串将被输出。例如：

```
print('{1} {0} {1}。'.format('言', '文'))
# 运行结果如下
文言文。
print('Hi,{girl} and {boy}!'.format(boy='Tom', girl='Mary'))
# 运行结果如下
Hi,Mary and Tom!
```

如果字符串中本身已经包含了花括号，为了与代替需要被替换字符串的花括号相区分，需要将字符串中本身含有的花括号改成 {{}}。例如：

```
print('{{Hi}},{girl} and {boy}!'.format(boy='Tom', girl='Mary'))
# 运行结果如下
{ Hi },Mary and Tom!
```

3）使用下标索引

如果 format( ) 括号中的参数是列表或者元组，则可以在前面占位的花括号中用列表或者元组的索引表示对应的待输出字符串。例如：

```
children=["Tom",14]
children[0]
```

```
school=("London","LNNU")
print("{1[0]} was born in {0[0]},He is {1[1]} yearsold.".format(school,
children))
#  运行结果如下
Tom was born in London,He is 14 years old.
```

3.3.4 字符串运算符

Python 提供了一组字符串运算符来实现字符串的连接、重复输出等运算，如表 3-12 所示，表中实例变量 a="Hello"，b="Python"。

表 3-12 字符串运算符

操作符	描 述	实 例
+	字符串连接	a+b 的结果：HelloPython
*	重复输出字符串	a*2 的结果：HelloHello
[]	字符串切片，通过索引获取字符串中的字符	a[0]=H，a[1]=e，a[-1]=o
[:]	字符串切片，截取字符串中的一部分，遵循左闭右开原则，str[0:2] 不包含第 3 个字符	a[1:3] 的输出结果：el
in	成员运算符，如果字符串中包含给定的字符，返回 True	'H' in a 的结果：True
not in	成员运算符，如果字符串中不包含给定的字符，返回 True	'H' not in a 的结果：False
r/R	原始字符串，在字符串的第一个引号前加上 r 或者 R，则字符串按照原始字面意思输出，不再对特殊字符或不能打印的字符进行转义	print（r' \n'） print（R' \n'）

在本小节中，我们学习了字符串数据类型，解决了字符大小比较问题。在 Python 中，字符串的比较默认是按照字符的 ASCII 码值的大小进行排序，即从字符串的第一个字符进行比较，如果相等，则继续比较下一个字符，直到分出大小；或者其中一个字符串结束，那么较长的那一个字符串大。事实上，这些都有内置函数可以快速实现，电子活页中提供了一些常见字符串操作，如将字符串进行大小写转换、对字符串进行查找比较、字符串判断等，感兴趣的读者可以进一步学习。

至此，我们学习了变量、数据类型和字符串等基础概念，接下来进一步介绍 Python 中特有的三种数据类型，即列表、元组和字典。

3.4 列　　表

【例 3-8】 设计一个程序，要求将能够对客户已点菜品进行添加、删除和替换。

设计思路：我们可以使用一个列表变量来存储客户已点菜品。然后从列表中找到从键盘输入的、要求删除的菜品进行删除。再输入新菜品，并添加在列表最后。最后对要进行替换的菜品进行替换。

程序源代码和运行结果如图 3-14 所示。

```
# 例3-8
# 使用列表编程实现修改点餐单
lt=['水煮干丝','麻婆豆腐','白灼虾','香菇油菜','西红柿鸡蛋汤']
dele=input('请输入要删除的菜品：')
add=input('请输入要添加的菜品：')
n=lt.index(dele)  # 查找要删除菜品的下标值
del lt[n]  # 删除指定位置的菜品
lt.append(add)  # 添加指定菜品
lt[lt.index('西红柿鸡蛋汤')]='酸菜鱼'  # 将西红柿鸡蛋汤换成酸菜鱼
print(lt)
```

```
D:\ProgramData\Anaconda3\python.exe C:\code\chapter03\code3_8.py
请输入要删除的菜品：白灼虾
请输入要添加的菜品：红烧肉
['水煮干丝', '麻婆豆腐', '香菇油菜', '酸菜鱼', '红烧肉']
```

图 3-14 例 3-8 源代码和运行结果

程序分析：程序中使用 lt 作为列表名，存储已经点好的菜品名称。用 dele 和 add 来存储需要删除和添加的菜品名，使用 lt.index(dele) 来对列表中元素进行定位，找到后删除。使用 lt.append(add) 来实现添加菜品，最后对已有菜品进行更换。这个程序演示了列表的创建、添加、删除、替换等操作，接下来让我们详细了解一些列表数据类型。

3.4.1 列表的创建

列表是 Python 中一种常用的数据类型，列表对象是高级数据结构的一种，类型为 list。

列表是可变序列，列表可以存储任意类型的数据，甚至可以包含另一个列表。列表用方括号括起来，元素之间用逗号隔开。

Python 中，可使用方括号 [ ] 创建列表，也可使用 list( ) 函数创建列表，列表中的元素类型可以互不相同，列表中的每个元素都有一个下标（或称为位置索引），下标值从 0 开始。

1. 使用 [ ] 创建列表

使用 [ ] 创建列表后，可通过赋值符将其赋给某个变量，格式如下：

```
list1=[元素1,元素2,元素3…]
```

如果直接给变量赋 [ ]，则该变量为空列表，示例如下：

```
list1=[ ]
print('list1:',list1)
# 程序运行结果如下
list1:[ ]
```

创建一个含有多种数据类型的列表，示例如下：

```
list1=[1,'hello','Python',3.14,[45,76,89]]
print('list1:',list1)
#  程序运行结果如下
list1: [1, 'hello', 'Python', 3.14, [45, 76, 89]]
```

2. 使用 list( ) 函数创建列表

使用内置函数 list( ) 还可以将其他数据类型转换为列表类型。

（1）将字符串转换成列表，示例如下：

```
list1=list('hello')
print(list1)
#  程序运行结果如下
['h', 'e', 'l', 'l', 'o']
```

（2）将元组转换成列表，示例如下：

```
tuple1=('Python','Java','PHP','JavaScript')
print(list(tuple1))
#  程序运行结果如下
['Python', 'Java', 'PHP', 'JavaScript']
```

3.4.2 列表的访问

列表是 Python 的一种内置数据类型，是一种有序的集合，列表元素可以随时添加或者删除。要想使用列表中的元素，既可以使用索引访问的方式，也可以使用切片访问的形式。

1. 通过索引访问列表元素

格式如下：

```
列表名[下标]
```

【例 3-9】 创建 个列表，然后分别输出列表中的每 个元素。

设计思路： 创建一个列表变量来存储若干数据。然后将该列表中的元素依次输出。

程序源代码和运行结果如图 3-15 所示。

Python 也支持逆向索引，即倒数第一个元素索引为 –1，倒数第二个元素索引为 –2，以此类推。示例如下：

```
print('输出第三个元素 :',list1[-3])
```

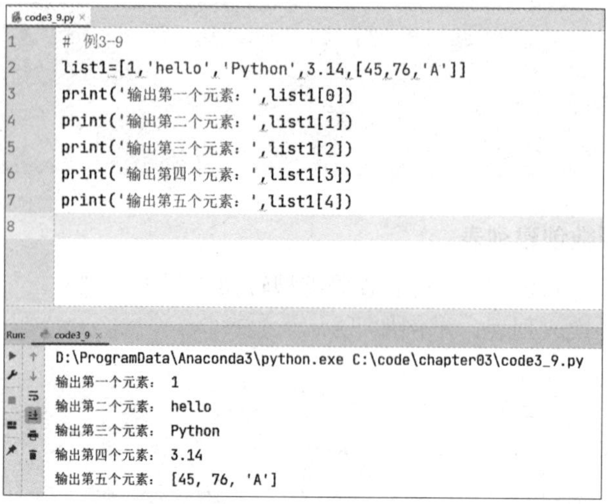
code3_9.py
# 例3-9
list1=[1,'hello','Python',3.14,[45,76,'A']]
print('输出第一个元素：',list1[0])
print('输出第二个元素：',list1[1])
print('输出第三个元素：',list1[2])
print('输出第四个元素：',list1[3])
print('输出第五个元素：',list1[4])
Run: code3_9
D:\ProgramData\Anaconda3\python.exe C:\code\chapter03\code3_9.py
输出第一个元素： 1
输出第二个元素： hello
输出第三个元素： Python
输出第四个元素： 3.14
输出第五个元素： [45, 76, 'A']

图 3-15　例 3-9 源代码和运行结果

程序运行结果如下：

```
输出第三个元素 :Python
```

2. 使用切片访问列表元素

格式如下：

```
列表名 [start:end:step]
```

其中，start 表示起始索引，end 表示结束索引，step 表示步长，不包含结束索引位置的元素。其中，开始索引、结束索引既可以是正向索引，也可以是逆向索引，既可以是正整数，也可以是负整数；步长既可以为正整数，也可以为负整数，步长为负整数则表示逆向索引，开始索引、结束索引、步长的默认值分别是 0、列表长度、1，可以部分或者全部省略。

【例 3-10】 创建一个列表，然后使用切片访问列表中的一组元素。

设计思路： 创建一个列表变量来存储若干数据，然后使用切片方式输出该列表中的部分元素。

程序源代码和运行结果如图 3-16 所示。

3.4.3　列表元素的操作

Python 中对列表元素的常见操作有增加、查找、修改、删除等。

1. 增加元素

给列表增加元素可以使用 append( )、extend( )、insert( ) 以及 “+” 运算符等方法。

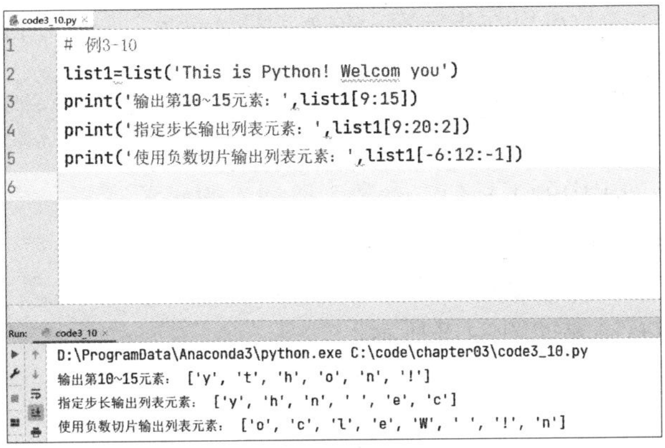
code3_10.py
# 例3-10
list1=list('This is Python! Welcom you')
print('输出第10~15元素：',list1[9:15])
print('指定步长输出列表元素：',list1[9:20:2])
print('使用负数切片输出列表元素：',list1[-6:12:-1])
Run: code3_10
D:\ProgramData\Anaconda3\python.exe C:\code\chapter03\code3_10.py
输出第10~15元素： ['y', 't', 'h', 'o', 'n', '!']
指定步长输出列表元素： ['y', 'h', 'n', ' ', 'e', 'c']
使用负数切片输出列表元素： ['o', 'c', 'l', 'e', 'W', ' ', '!', 'n']

图 3-16　例 3-10 源代码和运行结果

（1）通过 append( ) 函数可以实现在列表尾部增加元素，append( ) 函数使用格式如下：

```
列表名 .append(参数)
```

（2）通过 extend( ) 函数可以把另一个列表中的元素全部添加到当前列表尾部，extend( ) 函数使用格式如下：

```
列表名 .extend(参数)
```

【例 3-11】 向列表中增加元素。

设计思路：创建一个列表变量，然后分别向列表中增加单个元素和多个元素。

程序源代码和运行结果如图 3-17 所示。

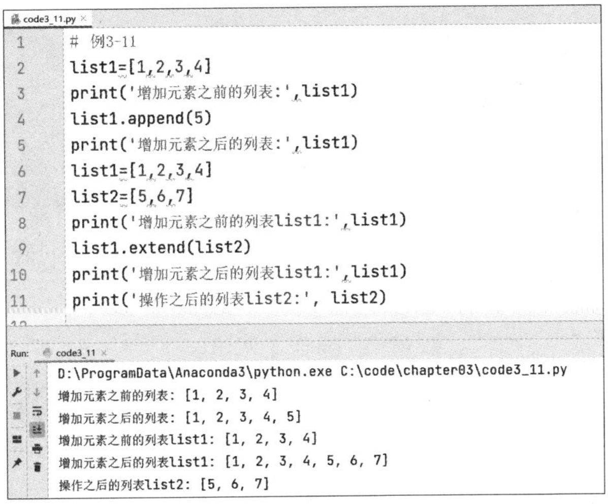
code3_11.py
# 例3-11
list1=[1,2,3,4]
print('增加元素之前的列表:',list1)
list1.append(5)
print('增加元素之后的列表:',list1)
list1=[1,2,3,4]
list2=[5,6,7]
print('增加元素之前的列表list1:',list1)
list1.extend(list2)
print('增加元素之后的列表list1:',list1)
print('操作之后的列表list2:', list2)
Run: code3_11
D:\ProgramData\Anaconda3\python.exe C:\code\chapter03\code3_11.py
增加元素之前的列表: [1, 2, 3, 4]
增加元素之后的列表: [1, 2, 3, 4, 5]
增加元素之前的列表list1: [1, 2, 3, 4]
增加元素之后的列表list1: [1, 2, 3, 4, 5, 6, 7]
操作之后的列表list2: [5, 6, 7]

图 3-17　例 3-11 源代码和运行结果

从以上运行结果可以看出，append( ) 是把参数作为元素追加到列表尾部，而 extend( ) 是把参数（列表）中的元素依次追加到列表尾部。

（3）使用 insert( ) 函数可以在指定索引位置前插入元素，insert( ) 函数使用格式如下：

列表名.insert(索引位置,参数)

此处索引位置为列表中的下标值，参数为要插入的元素。

【例 3-12】 向列表的指定位置插入元素。

设计思路：创建一个列表变量，然后向列表指定位置插入元素。

程序源代码和运行结果如图 3-18 所示。

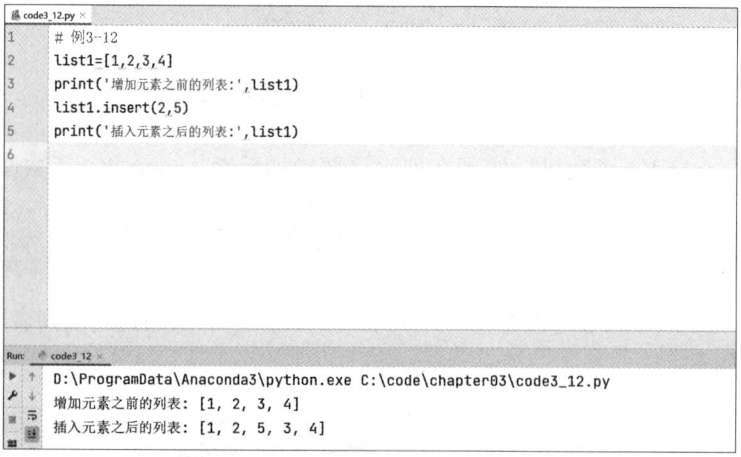

```
# 例3-12
list1=[1,2,3,4]
print('增加元素之前的列表:',list1)
list1.insert(2,5)
print('插入元素之后的列表:',list1)
```

```
D:\ProgramData\Anaconda3\python.exe C:\code\chapter03\code3_12.py
增加元素之前的列表: [1, 2, 3, 4]
插入元素之后的列表: [1, 2, 5, 3, 4]
```

图 3-18 例 3-12 源代码和运行结果

还可以使用 insert( ) 函数在列表尾部插入元素，此时，第一个参数是列表长度，示例如下：

```
list1=[1, 2, 3, 4]
list1.insert(len(list1),5)
print('插入元素之后的列表:',list1)
#  程序运行结果如下
插入元素之后的列表:[1, 2, 3, 4, 5]
```

实际上，只要索引位置的数值大于或等于列表长度，就能在列表尾部增加元素，示例如下：

```
list1=[1, 2, 3, 4]
list1.insert(5, 5)
print('插入元素之后的列表:',list1)
#  程序运行结果如下
插入元素之后的列表:[1, 2, 3, 4, 5]
```

（4）除以上方法，还可以使用"+"运算符合并两个列表，从而实现列表元素的增加。

【例 3-13】 使用"+"实现列表元素的增加。

设计思路：创建一个列表变量，使用"+"向列表中增加多个元素。

程序源代码和运行结果如图 3-19 所示。

```
# 例3-13
list1=[1,2,3,4]
list2=[5,6,7]
print('增加元素之前的列表list1:',list1)
print('增加元素之前的列表list2:',list2)
list1=list1+list2
print('增加元素之后的列表list1:',list1)
print('增加元素之后的列表list2:',list2)
```

```
D:\ProgramData\Anaconda3\python.exe C:\code\chapter03\code3_13.py
增加元素之前的列表list1: [1, 2, 3, 4]
增加元素之前的列表list2: [5, 6, 7]
增加元素之后的列表list1: [1, 2, 3, 4, 5, 6, 7]
增加元素之后的列表list2: [5, 6, 7]
```

图 3-19 例 3-13 源代码和运行结果

从以上结果可以看出，"+"运算符和 extend( ) 都是将两个列表进行合并，即把一个列表的元素追加到另一个列表的尾部。

2. 查找元素

可以使用成员运算符 in 或者 not in 来查找元素是否在指定列表中。如果查找元素存在，则 in 表达式的值为 True；否则为 False。not in 表达式正好与之相反。示例如下：

```
list1=[1,2,3,4]
num=int(input('请输入要查找的数字:'))
if num in list1:
    print('在列表中找到了元素 ',num)
else:
    print('在列表中没找到指定元素 ',num)
```

除以上方法，Python 中还提供了 index( ) 和 count( ) 两种方法来查找元素。

1) index( ) 函数

用来查找指定元素在列表中的索引位置，如果查找的元素存在，会返回列表中首次出现该元素的索引位置；如果查找元素不存在，程序会报一个 ValueError 错误，同时提示要查找的元素不在列表中。index( ) 函数语法格式如下：

```
列表名.index(sub,start,end)
```

其中，sub 表示待查找元素，start 表示起始位置，end 表示结束位置。start 和 end 用来指定检索范围，都可以省略，此时会检索整个列表。如果只有 start 而没有 end，表示检索从 start 到末尾的元素；如果 start 和 end 都不省略，表示检索从 start 到 end 的元素。

【例 3-14】 使用 index( ) 查找列表元素。

设计思路：创建一个列表变量，使用 index 查找列表元素。

程序源代码和运行结果如图 3-20 所示。

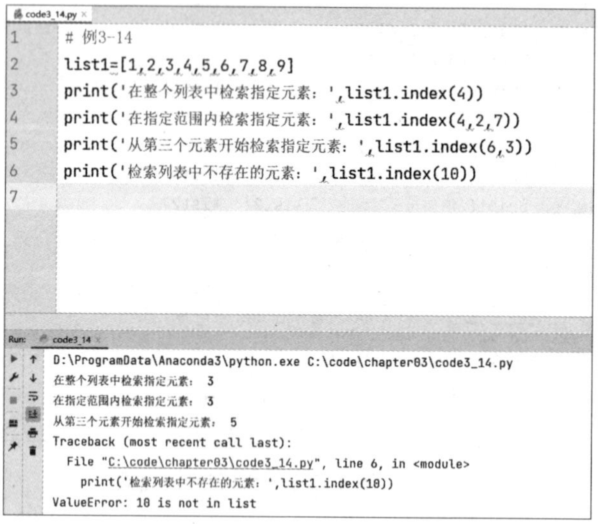
code3_14.py
# 例3-14
list1=[1,2,3,4,5,6,7,8,9]
print('在整个列表中检索指定元素：',list1.index(4))
print('在指定范围内检索指定元素：',list1.index(4,2,7))
print('从第三个元素开始检索指定元素：',list1.index(6,3))
print('检索列表中不存在的元素：',list1.index(10))
Run: code3_14
D:\ProgramData\Anaconda3\python.exe C:\code\chapter03\code3_14.py
在整个列表中检索指定元素： 3
在指定范围内检索指定元素： 3
从第三个元素开始检索指定元素： 5
Traceback (most recent call last):
File "C:\code\chapter03\code3_14.py", line 6, in <module>
print('检索列表中不存在的元素：',list1.index(10))
ValueError: 10 is not in list

图 3-20　例 3-14 源代码和运行结果

2）count( ) 函数

用来统计指定元素在列表中出现的次数，语法格式如下：

```
列表名 .count(sub)
```

如果返回结果为 0，表示列表中不存在该元素，所以 count( ) 也可以用来判断某个元素是否在列表中存在。

【例 3-15】 使用 count( ) 统计指定元素在列表中出现的次数。

设计思路：创建一个列表变量，使用 count 统计指定列表元素出现的次数。

程序源代码和运行结果如图 3-21 所示。

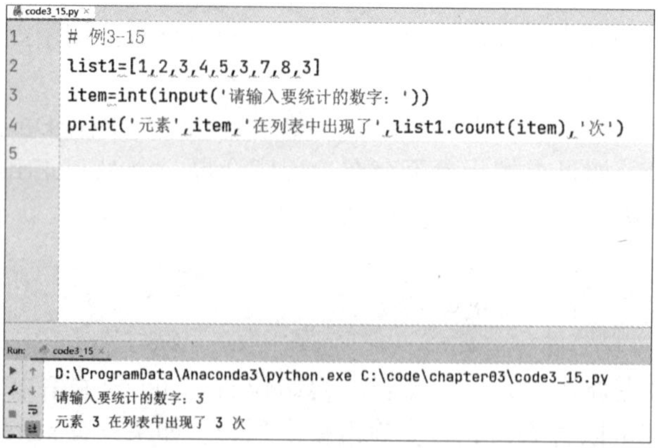
code3_15.py
# 例3-15
list1=[1,2,3,4,5,3,7,8,3]
item=int(input('请输入要统计的数字：'))
print('元素',item,'在列表中出现了',list1.count(item),'次')
Run: code3_15
D:\ProgramData\Anaconda3\python.exe C:\code\chapter03\code3_15.py
请输入要统计的数字：3
元素 3 在列表中出现了 3 次

图 3-21　例 3-15 源代码和运行结果

3. 修改元素

Python 提供了两种修改列表元素的方法，即修改单个元素和修改多个元素。

1）修改单个元素

通过索引对列表元素重新赋值即可实现对列表元素值的修改。

2）修改多个元素

通过列表切片即可实现对多个列表元素值的修改，在进行这种操作时，如果不指定步长，就不要求新赋值的元素个数与原来的元素个数相同，也就意味着该操作既可以为列表增加元素，又可为列表删除元素。

【例 3-16】 列表元素修改示例。

设计思路：创建一个列表变量，分别通过索引和列表切片修改元素值。

程序源代码和运行结果如图 3-22 所示。

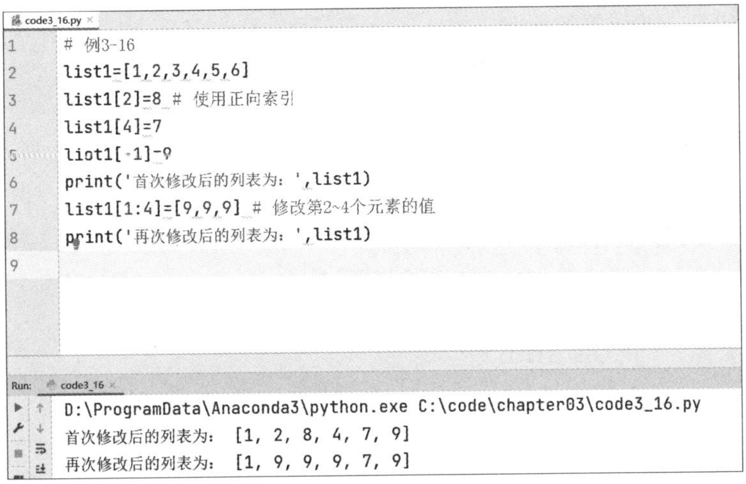
code3_16.py
# 例3-16
list1=[1,2,3,4,5,6]
list1[2]=8 # 使用正向索引
list1[4]=7
list1[-1]=9
print('首次修改后的列表为：',list1)
list1[1:4]=[9,9,9] # 修改第2~4个元素的值
print('再次修改后的列表为：',list1)
Run: code3_16
D:\ProgramData\Anaconda3\python.exe C:\code\chapter03\code3_16.py
首次修改后的列表为： [1, 2, 8, 4, 7, 9]
再次修改后的列表为： [1, 9, 9, 9, 7, 9]

图 3-22　例 3-16 源代码和运行结果

如果对空切片赋值，相当于插入一组新的元素。比如：

```
list1=[1,2,3,4,5,6,7,8]
list1[4:4]=[9,9,9]              #  此时切片为空切片
print(list1)
#  程序运行结果如下
[1, 2, 3, 4, 9, 9, 9, 5, 6, 7, 8]
```

4. 删除元素

从列表中删除元素可以使用以下四种方法。

1）del

删除指定索引位置的元素。del 既可以删除指定位置的元素，又可以删除整个列表，还可以删除列表中间一段连续的元素。

（1）del 删除指定位置元素的格式如下：

```
del 列表名 [ 下标 ]
```

（2）del 删除整个列表的格式如下：

```
del 列表名
```

使用 del 删除列表后，列表将不再存在。

（3）del 删除一段连续的元素格式如下：

```
del 列表名 [start:end]
```

其中，start 表示起始位置索引，end 表示结束位置索引。del 会删除从索引 start 到 end 的元素，但不包含 end 位置的元素。

【例 3-17】 使用 del 删除单个列表元素。

设计思路： 创建一个列表变量，使用 del 删除单个列表元素。

程序源代码和运行结果如图 3-23 所示。

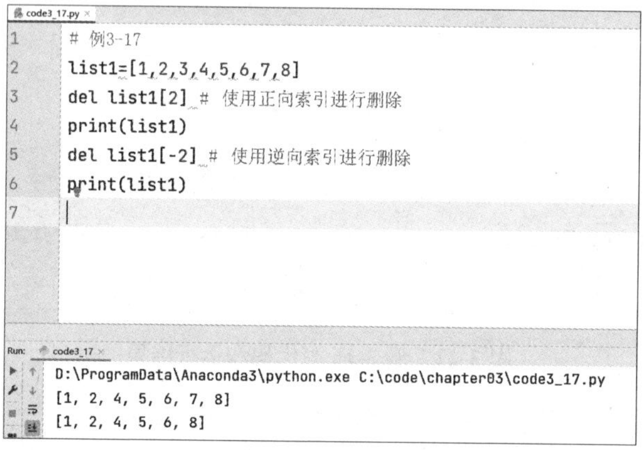
code3_17.py
# 例3-17
list1=[1,2,3,4,5,6,7,8]
del list1[2] # 使用正向索引进行删除
print(list1)
del list1[-2] # 使用逆向索引进行删除
print(list1)
Run: code3_17
D:\ProgramData\Anaconda3\python.exe C:\code\chapter03\code3_17.py
[1, 2, 4, 5, 6, 7, 8]
[1, 2, 4, 5, 6, 8]

图 3-23　例 3-17 源代码和运行结果

2）pop( )

删除指定索引位置的元素。如果不指定索引位置，默认删除列表末尾元素。使用 pop( ) 删除列表元素的格式如下：

```
列表名 .pop( 下标 )
```

【例 3-18】 使用 pop 删除列表元素。

设计思路： 创建一个列表变量，使用 pop 删除列表元素。

程序源代码和运行结果如图 3-24 所示。

3）remove(value)

根据元素值进行删除，列表中值为 value 的首个元素将被删除。remove( ) 只会删除第一个和指定值相同的元素，而且必须保证该元素是存在的，否则会出错。使用 remove( )

```
# 例3-18
list1=['九寨沟','鼓浪屿','大明湖','瘦西湖','钱塘江','洞庭湖']
print(list1)
list1.pop(2) # 删除下表为2的元素
print(list1)
list1.pop() # 不指定位置删除元素
print(list1)
```

```
D:\ProgramData\Anaconda3\python.exe C:\code\chapter03\code3_18.py
['九寨沟', '鼓浪屿', '大明湖', '瘦西湖', '钱塘江', '洞庭湖']
['九寨沟', '鼓浪屿', '瘦西湖', '钱塘江', '洞庭湖']
['九寨沟', '鼓浪屿', '瘦西湖', '钱塘江']
```

图 3-24 例 3-18 源代码和运行结果

删除列表元素的格式如下：

列表名.remove(value)

【例 3-19】 使用 remove( ) 删除列表元素。
设计思路：创建一个列表变量，使用 remove 删除列表元素。
程序源代码和运行结果如图 3-25 所示。

```
# 例3-19
list1=['九寨沟','鼓浪屿','大明湖','瘦西湖','钱塘江','洞庭湖']
print(list1)
list1.remove('鼓浪屿') # 第一次删除'鼓浪屿'
print(list1)
list1.remove('鼓浪屿') # 第二次删除'鼓浪屿'
print(list1)
```

```
D:\ProgramData\Anaconda3\python.exe C:\code\chapter03\code3_19.py
Traceback (most recent call last):
  File "C:\code\chapter03\code3_19.py", line 6, in <module>
    list1.remove('鼓浪屿') # 第二次删除'鼓浪屿'
ValueError: list.remove(x): x not in list
['九寨沟', '鼓浪屿', '大明湖', '瘦西湖', '钱塘江', '洞庭湖']
['九寨沟', '大明湖', '瘦西湖', '钱塘江', '洞庭湖']
```

图 3-25 例 3-19 源代码和运行结果

4）clear( )

删除列表中所有的元素。clear( ) 方法用来删除列表中所有元素，即清空列表。使用 clear( ) 删除列表元素的格式如下：

列表名.clear()

【例 3-20】 使用 clear( ) 删除列表元素。

设计思路：创建一个列表变量，使用 clear 删除列表元素。

程序源代码和运行结果如图 3-26 所示。

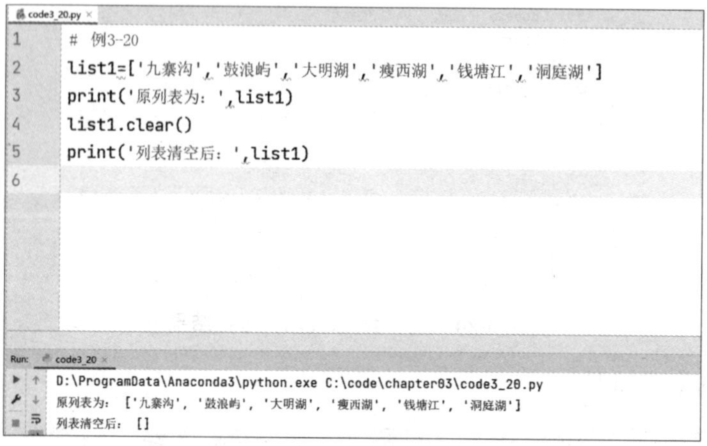
code3_20.py
# 例3-20
list1=['九寨沟','鼓浪屿','大明湖','瘦西湖','钱塘江','洞庭湖']
print('原列表为：',list1)
list1.clear()
print('列表清空后：',list1)
Run: code3_20
D:\ProgramData\Anaconda3\python.exe C:\code\chapter03\code3_20.py
原列表为： ['九寨沟', '鼓浪屿', '大明湖', '瘦西湖', '钱塘江', '洞庭湖']
列表清空后： []

图 3-26　例 3-20 源代码和运行结果

3.4.4　列表训练

【例 3-21】 在两行中分别输入一个字符串，第一个字符串不少于 3 个字符，第二个字符串不少于 5 个字符，分别将其转换为列表 a 和 b，请输出列表 a 的第 1 个元素，并输出列表 b 中第 3 个元素和最后一个元素。

程序源代码和运行结果如图 3-27 所示。

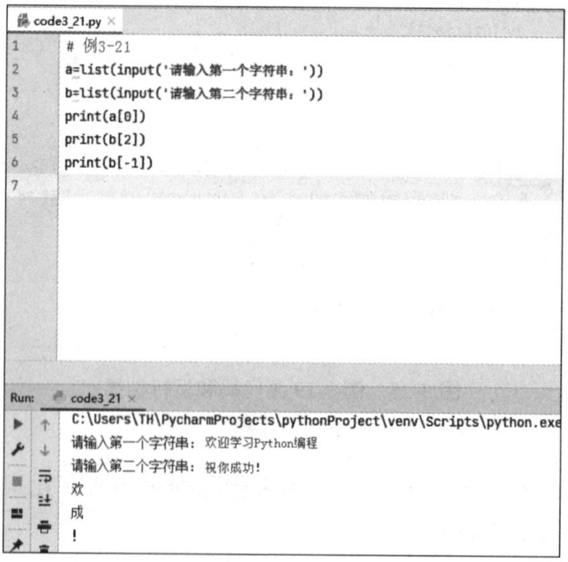
code3_21.py
# 例3-21
a=list(input('请输入第一个字符串：'))
b=list(input('请输入第二个字符串：'))
print(a[0])
print(b[2])
print(b[-1])
Run: code3_21
C:\Users\TH\PycharmProjects\pythonProject\venv\Scripts\python.exe
请输入第一个字符串：欢迎学习Python编程
请输入第二个字符串：祝你成功!
欢
成
!

图 3-27　例 3-21 程序源代码和运行结果

【例 3-22】 请输入由一串整数构成的字符串，并将字符串转换为列表，字符个数为 8 个，请计算列表中各个元素之和以及平均数。

提示：可以使用 int(x) 函数将字符转换为对应的整数，如 int('2') 的结果为 2。
程序源代码和运行结果如图 3-28 所示。

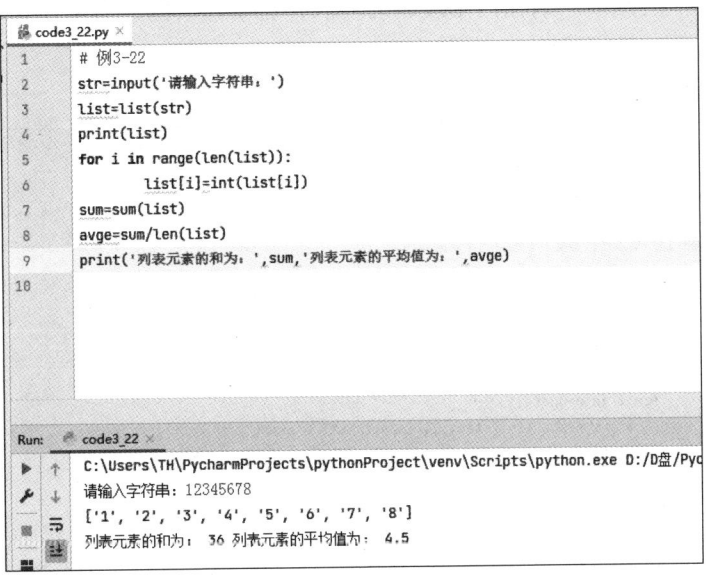

图 3-28　例 3-22 程序源代码和运行结果

【例 3-23】　输入一个字符串 s 和一个非负整数 i, 列表 ls = ['2', '3', '0','1', '5']，在指定的位置 i 和列表末尾分别插入用户输入的字符串 s。

注意：当 i>=5 时，相当于在列表末尾插入两次字符串 s。

程序源代码和运行结果如图 3-29 所示。

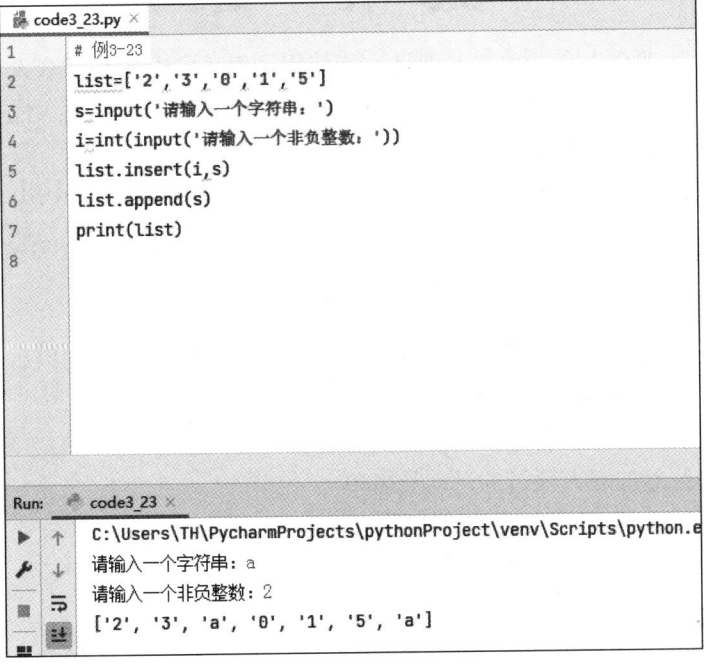

图 3-29　例 3-23 程序源代码和运行结果

【例3-24】 定义一个列表 list，列表值为 [1,2,3,4,2,3,5,3]，请输入一个要修改的元素值及修改后的元素值，若数字在列表中存在，修改该元素；若元素在列表中存在多次，需要依次进行元素值的修改。请输出修改后的列表，若要修改的元素值在列表中不存在，则原样输出列表，不做任何修改。

程序源代码和运行结果如图 3-30 所示。

```
# 例3-24
list=[1,2,3,4,2,3,5,3]
num1=int(input('请输入要修改的元素值：'))
num2=int(input('请输入修改后的元素值：'))
n=list.count(num1)                          # 统计num1在列表中出现的次数
start=0
if n==0:
    print('在列表中未找到指定元素',num1)
else:
    for i in range(n):
        start_new = list[start::].index(num1) + start  # 使用切片查找指定元素
        list[start_new]=num2                # 修改列表元素值
        start = start_new+1                 # 切片起始位置更新
print(list)
```

```
请输入要修改的元素值：3
请输入修改后的元素值：9
[1, 2, 9, 4, 2, 9, 5, 9]
```

图 3-30 例 3-24 程序源代码和运行结果

3.5 元　　组

【例3-25】 运动会上有一项双人项目，请使用元组（tuple）记录双人项目报名情况并输出他们报名成功以后的元组。如有一人因特殊原因不能参加，需找人代替，想办法编程解决并输出最终参加双人项目名单。

设计思路：定义一个元组，将参加双人项目名单存储到元组中并输出，修改运动员名单，然后重新输出。

程序源代码和运行结果如图 3-31 所示。

程序分析：

（1）定义一个元组 tuple，输入两个人的名字，输出他们报名成功以后的元组。

（2）将元组转换成列表。

（3）使用列表修改元素功能修改运动员姓名。

（4）输出最终参加双人项目的运动员名单。

（5）运行 Python 程序，查看运行结果。

3.5.1　元组的定义

元组与列表类似，通常用一对圆括号将元素括起来，元素之间用逗号隔开。元组的

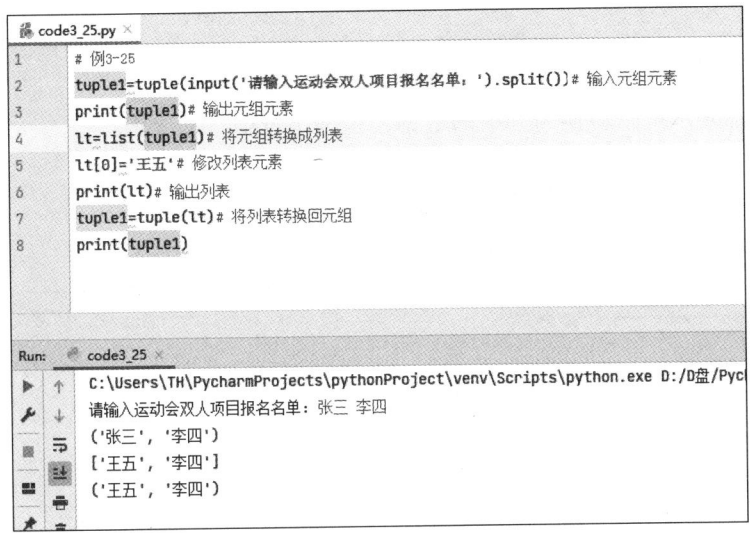

图 3-31　例 3-25 程序源代码和运行结果

格式如下：

```
tuple=(元素1,元素2,元素3…)
```

元组中的元素可以存储不同类型的数据，既可以是字符串、整数、浮点数、列表，也可以是元组。元组属于不可变序列，一旦被创建，元素的值不能被修改。所以，元组也被看作不可变的列表，通常情况下用于存储无须修改的数据。

3.5.2　元组的创建

元组类型及表示方法有以下四种。
- 空元组。
- 只有一个字符串类型元素的元组，末尾的逗号不能省略，如（'a'，）。
- 多个元素的元组用逗号分隔各个元素，如（1,'a',2,[1,2,'张三']）。
- 嵌套元组，如（1,（1,2），（a,b））。

1. 使用（）直接创建元组

通过（）创建元组后，一般使用赋值符将它赋值给某个变量，格式如下：

```
tuplename=(元素1,元素2,元素3…)
```

2. 使用 tuple( ) 函数创建元组

Python 提供了一个内置函数 tuple( )，可用来将其他数据类型转换为元组类型。格式如下：

```
tuple(data)
```

其中，data 表示可以转换为元组的数据，包括字符串、列表等。

【例 3-26】 元组与字符串、列表以及字典间的相互转换。

设计思路：将已定义好的字符串、列表、字典转换成元组并输出。

程序源代码和运行结果如图 3-32 所示。

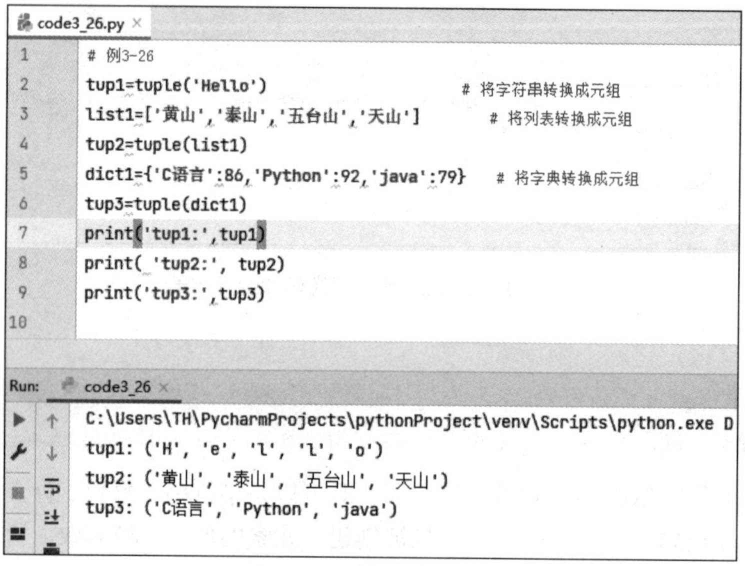

```
# 例3-26
tup1=tuple('Hello')              # 将字符串转换成元组
list1=['黄山','泰山','五台山','天山']   # 将列表转换成元组
tup2=tuple(list1)
dict1={'C语言':86,'Python':92,'java':79}   # 将字典转换成元组
tup3=tuple(dict1)
print('tup1:',tup1)
print('tup2:',tup2)
print('tup3:',tup3)
```

```
C:\Users\TH\PycharmProjects\pythonProject\venv\Scripts\python.exe D
tup1: ('H', 'e', 'l', 'l', 'o')
tup2: ('黄山', '泰山', '五台山', '天山')
tup3: ('C语言', 'Python', 'java')
```

图 3-32　例 3-26 程序源代码和运行结果

3.5.3　元组的访问

和列表一样，用户既可以使用位置索引（下标）访问元组中的某个元素（得到的是某个元素的值），也可以使用切片访问元组中的一组元素（得到的是一个新的子元组）。

1. 使用索引访问元组元素

格式如下：

```
元组名[下标]
```

元组的索引值可以是正数（正向索引），也可以是负数（逆向索引）。使用索引访问元组元素的程序如下：

```
tuple1=tuple('Hello,This is a Python programe!')
print(tuple1[2])              # 使用正向索引
print(tuple1[-9])             # 使用逆向索引
```

程序运行结果如图 3-33 所示。

```
D:\ProgramData\Anaconda3\python.exe C:/code/chapter03/元组的访问.py
l
p
```

图 3-33 使用索引访问元组元素的运行结果

2. 使用切片访问元组元素

格式如下：

元组名[start:end:step]

其中，start 表示起始索引，end 表示结束索引（索引到下标为 end-1 的元素值），step 表示步长，如果省略 start 则默认从下标 0 开始索引，省略 end 则默认索引到元组最后一个元素，省略步长则默认步长为 1。使用切片访问元组元素的程序如下：

```
tuple1=tuple('Hello,This is a Python programe!')
print(tuple1[2:10])                # 使用正向索引，省略步长
print(tuple1[3:17:2])              # 使用正向索引，指定步长
print(tuple1[-6:-1])               # 使用逆向索引，省略步长
```

程序运行结果如图 3-34 所示。

```
D:\ProgramData\Anaconda3\python.exe C:/code/chapter03/元组的切片访问.py
('l', 'l', 'o', ',', 'T', 'h', 'i', 's')
('l', ',', 'h', 's', 'i', ' ', ' ')
('g', 'r', 'a', 'm', 'e')
```

图 3-34 使用切片访问元组元素的运行结果

3.5.4 元组的遍历

和列表一样，可以使用 for 循环或者 while 循环遍历元组中的元素。程序如下：

```
tuple=('Python','C','C++','Java')
print('for 循环遍历元组：')
for i in tuple:
    print(i)
print('while 循环遍历元组：')
i=0
while i<len(tuple):
    print(tuple[i])
    i+=1
```

程序运行结果如图 3-35 所示。

```
D:\ProgramData\Anaconda3\python.exe C:/code/chapter03/元组的遍历.py
for循环遍历元组：
Python
C
C++
Java
while循环遍历元组：
Python
C
C++
Java
```

图 3-35　元组遍历的运行结果

3.5.5　修改元组

元组是一种不可变序列，不能修改其元素，如果确要修改元组的元素，可通过两种方式来实现：一种是创建新的元组以替代旧的元组；另一种是将元组转换为列表后进行修改，修改完以后再转换成元组。如果要实现组员的合并，可以使用"+"运算符来实现。

3.5.6　删除元组

当创建的元组不再使用时，可以通过 del 将其删除。程序如下：

```
tuple1=('Hello,This is a Python programe!')
print(tuple1)
del tuple1
print(tuple1)
```

程序运行结果如图 3-36 所示。

```
D:\ProgramData\Anaconda3\python.exe C:/code/chapter03/元组的删除.py
Traceback (most recent call last):
  File "C:/code/chapter03/元组的删除.py", line 5, in <module>
    print(tuple1)
NameError: name 'tuple1' is not defined
Hello,This is a Python programe!
```

图 3-36　通过 del 删除元组运行结果

3.6　字　　典

【例 3-27】元组与字符串、列表以及字典间的相互转换。

设计思路：创建一个依次包含字符串 '张三'、'李四'、'王五' 和 '赵六' 的列表 list1，作为调查名单；再创建一个依次包含键值对"'张三': 'Lenovo'"和"'李四': 'HUAWEI'"的字典 dict1，作为已记录的调查结果。请遍历列表 list1，如果遍历到的名字已出现在包含字典 dict1 的全部键的列表里，则使用 print( ) 语句一行输出类似字符串'张三你好！感谢你的配合！'的语句以表达感谢，否则使用 print( ) 语句一行输出类似字符串'王五你好！你愿参与此次调查吗？'的语句以发出调查邀请。

程序源代码和运行结果如图 3-37 所示。

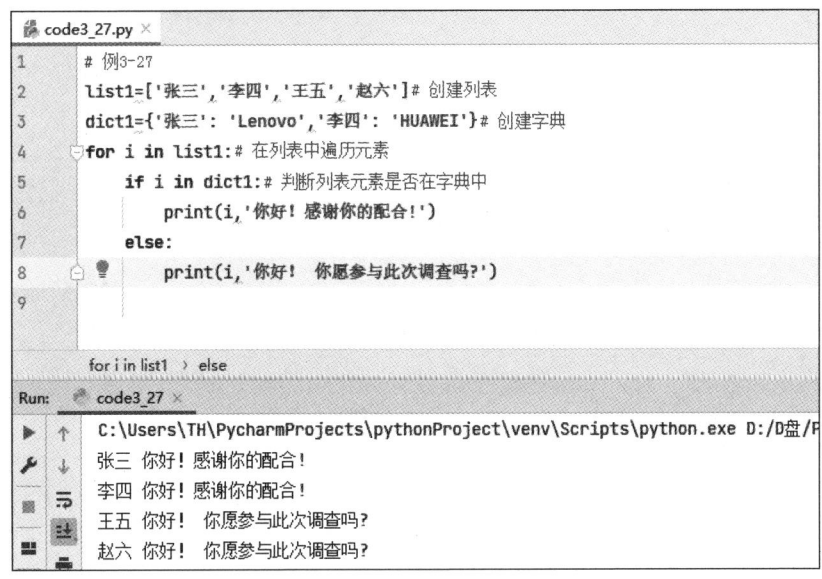

图 3-37　例 3-27 程序源代码和运行结果

程序分析：
（1）创建一个列表 list1，包含 4 个学生姓名。
（2）创建一个字典 dict1，包含张三和李四的就业信息。
（3）遍历列表 list1，然后判断 list1 中的各元素是否在字典 dict1 中。
（4）根据遍历结果进行相应输出。
（5）运行 Python 程序，查看运行结果。

3.6.1　字典的定义

Python 中字典是一种无序的、可变的"序列"，字典由多个元素组成，元素之间用逗号分隔，字典的元素以"键值对（key-value）"的形式存储，包含在花括号"{}"中。
字典的数据类型为 dict，通过 type( ) 函数即可查看，格式如下：

```
>>>dict1={'name':'tom','age':18,'height':1.86}
>>>type(dict1)
<class'dict'>
```

3.6.2 字典的创建

Pyhton 中使用 {} 创建字典，在创建字典时键和值之间使用冒号分隔，相邻元素之间使用逗号分隔，所有元素包含在花括号中，语法格式如下：

```
dictname={'key1':value1, 'key2':value2, …, 'keyn':valuen}
```

其中，dictname 是字典变量名，"keyn:valuen"表示各个元素的键值对。同一字典中的各个键必须唯一，不可重复。使用 {} 创建字典程序如下：

```
scores={'高等数学':92,'大学英语':90,'Python':95}
print(scores)
dict1={(30,20):'great',30:[1,2,3]}
print(dict1)
dict2={}                              # 创建空字典
print(dict2)
```

程序运行结果如图 3-38 所示。

```
D:\ProgramData\Anaconda3\python.exe C:/code/chapter03/字典的创建.py
{'高等数学': 92, '大学英语': 90, 'Python': 95}
{(30, 20): 'great', 30: [1, 2, 3]}
{}
```

图 3-38　创建字典运行结果

3.6.3 字典的访问

与列表和元组不同，字典通过键来访问对应的值。访问格式如下：

```
dictname[key]
```

其中，dictname 表示字典的变量名，key 表示键名。需要注意的是，键必须是存在的，否则会出现异常。示例程序如下：

```
scores = {'高等数学':92,'大学英语':90,'Python':95}
print(scores['高等数学'])      # 键存在
print(scores['软件工程'])      # 键不存在
```

程序运行结果如图 3-39 所示。
除以上访问方式外，Python 还提供了 get( ) 方法来获取指定键对应的值。当指定的键

```
D:\ProgramData\Anaconda3\python.exe C:/code/chapter03/字典的访问.py
92
Traceback (most recent call last):
  File "C:/code/chapter03/字典的访问.py", line 4, in <module>
    print(scores['软件工程'])    # 键不存在
KeyError: '软件工程'
```

图 3-39 字典访问的运行结果

不存在时，get( ) 方法不会出现异常。get( ) 方法访问字典的语法格式如下：

```
dictname.get(key[,default])
```

其中，dictname 表示字典的变量名；key 表示指定的键；default 用于指定要访问的键不存在时返回的默认值，如果不手动指定，会返回 None。

如果想查看字典中所有的键或者值或者键值对，可以分别使用 dictname.keys( )、dictname.values( )、dictname.items( ) 来分别获取字典的键视图、值视图、元素视图。示例程序如下：

```
dict1={'num':20203600102,'name':'张安','age':18}
print(dict1.keys())
print(dict1.values())
print(dict1.items())
```

程序运行结果如图 3-40 所示。

```
D:\ProgramData\Anaconda3\python.exe C:/code/chapter03/字典的视图访问.py
dict_keys(['num', 'name', 'age'])
dict_values([20203600102, '张安', 18])
dict_items([('num', 20203600102), ('name', '张安'), ('age', 18)])
```

图 3-40 获取字典各类视图的运行结果

从上述运行结果可以看出，dictname.keys( )、dictname.values( )、dictname.items( ) 返回的都是列表形式。

3.6.4 字典的遍历

与列表和元组一样，可以使用 for 循环或者 while 循环遍历字典。直接把字典作为 for 循环中的序列来访问，默认访问的是字典的键视图。

【例 3-28】 字典的遍历程序。
设计思路：创建一个字典，然后将字典元素依次输出。
程序源代码和运行结果如图 3-41 所示。

```
# 例3-28
stu_dict = {'sno' : '2018040001', 'name' : 'Tom', 'height' : 170}
print(stu_dict)
for i in stu_dict:             # 默认键视图
    print('字典的键为: ',i)
for j in stu_dict.values():    # 值视图
    print('字典的值为: ',j)
for k in stu_dict.items():     # 元素视图
    print('字典的元素为: ',k)
```

```
C:\Users\TH\PycharmProjects\pythonProject\venv\Scripts\python.exe D:/D盘
{'sno': '2018040001', 'name': 'Tom', 'height': 170}
字典的键为: sno
字典的键为: name
字典的键为: height
字典的值为: 2018040001
字典的值为: Tom
字典的值为: 170
字典的元素为: ('sno', '2018040001')
字典的元素为: ('name', 'Tom')
字典的元素为: ('height', 170)
```

图 3-41 例 3-28 程序源代码和运行结果

3.6.5 字典元素的修改

要在字典中修改元素，直接使用 dictname[key]=value 即可。修改的前提是该键在字典中已存在如果不存在，则变成向字典中添加元素。示例程序语句如下：

```
dict1= {'sno' : '2018040001', 'name' : 'Tom', 'height' : 170}
print(dict1)
dict1['name']='Jack'
print(dict1)
```

程序运行结果如图 3-42 所示。

```
D:\ProgramData\Anaconda3\python.exe C:/code/chapter03/字典元素的修改.py
{'sno': '2018040001', 'name': 'Tom', 'height': 170}
{'sno': '2018040001', 'name': 'Jack', 'height': 170}
```

图 3-42 字典元素修改程序的运行结果

3.6.6 删除字典

与删除列表和元组一样，手动删除字典时也可使用 del 关键字。示例程序语句如下：

```
dict1= {'sno' : '2018040001', 'name' : 'Tom', 'height' : 170}
print(dict1)
del dict1
print(dict1)
```

程序运行结果如图 3-43 所示。

```
D:\ProgramData\Anaconda3\python.exe C:/code/chapter03/字典的删除.py
{'sno': '2018040001', 'name': 'Tom', 'height': 170}
Traceback (most recent call last):
  File "C:/code/chapter03/字典的删除.py", line 5, in <module>
    print(dict1)
NameError: name 'dict1' is not defined
```

图 3-43　删除字典程序的运行结果

在字典中要删除指定键值为 key 的元素，也可使用 del 关键字，格式如下：

```
del dictname[key]
```

其中，dictname 为字典的变量名，key 为指定键值。还可以使用 clear( ) 清空整个字典。

3.7　实　践　训　练

1. 掌握下列名称的含义。
（1）变量、数据类型、字符、列表。
（2）元组、字典。
2. 什么是内置函数？试举例说明。
3. 为什么要重视程序的格式和注释？试举例说明。
4. 使用字符串知识打印以下图形：
   *
   **
   ***
   ****
   *****
5. 使用字符串知识，按照要求输出 26 个小写英文字母。

```
Str_1='abcdefghigklmnopqrstuvwxyz'
```

（1）逆序输出。
（2）按步长为 2 输出。
（3）输出索引位置为 3 到索引位置为 10 的数据，步长为 2。

（4）输出字符串从右往左第 4 位到第 9 位的字符。
（5）分别输出奇数和偶数位置的字符。
（6）从左到右输出全部字母。

6. 输入一串字符串，编写程序完成以下功能。
（1）输出字符串中字符的个数。
（2）将字符串中小写字母转换为大写字母，将大写字母转换成小写字母并输出。
（3）统计字符串中空格字符的个数并输出。

7. 输入以下两个字符串，按照要求编写程序。

```
str_1='That is a Python program.'
str_2='Python is a famous computer language. '
```

（1）将 str_1 中所有首字母改成大写并输出。
（2）将 str_2 中大小写转换后输出。
（3）将 str_1 和 str_2 拼接成一个字符串后输出。

8. 定义一个列表 student_list，列表中存储一个学生的信息，例如：

```
2436200101,'Big Data','A',[80,92,88],'韩梅梅'
```

输出该列表。输出示例如下：

```
[2436200101, 'Big Data', 'A', [80, 92, 88 ], '韩梅梅']
```

9. 定义一个列表 demo_list，列表值为 [1,2,3,4,2,3,5,3]，请输入一个要修改的元素值及修改后的元素值，若数字在列表中存在，修改该元素；若元素在列表中存在多次，需要依次进行元素值的修改，请输出修改后的列表；若要修改的元素值在列表中不存在，则原样输出列表，不做任何修改。

第4章 程序结构

- 掌握顺序结构、选择结构和循环结构原理,并能够用代码实现;
- 能够将问题通过程序结构解决;
- 熟悉异常处理的功能及用法;
- 培养程序设计思维。

程序结构

- 能够使用顺序结构、选择结构和循环结构设计程序、解决具体问题,提高程序设计能力;
- 能够编写、调试 Python 程序中的异常处理模块,提高程序调试能力;
- 能够运用 Python 程序完成工单任务;
- 逐步学会用 Python 程序解决生活中具体问题。

- 培养按照流程办事的规范精神;
- 培养敬业爱岗精神;
- 养成严谨认真、精益求精的软件工匠精神;
- 培养科学家精神中刻苦钻研、不怕苦难精神。

本章将通过学生成绩求和、学生成绩排序和班级平均成绩计算三个案例,介绍顺序、分支、循环三种程序设计基本结构,并阐述这三种结构的实现与应用。再通过大量案例练习,加强读者对这三种基本结构的印象,最终达到熟练掌握程序设计基本结构,并能够应用其解决具体问题之目标。

4.1 顺序结构

通常情况下,程序语句是按照自上而下的顺序,一条一条地执行,这一过程就称为顺序执行,这些语句组成的结构就称为顺序结构。顺序结构是最基本、最简单的程序结构,任何一个程序从整体上看,都是一个顺序结构,其流程图如图 4-1 所示。

现在我们用一个例子来说明程序的顺序结构。

【例 4-1】 输入某个学生两门课程成绩，要求输出总成绩。

设计思路：这是典型的顺序结构，根据题目要求按步骤设计程序功能，首先输入两个数并把它们存储在两个变量中，然后计算二者之和，最后输出。

程序源代码和运行结果如图 4-2 所示。

```
# 两个整数相加
a = int(input("请输入成绩1: "))
b = int(input("请输入成绩2: "))

c = a + b

print('{0} + {1} = {2}'.format(a,b,c))
```

```
D:\ProgramData\Anaconda3\python.exe C:\code\chapter04\code4_1.py
请输入成绩1: 85
请输入成绩2: 77
85 + 77 = 162
```

图 4-1 顺序结构流程图　　　图 4-2 例 4-1 源代码和运行结果

程序分析：运行后，将会提示用户输入 2 个整数，从键盘输入 2 个整数，按 Enter 键可得到二者之和。在该程序运行过程中，顺序执行第 3、第 4、第 6、第 8 行程序，即可得到相应结果，该程序充分说明了顺序结构的运行过程。

顺序结构是程序最基本的结构，也是最容易理解的。这里要注意一个问题：初学者往往会把顺序结构和程序按顺序执行混淆！所有程序语言都可以使用顺序结构，但是大部分语言需要对整个源文件进行编译后执行，而不是逐条语言执行。也就是说，程序并不完全按语句先后顺序依次执行。接下来我们继续介绍能够在程序执行过程中实现"控制转移"的结构——选择结构和循环结构。

4.2 选择结构

【例 4-2】 从键盘上输入 3 个成绩 a、b 和 c，按照从小到大的顺序输出。

设计思路：解决本题的步骤可以分为以下四个。

（1）通过比较和交换，使 a 小于或等于 b。具体操作为：如果 a 大于 b，因为与结果"a 小于或等于 b"相悖，所以需交换 a 和 b 的值。

（2）通过比较和交换，使 a 小于或等于 c。具体操作为：如果 a 大于 c，因为与结果"a≤c"相悖，所以交换 a 和 c 的值。

经过上述两步之后，已经保证了 a 的值是三个数中最小的，接下来的第（3）步中只需想办法使"b 小于或等于 c",就大功告成了。

（3）如果 b 大于 c，交换 b 和 c 的值。

到现在为止，已经保证了 a、b、c 的值从小到大排列。

（4）依次输出 a、b、c 的值。

前三步中，均要根据"条件"来判断是否需要交换两个变量的值，即根据不同的情况执行不同的操作，显然需要使用选择结构来实现。

程序源代码和运行结果如图 4-3 所示。

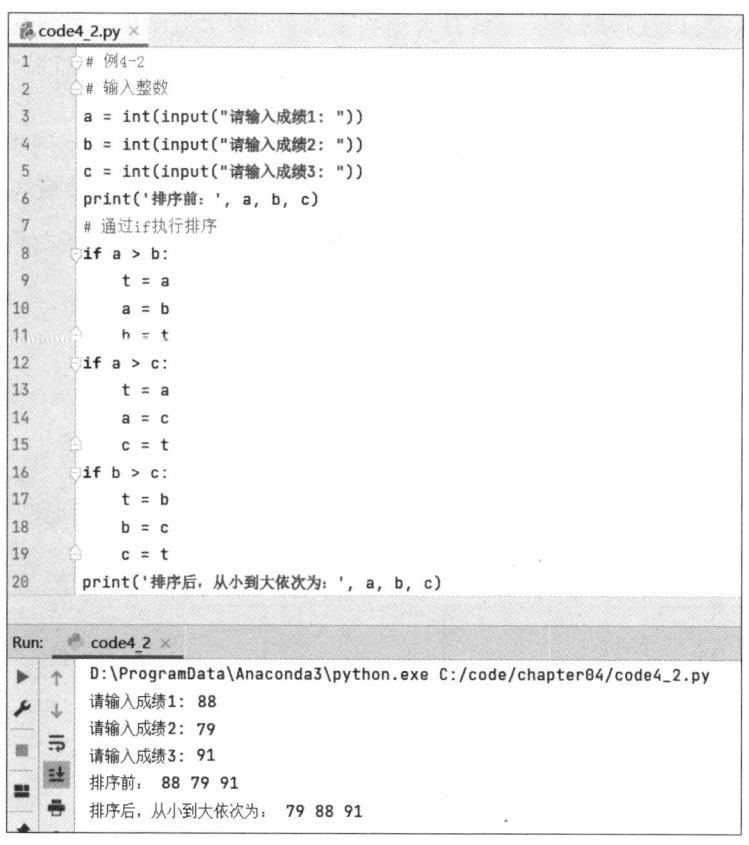

图 4-3　例 4-2 运行结果

程序分析：运行后，将会提示用户输入 3 个成绩，通过键盘输入 88、79、91 之后，得到了 79、88、91 按从小到大排序后一个数列。第 3~5 行实现了将 88、79、91 分别存储在变量 a、b、c 中；第 8 行判断 a 和 b 的大小，如果 a>b，则借助中间变量 t 将 a 与 b 的值交换，这个时候变量 a 中存储的值 88 大于变量 b 中存储的值 79，因此执行第 9~11 行语句来完成 a、b 值交换；接下来执行第 12 行语句，这个时候变量 a 中存储的值 79 小于变量 c 中存储的值 91，第 13~15 行语句不再执行，a、c 值不变（注意这个时候 a 已经分别完成了和 b、c 的比较，a 中存储值已经最小）；同样道理，b、c 在第 16 行进行了比较，由于变量 b 中存储的值 88 小于变量 c 中存储的值 91，b、c 值也不变，第 17~19 行语句也不再执行；但此时已经得到了想要的结果，最终由第 20 行语句进行输出。

从整个程序实现过程来看,例 4-2 在 3 个地方使用了选择结构,下面我们来详细学习如何在程序设计中使用选择结构。

4.2.1 选择结构流程图

在日常生活中,选择结构到处可见。比如,大家都坐过出租车,出租车计价器就是一个典型的选择结构:起步价即 3 公里以内 8 元,超出 3 公里外,每公里 1.8 元。又如,要从烟台到北京,可以选择的交通工具有火车和飞机:如果天气晴朗,就乘坐飞机;如果阴天或下雨,就乘坐火车。再如"如果学生考试不及格,就要补考""如果开车遇到红灯,就要停车"等都是选择结构在现实生活中的体现。

在实际程序设计中,需要根据不同情况选择执行不同语句序列(例 4-2 中,当输入 88、79、91 时,部分语句被跳过),在这种情况下,必须根据某个变量或表达式的值做出判断,以决定执行哪些语句和跳过哪些语句不执行。这种结构就是选择结构,也称分支结构。

典型的选择结构流程图如图 4-4 所示,其中 P 表示条件,A 和 B 表示程序块。这里给出了两种不同类型的选择结构,例 4-2 中使用了第二种选择结构。

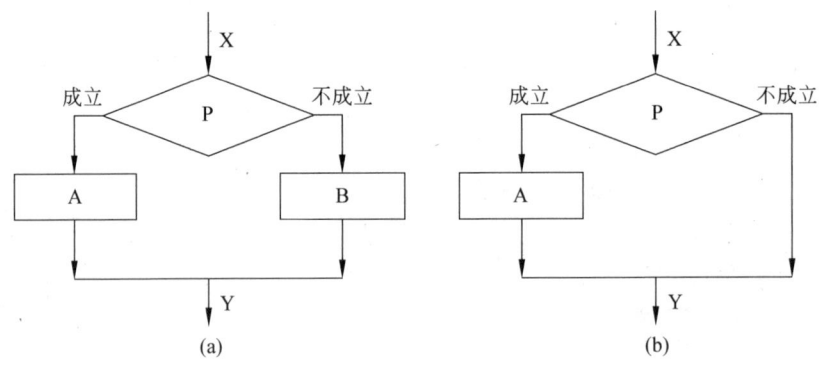

图 4-4 选择结构流程图

分析图 4-4(a)和图 4-4(b),我们不难发现这两个流程图中都有菱形,表示条件判断。由"条件 P"决定执行哪一个分支。那么这里的"条件 P"有何作用呢?下面我们进行详细介绍。

4.2.2 条件表达式

选择结构以及后面要介绍的循环结构中,条件判断是关键控制模块,这里的"条件"是一个表达式,最常用的是关系表达式和逻辑表达式。关系表达式和逻辑表达式分别用到关系运算符和逻辑运算符,这在第 3 章简单介绍过,这里再进一步说明运算符和变量一起,构成表达式来充当选择结构的判断条件。这两种表达式的结果均是一个逻辑值,逻辑值只有两种,即"真"和"假"。Python 语言中规定,对于一个数值,只要是非零,就代表"真",

零就代表"假"。例如,0.1、-2代表"真",0代表"假"。

1. 关系运算及关系表达式

所谓"关系运算",实际上就是"比较"运算,即将两个数据进行比较,判定两个数据是否符合指定关系。

Python 语言中提供了六个关系运算符,即 >(大于)、<(小于)、>=(大于或等于)、<=(小于或等于)、==(等于)和 !=(不等于),其中,前四个运算符优先级相同,后两个运算符优先级相同,并且前者优先级大于后者。

用关系运算符将两个操作数连接起来进行关系运算的式子,称为关系表达式,其中,操作数可以是常量、变量或表达式。关系表达式的运算结果是"真"或"假"。

例如,要比较 a 的值是否大于 b 的值,就可以将 a 和 b 用大于运算符连接起来,组成关系表达式"a>b"。如果 a 的值为 5,b 的值为 3,则这个运算的结果就为"真",表示条件成立;如果 a 的值为 3,b 的值为 5,则运算的结果为"假",表示条件不成立。例 4-2 中第 8、第 12、第 16 行都应用了关系运算。

2. 逻辑运算及逻辑表达式

在描述选择结构和循环结构中的"条件"时,仅使用算术运算符和关系运算符有时满足不了要求。例如,如果要判断三个数 a、b 和 c 三条边可否构成三角形,由于"任意两边之和大于第三边"是构成三角形的条件,因此只有保证表达式"a+b>c""a+c>b"和"b+c>a"同时成立,才能构成三角形,这个时候就要用到逻辑运算符。

Python 语言中提供了三种逻辑运算符,分别是 and(与)、or(或)、not(非),在三个逻辑运算符中,not 是一元运算符,其优先级最高,并且高于算术运算符;接下来是 and;or 的优先级最低。

由逻辑运算符将两个操作数连接起来的式子称为逻辑表达式。逻辑运算的运算规则如表 4-1 所示,其中 a 和 b 是两个操作数。

表 4-1 逻辑运算的运算规则

a	b	not a	not b	a and b	a or b
非 0	非 0	假	假	真	真
非 0	0	假	真	假	真
0	非 0	真	假	假	真
0	0	真	真	假	假

从表 4-1 可以看出,三种逻辑运算符的特点如下。

not 运算:可以理解为"取反"。如果操作数为"真",not 运算后就为"假";如果操作数为"假",not 运算之后就为"真"。

and 运算:可以理解为"并且"。只有两个操作数同时为"真",and 运算后才为"真";两个操作数中只要有一个为"假",and 运算之后就为"假"。

or 运算:可以理解为"或"。两个操作数中只要有一个为"真",or 运算后就为"真";只有两个操作数同时为"假",or 运算之后才为"假"。

因此，前面提到的三个数 a、b 和 c 构成三角形的条件，即表达式"a+b>c""a+c>b"和"b+c>a"同时成立，就可以用逻辑运算符 and 将三个表达式连接起来，描述为"a+b>c and a+c>b and b+c>a"。

在 a、b、c 能构成三角形的前提下，如果要继续判断该三角形是否是直角三角形，条件可描述为"a*a+b*b==c*c or b*b+c*c==a*a or a*a+c*c==b*b"，之所以用 or 运算符，是因为"a*a+b*b==c*c""b*b+c*c==a*a"和"a*a+c*c==b*b"这三个式子有一个满足即可证明该三角形是直角三角形。

使用关系表达式和逻辑表达式时应注意，程序中输出关系表达式或逻辑表达式的值，如果为"真"，输出 True；如果为"假"，输出 False。例如，假设变量 a 的值为 5，表达式"a>=4"的运算结果为"真"，语句"print(a>=4)"输出 True；而表达式"a>=6 and a<10"的运算结果为"假"，语句"print(a>=6 and a<10)"输出 False，具体输出参见图 4-5。

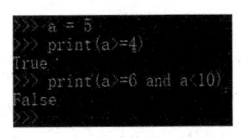

图 4-5　关系表达式输出值示例

3. 其他表达式

选择结构和循环结构中"条件"的形式除了关系表达式和逻辑表达式，还可以是其他表达式，如算术表达式、位运算表达式等。"条件"是否成立，取决于表达式的运算结果，若结果为 0，即"假"，表示条件"不成立"；若结果非 0，即"真"，表示条件"成立"。

例如，如果条件为"3+4.2/1.4-5.9"，其运算结果为 0.1，非 0，因此条件表达式对应值为 True，意味着条件"成立"；而如果条件为"1 and 0"，这是一个关系表达式，其结果为 0，因此条件表达式对应值为 False，意味着条件"不成立"。

熟练掌握选择结构和循环结构中的"条件"，可方便我们继续学习 Python 语言。

4.2.3　if 语句

在 Python 语言中，一般使用 if 语句实现选择结构，包括单分支 if 语句、双分支 if-else 语句以及多分支 if-elif 语句三种基本形式，下面我们分别进行详细介绍。

1. 单分支 if 语句

当程序中只需要对一种情况做出特定的处理时，可以使用单分支 if 语句。

单分支 if 语句的格式如下：

```
if 表达式：
    语句
```

其流程图如图 4-6 所示。

其执行过程如下。

首先进行"表达式"的计算，如果结果为"真"，则执行"语句"；如果结果为"假"，则跳过"语句"，执行 if 语句后面的其他语句。

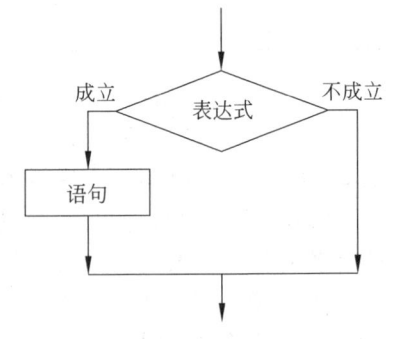

图 4-6　if 语句流程图

【例 4-3】 从键盘上输入一个三位正整数，判断该数是否是水仙花数，若是，输出该数。

设计思路：水仙花数是指一个三位数，其每个位上数字的立方之和等于它本身。首先，要提取这个数字的每一位数字。再计算每个位上数字的立方和，当这个数是水仙花数时，输出该数；否则，什么都不做。此题难点是求出每个位上数字，只需单分支 if 语句即可实现。

程序源代码和运行结果如图 4-7 所示。

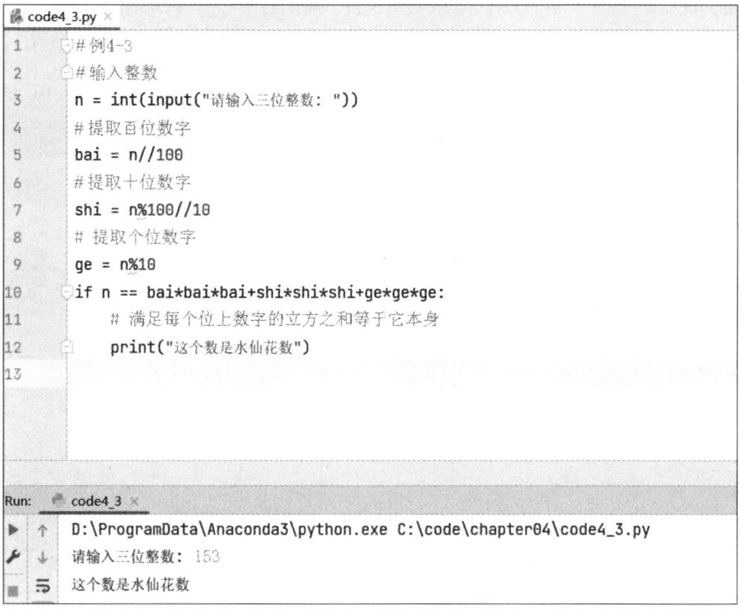
code4_3.py
# 例4-3
# 输入整数
n = int(input("请输入三位整数: "))
# 提取百位数字
bai = n//100
# 提取十位数字
shi = n%100//10
# 提取个位数字
ge = n%10
if n == bai*bai*bai+shi*shi*shi+ge*ge*ge:
# 满足每个位上数字的立方之和等于它本身
print("这个数是水仙花数")
Run: code4_3
D:\ProgramData\Anaconda3\python.exe C:\code\chapter04\code4_3.py
请输入三位整数: 153
这个数是水仙花数

图 4-7　例 4-3 的程序源代码和运行结果

程序分析：由于本题已经限定三位数，因此相对容易。运行后，将三位数保存在 n 中，通过 n 整除 100，就可以得到百位数；n 对 10 求余，就可以得到个位数；先对 100 求余，再整除 10 就可以得到十位数（整除和求余不熟练的读者可查阅网上资料）。再求立方，然后进行比对，这里就用到了单分支 if 语句，如果比对结果符合要求，则输出结果；否则，程序结束。

2. 双分支 if-else 语句

当程序中要处理的问题可以分为两种情况时，可以使用双分支 if-else 语句，双分支 if-else 语句的格式如下：

```
if 表达式：
    语句 1
else:
    语句 2
```

其执行过程如下。

首先计算“表达式”，如果“表达式”结果为“真”，则执行“语句 1”；如果“表达式”

结果为"假",则执行"语句2"。其流程图如图 4-8 所示,下面我们通过一个案例来演示双分支选择结构在具体程序设计中的应用。

【例 4-4】 从键盘上输入两个数 a 和 b,输出它们中较大的数。

设计思路:输出的结果有两种,当 a 的值大于 b 时,输出结果为 a 的值;否则,输出结果为 b 的值,因为这个时候 b 值就是 a 和 b 中较大的。

程序源代码和运行结果如图 4-9 所示。

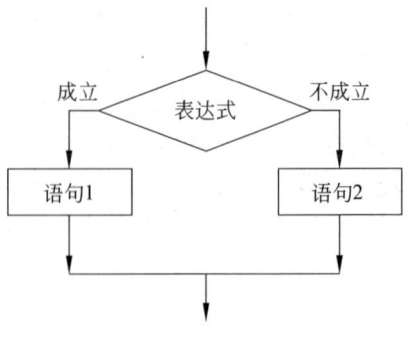

图 4-8 if-else 语句流程图

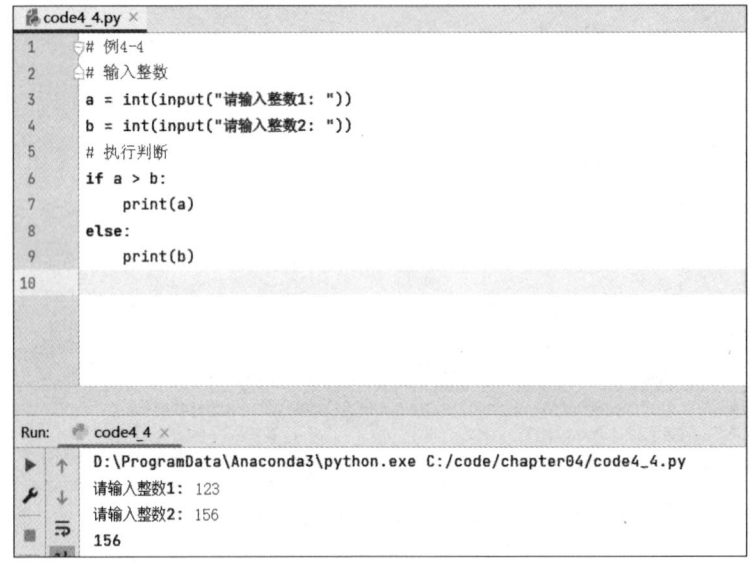

图 4-9 例 4-4 的程序源代码和运行结果

3. 多分支 if-elif 语句

当程序中要处理的问题分为三种以上情况时,需要使用多分支 if-elif 语句,多分支 if-elif 语句格式如下:

```
if 表达式1:
    语句1
elif 表达式2:
    语句2
…
elif 表达式m:
    语句m
else:
    语句n
```

其执行过程如下。

首先计算"表达式 1",如果结果为"真",则执行"语句 1";否则计算"表达式 2"。如果"表达式 2"的结果为"真",则执行"语句 2";否则计算"表达式 3"。依此类推。

多分支 if-elif 语句流程图如图 4-10 所示。

【例 4-5】 求 y 值。x、y 的关系如下:

$$y=\begin{cases} x+2, & x>1 \\ x, & 0<x\leqslant 1 \\ x/2, & x\leqslant 0 \end{cases}$$

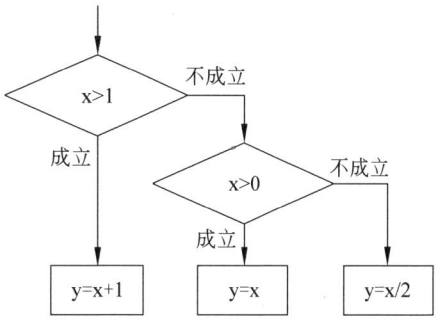

图 4-10 多分支 if-elif 语句流程图

设计思路:本例中,x 取值区间不同,对应 y 的求值方法也不同。x 取值区间分为三个,也就是说,y 求值方法也分为三种情况。因此,单纯使用 if 语句或 if-else 语句行不通,需要使用多分支 if-elif 语句才能实现。

程序源代码和运行结果如图 4-11 所示。

```
# 例4-5
# 输入整数
x = int(input("请输入一个整数: "))
if x > 1:
    y = x + 2
elif x > 0:
    y = x
else:
    y = x/2
print('y = ', y)
```

```
D:\ProgramData\Anaconda3\python.exe C:/code/chapter04/code4_5.py
请输入一个整数: 15
y =  17
```

图 4-11 例 4-5 的源代码和运行结果

程序分析:程序运行时,将会提示用户输入一个整数,并根据数据大小选择对应分支进行计算,输出计算结果,这个并不难理解。

使用单分支 if 语句也可以实现,程序代码如下:

```
# 输入整数
    x = int(input("请输入一个整数: "))
    if x > 1:
        y = x + 2
    if x > 0 and x <= 1:
        y = x
    if x <= 0:
```

```
        y = x/2
    print('y = ', y)
```

如果程序运行时，从键盘上输入数值 3，那么第一个 if 语句的条件 "x>1" 成立，因此执行 "y=x+2;" 语句，计算出 y 值为 5。按照正常逻辑，既然已经找到 x 的所属区间并计算出对应的 y 值，那么其他区间就没必要再进行判断，直接跳过就可以；但是，分析上述程序代码，我们会发现，尽管 x 值已经满足条件 "x>1"，却仍要对其他两个 if 语句的条件 "x>0 and x<=1" 和 "x<=0" 进行判断，这是多余的，并且这样做会影响程序执行效率。

因此，当要求解的问题分三种情况以上时，为避免做一些多余判断，提高程序效率，应尽量采取多分支 if-elif 语句。

4. 注意问题

1）表达式形式

在三种形式的 if 语句中，在 if 关键字之后均为表达式。

表达式通常是逻辑表达式或关系表达式，但也可以是其他表达式，如赋值表达式等，甚至可以是一个变量。

例如：

```
if a==5 语句;
if b 语句;
```

以上两种格式都是允许的。只要表达式的值为非 0，即为 "真"。

2）标点符号应用

在 Python 语言的 if 语句中，条件判断表达式最后以 ":" 结尾。不同语言的标点符号不同。书写 if 语句时，条件表达式结尾若未加 ":" 或者加入了其他符号，则程序将会报错。

3）复合语句

执行语句若多于一条，应按相同的缩进格式对齐以组成复合语句。

在 if 语句三种形式中，如果要想在满足条件时执行一组（多个）语句，则必须把这一组语句按相同的缩进格式对齐以组成复合语句。例如，以下程序代码中，满足某个条件时要执行的语句都是两个，因此将两个语句对齐来组成复合语句。

```
if a > b:
    a = a+1
    b = b+1
else:
    a = 0
    b = 10
```

4.2.4 选择结构嵌套

当 if 语句中的执行语句又是 if 语句时，就构成了 if 语句嵌套的情形。

if 语句嵌套表示形式有以下三种。
（1）

```
if 表达式：
    if 语句
```

（2）

```
if 表达式：
    语句
else:
    if 语句：
```

（3）

```
if 表达式：
    if 语句：
else:
    if 语句：
```

如果嵌套在内的 if 语句又是 if-else 语句，将会出现多个 if 和多个 else 重叠的情况，这时要特别注意 if 和 else 的配对问题。一般来讲，这时候逻辑关系相对混乱，最好通过流程图等厘清逻辑关系后，再编写代码。

例如：

```
if 表达式1：
    if 表达式2：
        语句1
    else:
        语句2
```

嵌套重叠时容易引发混乱：else 究竟与哪一个 if 是一对呢？上述嵌套形式应该理解为

```
if 表达式1：
    if 表达式2：
        语句1
    else:
        语句2
```

还是应理解为

```
if 表达式1：
    if 表达式2：
        语句1
else:
    语句2
```

为了避免这种二义性，Python语言按照相同缩进格式对齐去匹配if和else，因此对上述例子应按前一种情况理解。而其他一些语言，比如C语言通过{}来进行匹配，无论是哪种语言，书写格式清晰都有助于程序阅读和理解。

下面的例4-6就是一个使用嵌套的if语句实现的例子。

【例4-6】 比较两个数的大小，输出比较的结果。

设计思路：两个数比较有三种结果，即大于、小于和等于，因此先判断某一种结果（例如等于），这形成了一个判断条件，如果不满足该条件，则再判断另外两个条件是否得到满足。在一个判断基础上进行另外一个判断，从而形成了选择结构嵌套。

程序源代码和运行结果如图4-12所示。

```
code4_6.py
1   # 例4-6
2   # 输入整数
3   a = int(input("请输入整数A: "))
4   b = int(input("请输入整数B: "))
5   # 执行判断
6   if a != b:
7       if a > b:
8           print("A>B")
9       else:
10          print("A<B")
11  else:
12      print("A=B")
13
```

```
Run:  code4_6
D:\ProgramData\Anaconda3\python.exe C:/code/chapter04/code4_6.py
请输入整数A: 102
请输入整数B: 111
A<B
```

图4-12 例4-6的程序源代码和运行结果

程序分析：运行后，将会提示用户输入2个整数，并根据数据对比来选择条件分支，输出相应的结果。本例中使用了if语句嵌套结构，在if分支中，其执行语句又是if-else格式的if语句。采用嵌套结构，其实是为了分成三个分支，即A>B、A<B或A=B。这种问题用多分支if-elif语句也可以实现，如果将嵌套if语句修改为if-elif语句，其程序代码如下：

```
# 输入整数
a = int(input(" 请输入整数A: "))
b = int(input(" 请输入整数B: "))
# 执行判断
if a > b:
    print("A>B")
elif a < b:
    print("A<B")
```

```
else:
    print("A=B")
```

4.2.5 条件运算符构成的选择结构

前面向大家介绍了使用 if 语句构成选择结构，与其他开发语言类似，Python 语言也提供了一个特殊运算符——条件运算符，由它构成的表达式也可以形成选择结构，这种选择结构能以表达式形式内嵌在允许出现表达式的地方。

1. 条件运算符

条件运算符可简写为单行"语句 1 if 条件表达式 else 语句 2"形式，可以发现共包括"语句 1""条件表达式"和"语句 2"三个部分，这也可视作一种三元运算，即要求有三个运算对象。

2. 条件表达式的值

当"条件表达式"值为非零时，求出"语句 1"的值，此时"语句 1"的值就是整个条件表达式值；当"条件表达式"值为零时，则求"语句 2"的值，"语句 2"的值就是整个条件表达式的值。

例如：

```
print("abs(x) =", -1*x if x<0 else x)
```

在上述语句中，表达式"-1*x if x<0 else x"作为 print( ) 函数的输出项，当 x 小于 0 时，输出 –x 的值；当 x 大于或等于 0 时，输出 x 的值。因此可以得出，该语句的作用是输出 x 的绝对值。

3. 条件运算符的优先级

条件运算符优先于赋值运算符，但低于关系运算符和算术运算符。

例如：

```
y = 100 if x>10 else 200
```

由于赋值运算符的优先级低于条件运算符，因此首先求出条件表达式"100 if x>10 else 200"的值，然后赋给 y。在条件表达式中，先求出 x>10 的值，然后判断，若 x 大于 10，取 100 作为表达式的值并赋给变量 y；若 x 小于或等于 10，则取 200 作为表达式的值并赋给变量 y。

例 4-4 也可以使用由条件运算符构成的选择结构来实现，其程序代码如下：

```
# 输入整数
```

```
a = int(input("请输入整数1: "))
b = int(input("请输入整数2: "))
# 执行判断
print(a) if a>b else print(b)
```

条件表达式"print(a) if a>b else print(b)"中将先判断是否 a>b，如果满足条件则将打印输出 a 值；否则将打印输出 b 值，进而实现输出 a、b 较大值的功能。

4.2.6 选择结构的应用

【例 4-7】 从键盘上输入一个 2000—2500 内的年份，判断是否为闰年并输出判断结果。

设计思路：满足下列条件之一者即为闰年。

（1）能被 4 整除，不能被 100 整除。

（2）能被 400 整除。

第一个条件可表示为表达式"year%4==0 and year%100!=0"。

第二个条件可表示为表达式"year%400==0"。

满足其中一个条件者即为闰年，因此闰年的判断条件就是将上述两个表达式用逻辑或（or）运算符连接起来，即"year%4==0 and year % 100!=0 or year%400==0"。找到判断条件，本题目就可以完成了。

程序源代码和运行结果如图 4-13 所示。

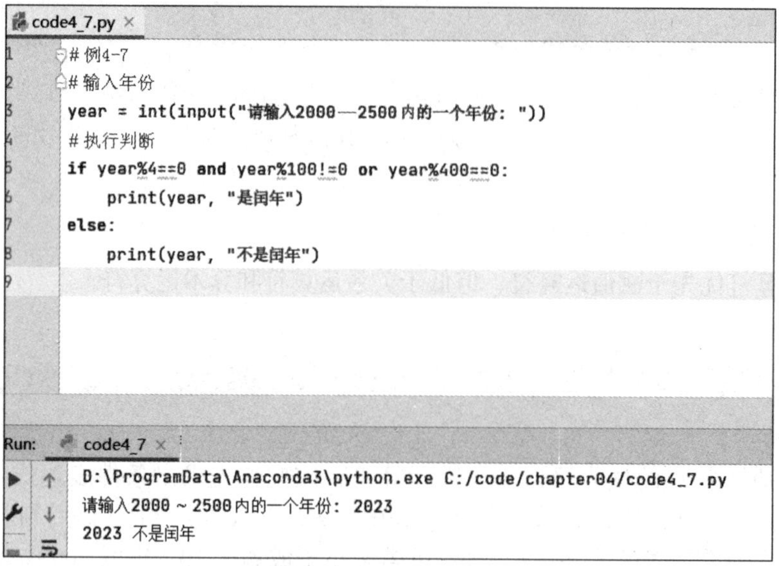

```
# 例4-7
# 输入年份
year = int(input("请输入2000—2500内的一个年份: "))
# 执行判断
if year%4==0 and year%100!=0 or year%400==0:
    print(year, "是闰年")
else:
    print(year, "不是闰年")
```

```
D:\ProgramData\Anaconda3\python.exe C:/code/chapter04/code4_7.py
请输入2000 ~ 2500内的一个年份: 2023
2023 不是闰年
```

图 4-13 例 4-7 的程序源代码和运行结果

运行后，将会提示用户输入 2000—2500 内的一个年份，并根据规则判断是否为闰年，输出判断结果。

【例 4-8】 输入三角形三边，编写程序判断三角形的种类，即等腰三角形、等边三角形或一般三角形。

设计思路：构成三角形的条件为任意两边之和大于第三边，因此，假设三条边为 a、b、c，判断能否构成三角形的条件为 "a+b>c and a+c>b and b+c>a"。

等边三角形的条件是三条边长相等，表示成 Python 语言中的表达式为 "a==b and b==c"。

等腰三角形的条件是任意两条边长相等，即 "a==b or b==c or a==c"。

程序源代码和运行结果如图 4-14 所示。

```
# 例4-8
# 输入整数
a = int(input("请输入整数1: "))
b = int(input("请输入整数2: "))
c = int(input("请输入整数3: "))
# 执行判断
if a+b>c and a+c>b and b+c>a:
    if a==b and b==c:
        print("这三条边能构成等边三角形")
    elif a==b or b==c or a==c:
        print("这三条边能构成等腰三角形")
    else:
        print("这三条边能构成一般三角形")
else:
    print("这三条边不能构成三角形")
```

```
D:\ProgramData\Anaconda3\python.exe C:/code/chapter04/code4_8.py
请输入整数1: 10
请输入整数2: 9
请输入整数3: 7
这三条边能构成一般三角形
```

图 4-14 例 4-8 的程序源代码和运行结果

运行后，将会提示用户输入三个整数，并根据规则判断三角形的种类，输出相应判断结果。

【例 4-9】 输入一个字符，编写程序判断该输入字符的种类：数字、英文字母或其他。

设计思路：在第 3 章中已经介绍过，计算机中所有字符是以 ASCII 值存储的，因此我们可以通过字符对应 ASCII 值，判断字符类型。假设该字符放在变量 ch 中（实际上 ch 存储空间中存的就是 ASCII 值），判断一个字符是否是数字的条件为：'0'<= ch<='9'。

英文字母分为大写字母和小写字母，因此判断一个字符是否是字母的条件为：'A'<= ch<='Z' or 'a'<= and ch<='z'。

程序源代码和运行结果如图 4-15 所示。

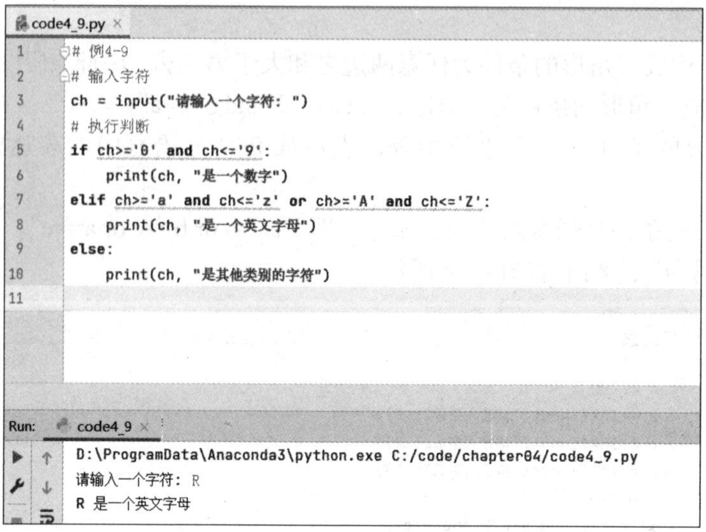

```
code4_9.py
1   # 例4-9
2   # 输入字符
3   ch = input("请输入一个字符: ")
4   # 执行判断
5   if ch>='0' and ch<='9':
6       print(ch, "是一个数字")
7   elif ch>='a' and ch<='z' or ch>='A' and ch<='Z':
8       print(ch, "是一个英文字母")
9   else:
10      print(ch, "是其他类别的字符")
11
```

```
Run:  code4_9 ×
D:\ProgramData\Anaconda3\python.exe C:/code/chapter04/code4_9.py
请输入一个字符: R
R 是一个英文字母
```

图 4-15 例 4-9 的程序源代码和运行结果

运行后，将会提示用户输入一个字符，并根据该字符对应 ASCII 值判断字符类型，输出判断结果。

【例 4-10】 编写程序，根据输入的字符输出相应字符串。

输入字符	输出字符串
a 或 A	American
b 或 B	Britain
c 或 C	China
d 或 D	Denmark
其他	Other

设计思路：本例有多个判断条件，因此可以用多分支选择结构来实现，这里使用 if-elif 语句完成程序设计；由于每两个字符输出相同字符串，因此 if 条件通过 or 进行组合，把条件找出来，理顺逻辑关系，即可解决问题。

程序源代码和运行结果如图 4-16 所示。

运行后，将会提示用户输入一个字符，并根据规则判断字符满足的条件，输出对应的字符串。

【例 4-11】 编写程序，将五级记分成绩转换成百分制成绩，转换规则如下：

```
'A' —>95~100
'B' —>85~94
'C' —>75~84
'D' —>65~74
'E' —>55~64
```

设计思路：类似于例 4-10，本例有多个判断条件，可以用多分支选择结构进行设计，

```
code4_10.py
1   # 例4-10
2   # 输入字符
3   ch = input("请输入一个字符: ")
4   # 执行判断
5   if ch=='a' or ch=='A':
6       print("American")
7   elif ch=='b' or ch=='B':
8       print("Britain")
9   elif ch=='c' or ch=='C':
10      print("China")
11  elif ch=='d' or ch=='D':
12      print("Denmark")
13  else:
14      print("Other")
15
```

```
Run: code4_10
D:\ProgramData\Anaconda3\python.exe C:/code/chapter04/code4_10.py
请输入一个字符: c
China
```

图 4-16 例 4-10 的程序源代码和运行结果

这里使用 if-elif 语句实现，根据输入的字符执行对应条件分支代码。

程序源代码和运行结果如图 4-17 所示。

```
code4_11.py
1   # 例4-11
2   # 输入字符
3   ch = input("请输入一个字符: ")
4   # 执行判断
5   if ch=='A':
6       print("95~100")
7   elif ch=='B':
8       print("85~94")
9   elif ch=='C':
10      print("75~84")
11  elif ch=='D':
12      print("65~74")
13  elif ch=='E':
14      print("55~64")
15  else:
16      print("错误的输入")
17
```

```
Run: code4_11
D:\ProgramData\Anaconda3\python.exe C:/code/chapter04/code4_11.py
请输入一个字符: B
85~94
```

图 4-17 例 4-11 的程序源代码和运行结果

运行后，将会提示用户输入一个字符，并根据规则判断字符满足的条件，输出对应成绩范围。对于这样的题目，还有一些其他的解决办法，比如使用单分支选择结构。一些读者有过其他程序设计语言的学习经历，会自然联想到使用 switch-case 语句，不过 Python 语言中没有 switch-case 语句，大部分类似问题通过多分支选择结构来解决。

【例 4-12】 编写程序，将输入的数字（0~6）转换成对应星期英文名称并输出。

设计思路：同样，本例仍然是一个多分支选择结构，可使用 if-elif 语句实现，根据输入字符执行对应条件分支代码，对应规则可总结如下：

```
0 —>Sunday
1 —>Monday
2 —>Tuesday
3 —>Wednesday
4 —>Thursday
5 —>Friday
6 —>Saturday
```

程序源代码和运行结果如图 4-18 所示。

```python
# 例4-12
# 输入字符
ch = int(input("请输入一个整数: "))
# 执行判断
if ch==0:
    print("Sunday")
elif ch==1:
    print("Monday")
elif ch==2:
    print("Tuesday")
elif ch==3:
    print("Wednesday")
elif ch==4:
    print("Thursday")
elif ch==5:
    print("Friday")
elif ch==6:
    print("Saturday")
else:
    print("错误的输入")
```

```
D:\ProgramData\Anaconda3\python.exe C:/code/chapter04/code4_12.py
请输入一个整数: 5
Friday
```

图 4-18 例 4-12 的程序源代码和运行结果

至此我们已学习了选择结构程序设计，选择结构是程序设计的基本结构之一，熟练掌握选择结构是程序设计人员的基本修养。同时选择结构也是程序设计的基本思维，在学习过程中，不仅要掌握选择结构实现，同时要学会把问题转换为选择结构。在本节内容中，多分支选择结构和选择结构嵌套对于初学者来讲比较困难，一方面可以通过流程图厘清设计思路;另一方面可以通过多做实训,逐步熟悉语法、规则,能够快速掌握程序设计技巧。

4.3 循环结构

现在我们来学习最后一个程序基本结构,即循环结构,先来看一个问题。

【例 4-13】 全班共有 30 个学生,要求从键盘上输入每位学生的程序设计课程期末考试成绩,计算全班同学平均成绩并输出。

设计思路:假设 i(1≤i≤30)表示第 i 个学生,gi 表示第 i 个学生程序设计课程成绩,s 表示所有学生成绩之和,avg 表示平均成绩。具体步骤可描述如下。

(1) 1→i,0→s。
(2) 如果 i≤30,转(3);否则转(4)。
(3) 输入第 i 个学生的成绩 gi,s+gi→s,i+1→i,然后转(2)。
(4) s/30→avg,输出 avg 值。

要求输入 30 个学生的程序设计课程成绩,并输出平均成绩。要求出平均成绩,首先要求出 30 个学生成绩之和。如果编写程序时完全用顺序结构,则要重复"输入成绩并且加和"这个操作 30 次,显然行不通。通过前面章节的学习,我们也已经了解,程序有顺序、选择和循环三种控制结构。当满足某个条件就需要进行某些操作时就可以使用循环结构,因此本例中要使用循环结构。因为对于每一位学生,都要"输入其成绩并且将其成绩进行加和运算",所以"输入其成绩并且进行加和运算,然后将人数增加 1"就是该循环结构的循环体,循环条件则是"学生人数 ≤30"。

在 Python 语言中,循环结构主要包括 while 语句和 for 语句,下面我们分别进行详细介绍,然后进一步给出本案例实现代码和运行结果。

4.3.1 循环结构的流程图

在一些算法中,经常会遇到从某处开始,按照一定条件反复执行某些步骤的情况,这就是循环结构,反复执行的步骤为循环体。

循环结构是程序中的一种重要结构,它和顺序结构、选择结构共同作为各种复杂程序的基本结构。根据判定循环条件和执行循环体的先后次序,循环结构分为当型循环和直到型循环。

当型循环结构特征为:在每次执行循环体前,先对条件进行判断。如果条件成立,执行循环体;否则退出循环。其流程图如图 4-19 所示。

直到型循环结构特征为:先执行一次循环体,然后对循环条件进行判断:如果条件成立,继续执行循环体,然后进行条件判断……直到条件不成立时,退出循环。其流程图如图 4-20 所示。

生活中处处充满了循环结构。例如,北京取得了 2008 年奥运会主办权,在申奥过程中,国际奥委会对遴选出的五个城市进行投票表决,这个过程即为循环的例子。首先进行

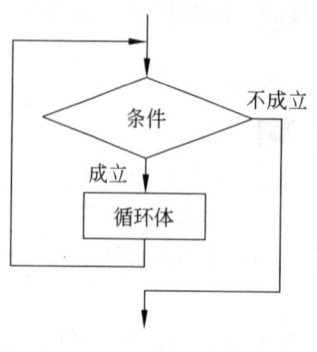
图 4-19 当型循环流程图

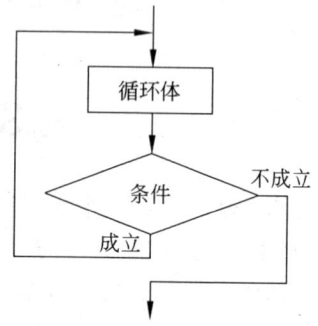
图 4-20 直到型循环流程图

第一轮投票,如果有一个城市得票超过一半,那么这个城市取得主办权;如果没有一个城市得票超过一半,那么将其中得票最少的城市淘汰,重复上述过程,直到选出一个城市为止。再如,在 10000 米长跑中,运动员要围着 400 米的跑道跑 25 圈,也是循环。

分析图 4-3、图 4-4、图 4-19 和图 4-20,可以发现循环结构流程图中也包含菱形,即条件判断,由"条件"决定在循环结构中是否执行循环体。

4.3.2 while 语句

while 语句是一种常用的循环结构实现语句,常称为当型循环语句,并在多种程序设计语言中广泛使用,其具体格式如下:

```
while 表达式:
    循环体
```

其流程图如图 4-21 所示。

while 语句执行过程如下:

当"表达式"结果为"真"时,执行循环体,然后进行"表达式"判断;

当"表达式"结果为"假"时,则结束循环,执行循环结构后面语句。

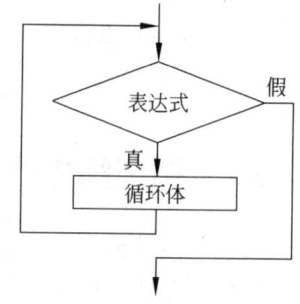
图 4-21 while 语句流程图

例 4-13 用 while 语句实现的程序代码如下:

```python
# 初始化
total = 0
i = 1
# while 循环
while i <= 30:
    grade = float(input("请输入第{0}个分数:".format(i)))
    # 累加求和
    total = total + grade
```

```
        i = i+1
# 计算平均分
avg = total/30
print("平均分为：", avg)
```

使用 while 语句时应注意以下问题。

（1）先进行表达式判断，然后执行循环体，并且在判断前，表达式必须要有明确值。

例如，例 4-13 使用 while 语句实现的代码中，在进行表达式判断之前，i 已有明确的值，因此表达式的值是确定的；若变量 i 未被赋值，则会出现错误。

（2）表达式可以是任何类型的表达式，并且表达式以 ":" 结尾。

若表达式结尾没有加上冒号，则如同选择结构 if 语句后面没有加上冒号，运行会提示错误。

（3）while 语句常用于循环次数不固定的情况。

例如，从键盘上输入多个整数，判断其正负号并输出，当输入 0 时，结束循环。

此时循环次数不定，但执行循环的条件很明确，即输入的整数不为 0。因此，假如将从键盘上输入的数放到变量 d 中，则循环条件应为 "d!=0"。

（4）while 语句循环体中，应有使条件表达式趋向于结束的语句。

例如，在例 4-13 使用 while 语句实现的代码中，语句 "i=i+1" 随着一次次地循环，变量 i 的值也从 1 逐渐增加，越来越接近于它的最大值，当超过最大值时，循环就结束；而如果这两个程序的循环体中没有 "i=i+1" 语句，则循环就变成了死循环。

（5）当循环体多于一条语句时，所有语句应按相同的缩进格式对齐以组成复合语句。

例如，例 4-13 使用 while 语句实现代码过程中，while 的循环体多于一条语句，因此按相同的缩进格式对齐以组成复合语句；如果未能对齐，则循环体就改变了，都变成了一条语句，分别为 "grade = float(input(" 请输入第 {0} 个分数：".format(i)))" "total = total + grade" 和 "i = i+1"，而此时 while 循环变成了死循环。

4.3.3 for 语句

循环结构另外一种重要实现方式是 for 语句，也是循环控制结构中使用很广泛的一种循环控制语句，通常用于已知循环次数的循环。for 语句格式如下：

```
for 迭代变量 in 遍历结构：
    循环体
```

其流程图如图 4-22 所示。

for 语句循环执行次数取决于遍历结构的元素数目，因此 for 循环也被称为 "遍历循环"，可视作从遍历结构中依次提取

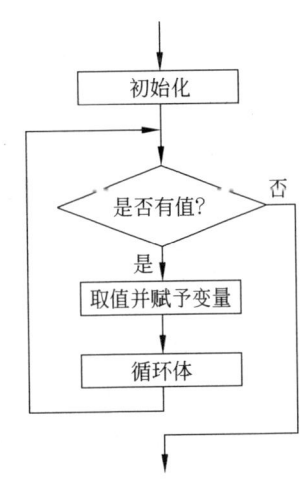

图 4-22　for 语句流程图

元素并赋予循环变量,按当前取出的元素执行循环体,当遍历结构中的元素都被取出后,则表示 for 循环执行结束。

遍历结构可以是字符串、文件和数字列表等,在 Python 中内置了一个 range 迭代器对象,可方便地产生在循环范围内的数字序列,其语法格式如下:

```
range(start, stop[, step])
```

其中,start 表示开始,stop 表示结束(但不包含 stop),step 表示步长(默认为 1)。例如,range(0, 30) 即可产生 0, 1, 2, …, 29 共 30 个整数序列。因此,编程过程中经常将 range 应用于 for 循环,用于快速地设置循环控制条件。

例 4-13 用 for 语句实现程序代码如下:

```
# 初始化
total = 0
# while 循环
for i in range(0,30):
    grade = float(input("请输入第 {0} 个分数:".format(i+1)))
    # 累加求和
    total = total + grade
# 计算平均分
avg = total/30
print("平均分为:", avg)
```

使用 for 语句时应注意以下事项。
(1) for 循环三要素
for 循环通常情况下可总结为三要素,即迭代变量、遍历结构、循环体。
(2) for 循环遍历取值
for 循环每次从遍历结构中取出一个元素,将其传递给迭代变量,再执行一次循环体。
(3) for 循环执行次数
for 循环运行中间如果不出现终止或跳出循环的情况,则遍历结构有多少个元素,循环体就会执行几次。

4.3.4 break 语句和 continue 语句

前面我们学习了 while 和 for 循环,如果在循环运行中想要终止循环或者跳过某次循环,则需要使用 break 或 continue 语句。其中,break 语句用于退出所对应的 while 或 for 循环,继续执行循环语句后的程序代码;continue 语句用于结束当前当次循环,跳出循环体中尚未执行的程序代码,但仍处于当前循环中。

1. break 语句
当 break 语句用于 while、for 循环语句中时,可使程序终止循环而执行循环后面的语句,

break 语句通常与 if 语句连在一起,即满足条件时便跳出循环。例 4-16 中就使用了 break 语句。

【例 4-14】 从键盘上输入一个大于 3 的整数 n,判断 n 是否为素数。

设计思路:可对输入的整数进行整除判断,如果存在小于该数平方根的整数满足整除关系,则判断为非素数,终止循环,这里可以使用 break 语句跳出循环;如果循环一直没有被打断,则说明没有找到能够整除它的数,因此这个数为素数。

程序源代码和运行结果如图 4-23 所示。

```
# 例4-14
# 输入整数
n = int(input("请输入一个大于3的整数: "))
# 计算平方根
m = int(n**(1/2))
# 初始化
i = 2
flag = True
# 循环计算
while i < m+1:
    if n%i == 0:
        print(n, '能被', i, '整除,终止循环!')
        # 更新素数标记
        flag = False
        # 终止循环
        break
    # 更新待判断的整数
    i = i + 1
# 输出结果
if flag:
    print(n, '是素数')
else:
    print(n, '不是素数')
```

```
D:\ProgramData\Anaconda3\python.exe C:/code/chapter04/code4_14.py
请输入一个大于3的整数: 115
115 能被 5 整除,终止循环!
115 不是素数
```

图 4-23 例 4-14 的程序源代码和运行结果

程序分析:运行程序后,输入了一个数字,如 115。先求出 115 的整数平方根,即 10,然后用 2~10 依次对 115 求余,当 i 值为 5 时,余数为 0,于是选择结构被激活,标志变量 flag=false 被执行,同时后面的值不需要再一一验证,while 循环被终止。最后根据标志变量值对是否是素数进行最终判断和输出。

使用 break 语句时应注意,在多层循环中,一个 break 语句只向外跳一层,如例 4-15。

【例 4-15】 输出 100 以内的素数。

设计思路:根据素数的定义,并复用例 4-14 的处理方法,我们可对 2~100 范围内的整数进行循环遍历,判断每一个数是否满足素数的条件,如果满足则输出。

程序源代码和运行结果如图 4-24 所示。

```
# 例4-15
print('100以内的素数包括：')
# 循环2~100以内的数
for n in range(2,101):
    # 计算平方根
    m = int(n**(1/2))
    # 初始化
    i = 2
    flag = True
    # 循环计算
    while i < m+1:
        if n%i == 0:
            # 更新素数标记
            flag = False
            # 终止循环
            break
        # 更新待判断的整数
        i = i + 1
    # 输出结果
    if flag:
        print(n, end=' ')
```

```
D:\ProgramData\Anaconda3\python.exe C:/code/chapter04/code4_15.py
100以内的素数包括：
2 3 5 7 11 13 17 19 23 29 31 37 41 43 47 53 59 61 67 71 73 79 83 89 97
```

图 4-24 例 4-15 的程序源代码和运行结果

程序分析：本例没有输入，而是通过一个外部 for 循环 range(2,101) 得到 2~100 内的整数序列，在内层 while 循环内当条件"n%i==0"成立时，执行 break 语句，跳出内层 while 语句循环体，至外层 for 语句获取下一个整数，继续执行，直至整数序列遍历完毕。其中，在输出结果时使用"print(n, end=' ')"的方式确保中间输出结果在同一行显示。

2. continue 语句

continue 语句的作用是跳过循环体中剩余的语句而强行执行下一次循环，与 break 类似，也应用于 for、while 循环体中，常与 if 条件语句一起使用，用来加速循环。

【**例 4-16**】 输出 20 以内不能被 3 整除的数。

设计思路：通过 for 循环遍历 1~20 范围内的整数序列，如果该数能被 3 整除，则跳过不做处理，使用 continue 语句继续执行程序；否则进行输出。

程序源代码和运行结果如图 4-25 所示。

当 i 能被 3 整除时，跳过循环体中其后的输出语句"print(n, end=' ')"，获取下一个整数并继续执行。与 break 类似，在多层循环中，continue 语句也是只向外跳一层。

continue 与 break 语句的区别：continue 只是结束本次循环，而不是终止整个循环语句

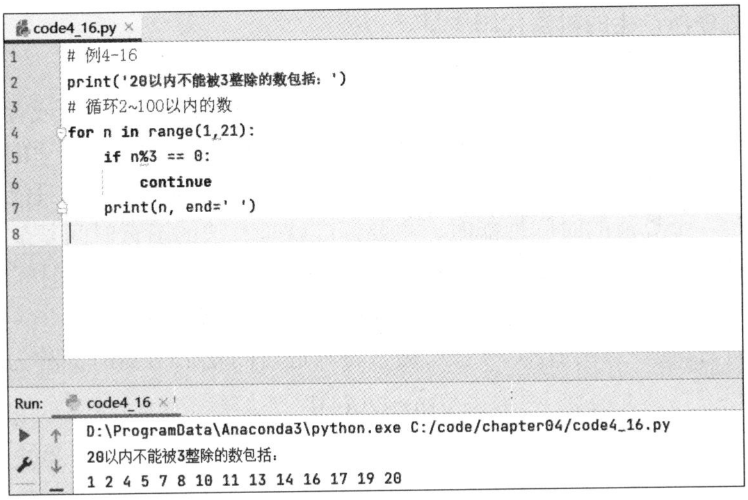
code4_16.py

```
# 例4-16
print('20以内不能被3整除的数包括：')
# 循环2~100以内的数
for n in range(1,21):
    if n%3 == 0:
        continue
    print(n, end=' ')
```

Run: code4_16
D:\ProgramData\Anaconda3\python.exe C:/code/chapter04/code4_16.py
20以内不能被3整除的数包括：
1 2 4 5 7 8 10 11 13 14 16 17 19 20

图 4-25　例 4-16 的程序源代码和运行结果

执行；break 则是终止整个循环语句执行，转到循环语句后的下一条语句去执行。

4.3.5　循环结构嵌套与算法效率

1. 算法效率

在前面介绍的循环语句中，循环体语句可以是任意的简单语句或复合语句，当然也可以是循环语句。如果循环体中又包含循环语句，就称为循环的嵌套。

while 语句、for 语句可以互相嵌套，形成多种嵌套模式。如果是两层嵌套循环，就称为双重循环；如果是两层以上嵌套循环，就称为多重循环。

程序是用来描述算法的，而算法是解决问题的方法和步骤，是程序的灵魂。同一个问题可能对应着多种算法，哪种算法更好呢？

通常，我们通过效率衡量一个算法的优劣，即执行该算法所需的时间。执行时间最短的算法效率最高。算法执行时间需通过依据该算法编制的程序和在计算机上运行时所消耗的时间来度量。而度量一个程序的执行时间通常有以下两种方法。

1）事后统计的方法

因为很多计算机内部都有计时功能，有的甚至可精确到毫秒级，不同算法的程序可通过一组或若干组相同的统计数据分辨优劣。但这种方法有两个缺陷：一是必须先运行依据算法编制的程序；二是所得时间的统计量依赖计算机硬件、软件等环境因素，有时容易掩盖算法本身优劣。因此，人们常常采用另一种方法，即事前分析估算的方法。

2）事前分析估算的方法

一个用高级程序语言编写的程序，在计算机上运行时所消耗的时间取决于以下因素。

（1）依据的算法。

（2）问题规模。

（3）程序设计所用语言，对于同一个算法，实现语言级别越高，执行效率就越低。

（4）编译程序所产生的机器代码质量。
（5）机器执行指令的速度。

显然，同一个算法用不同语言实现，或者用不同编译程序进行编译，或者在不同计算机上运行时，效率均不相同。这说明使用绝对时间单位衡量算法效率是不合适的。撇开与计算机硬件、软件有关的因素，可以认为一个特定算法"运行工作量"的大小只依赖问题规模。

当我们评价一个算法的时间性能时，主要标准就是算法的渐近时间复杂度。时间复杂度是某个算法耗费的时间，它是该算法所求解问题规模 n 的函数；渐近时间复杂度是指当问题规模趋向无穷大时该算法时间复杂度的数量级。

在算法分析时，往往对两者不予区分，通常将渐近时间复杂度 $T(n)$ 简称为时间复杂度：

$$T(n)=O[f(n)]$$

其中，$f(n)$ 一般是算法中频度最大的语句频度，语句频度是指一个算法中的语句重复执行次数。

2. 算法效率计算方法

1）没有循环语句

【例 4-17】 没有循环语句时，分析以下程序代码的时间复杂度。

程序代码如下：

```
a = int(input("请输入整数 a: "))
b = int(input("请输入整数 b: "))
if a < b:
    t = a           # 语句①
    a = b           # 语句②
    b = t           # 语句③
print(a,b)
```

以上三条语句的频度均为 1，该程序段执行时间是一个与问题规模 n 无关的常数。算法的时间复杂度为常数阶，记作 $T(n)=O(1)$。

这里应注意，如果算法的执行时间不随着问题规模 n 增加而增长，即使算法中有上千条语句，其执行时间也不过是一个较大的常数。此类算法的时间复杂度是 $O(1)$。

2）只有一个一重循环

【例 4-18】 只有一个一重循环时，分析以下程序代码的时间复杂度。

程序代码如下：

```
n = int(input("请输入整数 n: "))
x = n
y = 0
while y < x:
    y = y+1         # 语句①
print(x,y)
```

这是一个一重循环程序，while 语句的循环次数为 n，所以，该程序段中"语句①"的频度是 n，则程序段时间复杂度是 $T(n)=O(n)$。

3）双重循环

【例 4-19】 双重循环时，分析以下程序代码的时间复杂度。

程序代码如下：

```
n = int(input("请输入整数n: "))
sm = 0
for i in range(0,n):
    for j in range(0,n):
        sm = sm + i*j   # 语句①
print(sm)
```

这是一个二重循环程序，外层 for 语句的循环次数是 n，内层 for 语句的循环次数为 n，所以，该程序段中"语句①"的频度为 n×n，则程序段的时间复杂度为 $T(n)=O(n^2)$。

4）三重循环

【例 4-20】 三重循环时，分析以下程序的时间复杂度。

程序代码如下：

```
import numpy as np
n = int(input("请输入整数n: "))
#   生成三组随机数矩阵
a = np.random.randn(n,n)
b = np.random.randn(n,n)
c = np.random.randn(n,n)
for i in range(0,n):
    for j in range(0,n):
        for k in range(0,n):
            c[i][j] = c[i][j]+a[i][k]*b[k][j]    # 语句①
print(a,b,c)
```

这是一个三重循环程序，最外层 for 语句的循环次数为 n，中间层 for 语句的循环次数为 n，最里层 for 语句的循环次数为 n，所以，该程序段中语句①的频度是 n×n×n，则程序段的时间复杂度是 $T(n)=O(n^3)$。

4.3.6 循环结构的应用

【例 4-21】 从键盘上输入一系列整数，判断其正负号并输出，当输入 0 时，结束循环。

设计思路：本题关键是找到程序结束条件，可以通过 while 循环接收用户输入，如果输入的整数大于 0，则输出 "+"；如果小于 0，则输出 "−"；如果是 0，则结束循环。

程序源代码和运行结果如图4-26所示。

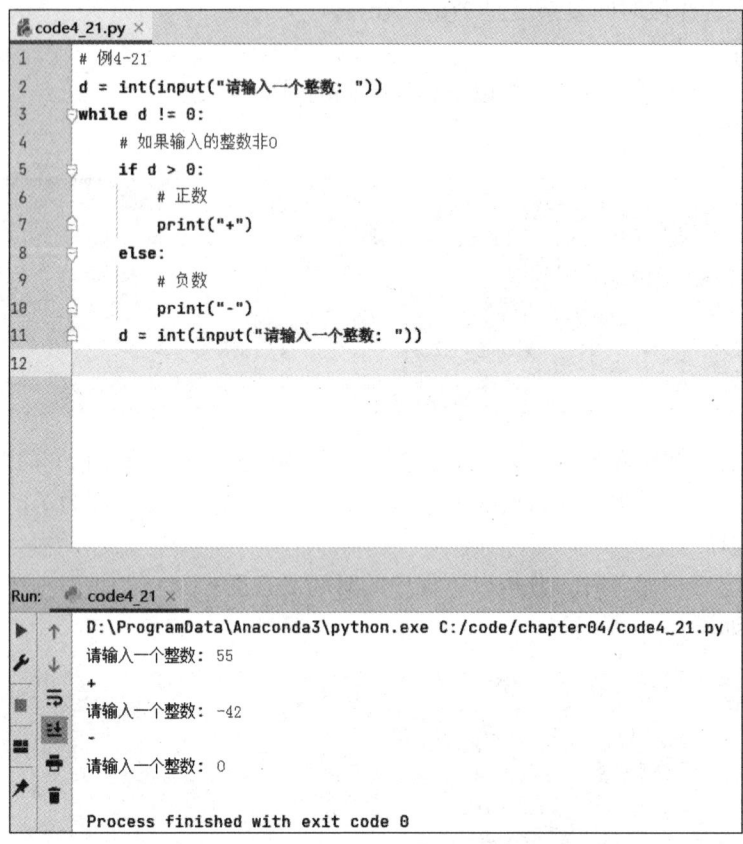

图 4-26　例 4-21 的程序源代码和运行结果

运行后，将会循环提示用户输入一个整数，并根据规则判断该整数满足的条件，输出对应的符号，如果发现用户输入了0，则结束循环。

【例 4-22】 统计用户输入的多行字符串的行数。

设计思路：与例 4-21 类似，对于使用循环来解决问题而言，找到循环体和循环结束条件至关重要。本题循环条件应是读取从键盘输入的字符串是否为空，因为循环次数未知，因此应使用 while 语句实现循环接收用户输入，并在循环体内统计已输入的行数，当用户按 Enter 键的同时输入了空字符，循环结束。

程序源代码和运行结果如图 4-27 所示。

运行后，将会提示用户输入字符串，并根据规则判断是否满足停止条件，在循环体内记录行数，如果发现用户通过按 Enter 键且输入了空字符串，则结束循环。

【例 4-23】 编写程序，输出 10000~30000 中能同时被 3、5、7、23 整除的数及个数。

设计思路：本例中，因为循环次数已知，所以选择 while 或 for 循环语句都可以实现。这里我们使用 while 语句实现。

程序源代码和运行结果如图 4-28 所示。

【例 4-24】 编写程序，求 100~999 中的"水仙花"数（也叫阿姆斯特朗数）及个数。

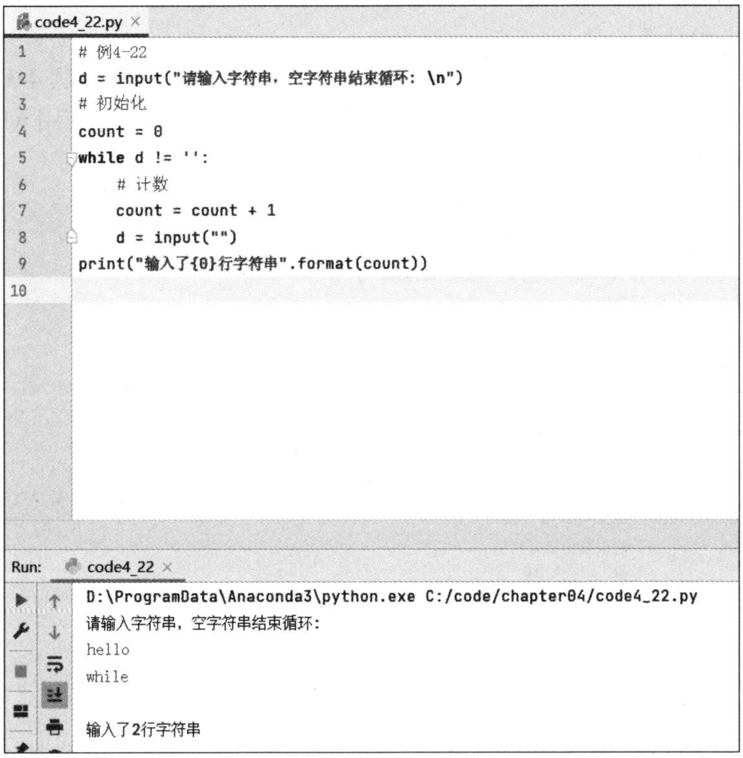

```python
# 例4-22
d = input("请输入字符串，空字符串结束循环：\n")
# 初始化
count = 0
while d != '':
    # 计数
    count = count + 1
    d = input("")
print("输入了{0}行字符串".format(count))
```

```
D:\ProgramData\Anaconda3\python.exe C:/code/chapter04/code4_22.py
请输入字符串，空字符串结束循环：
hello
while

输入了2行字符串
```

图 4-27　例 4-22 的程序源代码和运行结果

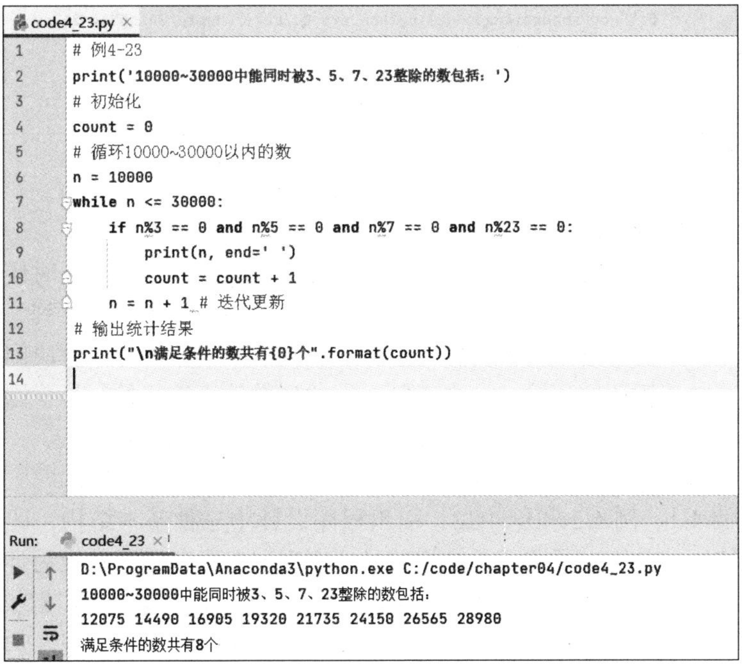

```python
# 例4-23
print('10000~30000中能同时被3、5、7、23整除的数包括：')
# 初始化
count = 0
# 循环10000~30000以内的数
n = 10000
while n <= 30000:
    if n%3 == 0 and n%5 == 0 and n%7 == 0 and n%23 == 0:
        print(n, end=' ')
        count = count + 1
    n = n + 1 # 迭代更新
# 输出统计结果
print("\n满足条件的数共有{0}个".format(count))
```

```
D:\ProgramData\Anaconda3\python.exe C:/code/chapter04/code4_23.py
10000~30000中能同时被3、5、7、23整除的数包括：
12075 14490 16905 19320 21735 24150 26565 28980
满足条件的数共有8个
```

图 4-28　例 4-23 的程序源代码和运行结果

提示：若三位数各位数字立方和等于该数本身，即为水仙花数，如 153=13+33+53，则 153 是一个"水仙花"数。

设计思路：本题的重点是求出三位数每个位置上的数字，请参考例 4-3。由于本例中循环次数已知，所以选择 while 或 for 循环语句都可以实现。这里我们使用 while 语句实现。

程序源代码和运行结果如图 4-29 所示。

```
# 例4-24
print('100~999中的"水仙花"数包括：')
# 初始化
count = 0
# 循环100~999以内的数
n = 100
while n <= 999:
    # 提取百位数字
    bai = n // 100
    # 提取十位数字
    shi = n % 100 // 10
    # 提取个位数字
    ge = n % 10
    if n == bai * bai * bai + shi * shi * shi + ge * ge * ge:
        # 满足每个位上数字的立方之和等于它本身
        print(n, end=' ')
        count = count + 1
    n = n + 1 # 迭代更新
# 输出统计结果
print("\n满足条件的数共有{0}个".format(count))
```

```
D:\ProgramData\Anaconda3\python.exe C:/code/chapter04/code4_24.py
100~999中的"水仙花"数包括：
153 370 371 407
满足条件的数共有4个
```

图 4-29　例 4-24 的程序源代码和运行结果

【例 4-25】 输出九九乘法表。

设计思路：对于初学者而言，一下子难以找到问题的解决办法。这时候可以把结果写到本子上进行分析，或者在脑子中思考最终结果。九九乘法表有 9 行 9 列，每次只能输出一个数字，因此需要逐行输出。很自然地想到，本例需要双重循环来解决问题，外部循环控制输出行数，内部循环按列输出。由于每一行的列数等于该行的行号，因此可以用行号来控制内部循环次数，这是一个常用编程技巧。

程序源代码和运行结果如图 4-30 所示。

本章通过例 4-1、例 4-2 和例 4-13，引出程序设计中三种基本结构，即顺序结构、分支结构和循环结构，并给出了这三种结构的具体实现。一个问题要转换为计算机能够解决的程序，必须要通过这三种结构：第一，把问题分成若干个步骤，逐步解决；第二，要有明确的执行条件；第三，复杂问题可通过反复执行某个简单步骤来实现。选择结构和循环结构都可以嵌套，并且可以按照不同的形式嵌套在一起来解决问题。对于初学者来讲，把

```
# 例4-25
print('九九乘法表: ')
for i in range(1,10):
    # 第一层循环
    for j in range(1, i+1):
        # 第二层循环
        print("{0}*{1}={2}".format(j, i, i * j), end='\t')
    # 换行
    print("")
```

```
1*4=4    2*4=8    3*4=12   4*4=16
1*5=5    2*5=10   3*5=15   4*5=20   5*5=25
1*6=6    2*6=12   3*6=18   4*6=24   5*6=30   6*6=36
1*7=7    2*7=14   3*7=21   4*7=28   5*7=35   6*7=42   7*7=49
1*8=8    2*8=16   3*8=24   4*8=32   5*8=40   6*8=48   7*8=56   8*8=64
1*9=9    2*9=18   3*9=27   4*9=36   5*9=45   6*9=54   7*9=63   8*9=72   9*9=81
```

图 4-30 例 4-25 的程序源代码和运行结果

问题抽象成嵌套程序比较困难，通过流程图可以很好地解决这个困难；先画流程图，再给出源代码，然后运行调试，有助于更好地进行程序设计。

4.4 实 践 训 练

1. 编写一个 Python 程序，接收用户输入的一系列数字（以逗号分隔），并按升序排序输出。

2. 编写一个 Python 程序，输出斐波那契数列的前 20 个数字。

3. 编写一个 Python 程序，接收用户输入的圆半径，计算并输出圆的面积。

4. 利用学到的 if-else 选择结构，编写一个 Python 程序，判断用户输入的整数是奇数还是偶数。

5. 编写一个 Python 程序，实现一个简单的登录系统，要求用户输入用户名和密码，如果输入正确，则输出"登录成功"；否则输出"登录失败"。

6. 编写一个 Python 程序，运行时可接收用户输入的一系列正整数（以逗号分隔），并计算它们的总和。

7. 编写一个 Python 程序，接收用户输入的一个整数，计算并输出该整数的阶乘。

8. 编写一个 Python 程序，接收用户输入的一个年份，判断该年份是否是闰年。如果是闰年，输出该年份的 2 月份有 29 天，否则输出 28 天。

9. 利用学到的循环结构，编写一个 Python 程序，输出乘法表。

10. 编写一个 Python 程序，找出 100 以内的所有质数，并按升序输出。

11. 编写一个 Python 程序，接收用户输入的一个字符串，统计其中大写字母、小写字母、数字和其他字符的个数，并输出统计结果。

12. 编写一个 Python 程序，输出 1~100 内的整数。但是，当遇到 3 的倍数时，输出 Abcc；遇到 5 的倍数时，输出 Deff；遇到 15 的倍数时，输出 AbccDeff。

第 5 章　函　　数

- 了解函数的概念；
- 掌握函数的定义和调用；
- 理解函数的嵌套和递归调用；
- 掌握函数参数的几种传递方式和函数的返回值；
- 理解变量作用域，掌握全局变量和全局变量的用法；
- 了解常用内置函数和标准库函数。

函数

- 能够在程序设计中使用自定义函数；
- 能够正确调用函数解决实际问题；
- 能够熟练使用常用内置函数解决问题；
- 能够运用函数知识完成工单任务。

- 培养勇于创新、百折不挠的科学精神；
- 养成规范的编码习惯；
- 养成自主学习的能力；
- 养成热爱集体、吃苦耐劳的优良品质。

5.1　函数的定义和调用

　　函数是事先组织好的、可重复使用的、用来实现特定功能的代码段，它能够提高应用的模块化和代码的重复利用率。用户除了使用 Python 提供的内置函数外，还可创建自己想要实现某个功能的函数，即自定义函数。为提高代码的编写效率和重用性，通常把具有独立功能的代码设计成一个小模块，这就是函数。接下来用两个案例演示如何定义和调用函数。

　　【例 5-1】 自定义一个函数，计算张三同学数学、英语和 Python 课程的总成绩。
　　设计思路：定义计算总成绩的函数，参数包括数学课、英语课和 Python 课的成绩，函数将计算三门课程的总成绩并返回该结果。

程序源代码如图 5-1 所示。

```
# 例5-1
# 定义计算总成绩的函数
def sum(math,English,Python):
    sum=math+English+Python
    return sum
```

图 5-1 例 5-1 的源代码

程序分析：案例程序中，我们使用关键字 def 定义函数，sum 是函数名，math、English 和 Python 是参数，return 是返回语句，此时返回的是 sum 的值。

在例 5-1 中定义了一个能够接收 3 个参数的函数，math、English、Python 用于接收函数调用时传递过来的 3 个数值，这 3 个参数称为形式参数（简称形参）。函数定义时圆括号内可以没有形式参数，但是必须有圆括号，表示这是一个函数且不接收参数。

5.1.1 函数的定义

在 Python 中，自定义函数需要使用 def 关键字实现，当运行 def 语句时，会创建一个新的函数对象，自定义函数的语法格式如下：

```
def 函数名([参数列表]):
    函数体
```

说明：

（1）函数代码块以 def 关键字开头，后面是一个空格、函数名和圆括号。

（2）函数名的命名规则与变量命名规则一致，只能由字母、数字和下画线组成，不能以数字开头，不能与关键字重名。

（3）函数参数必须放在圆括号内，实际定义时，既可以没有参数，也可以有一个或多个参数，若有多个参数，需用逗号分隔。

（4）函数内容以冒号开始，函数体需要缩进。

（5）函数体通常包含一条 return 语句，表示函数调用结束，并将结果返回至函数调用处。

5.1.2 函数的调用

函数调用即执行函数，当 def 运行之后，可以在程序中通过在函数名后增加括号来调用这个函数。括号中可以包含一个或者多个实参，这些实参会将值传递给形参。函数调用的语法格式如下：

函数名（[实参列表]）

说明：

（1）函数名即为要调用函数的名字。

（2）调用时，会将各个实参的值传入各个形参，实参个数和形参个数要一致；调用时，也可直接将值传递给形参而无须使用实参。

（3）如果该函数没有返回值，可通过一个变量来接收该值，也可以不接收。

【例 5-2】 调用例 5-1 定义的总成绩计算函数，输入数学课、英语课和 Python 课的成绩，调用函数计算成绩并进行输出。

设计思路： 先使用例 5-1 中的方式定义一个计算成绩和值的函数，然后使用函数调用返回计算数学课、英语课和 Python 课的总成绩。

程序源代码和运行结果如图 5-2 所示。

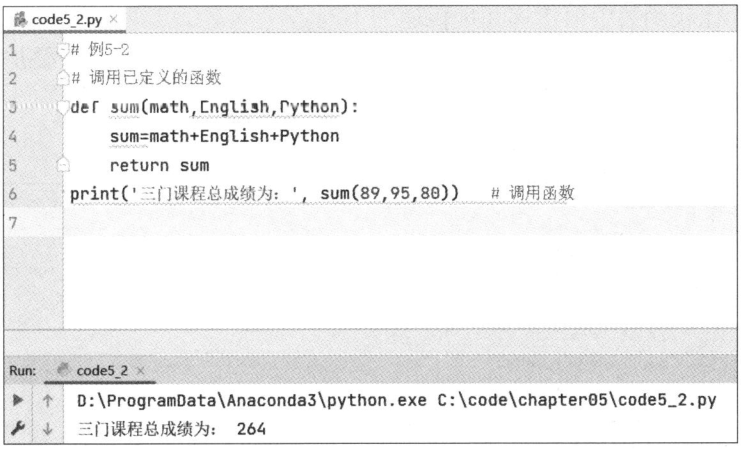
code5_2.py
# 例5-2
# 调用已定义的函数
def sum(math,English,Python):
sum=math+English+Python
return sum
print('三门课程总成绩为：', sum(89,95,80))   # 调用函数
Run: code5_2
D:\ProgramData\Anaconda3\python.exe C:\code\chapter05\code5_2.py
三门课程总成绩为： 264

图 5-2　例 5-2 的源代码和运行结果

程序分析： 运行后，将会传入三门课程的成绩参数，通过函数调用的方式来获得总成绩，并输出相应计算结果。例 5-2 中，直接使用常量进行函数调用，也可使用变量进行调用。

5.2　函数的参数

5.2.1　参数的类型和形式

通常，在定义函数时都会选择有参数的函数，函数参数的作用是通过赋值给函数传递数据，赋值方式是通过引用，令其对接收的数据做具体的操作处理。

1. 参数类型

（1）形式参数：在定义函数时，函数名后括号中的参数就是形式参数，简称形参。

（2）实际参数：在调用函数时，函数名后括号中的参数就是实际参数（函数的调用者给函数的参数),简称实参。

形参和实参的区别就如同剧本中的角色和演员,剧本中的角色相当于形参,而饰演角色的演员就相当于实参。形参是虚拟的,不占用内存空间,形参变量只有在被调用时才被分配内存单元;实参是一个变量,占用内存空间,数据传递为单向,实参可以传数据给形参,但形参不能传数据给实参。

2. 参数的传递方式

在 Python 中,根据实参的类型不同,传递给形参的方式可分为两种,即值传递和址(地址)传递。

(1)值传递:用于实参类型为不可变类型(如字符串、整型、浮点型、元组)。

(2)址传递:用于实参类型为可变类型(列表、字典)。

值传递和址传递的区别是:函数参数进行值传递后,若形参的值发生改变,则不会影响实参的值;函数参数进行址传递后,若改变形参的值,则实参的值也会发生改变。

【例 5-3】 比较函数中值传递和址传递的不同。

设计思路:定义一个函数,输入一个参数,在函数内对该参数进行叠加,进而比较值传递和址传递的效果。

程序源代码和运行结果如图 5-3 所示。

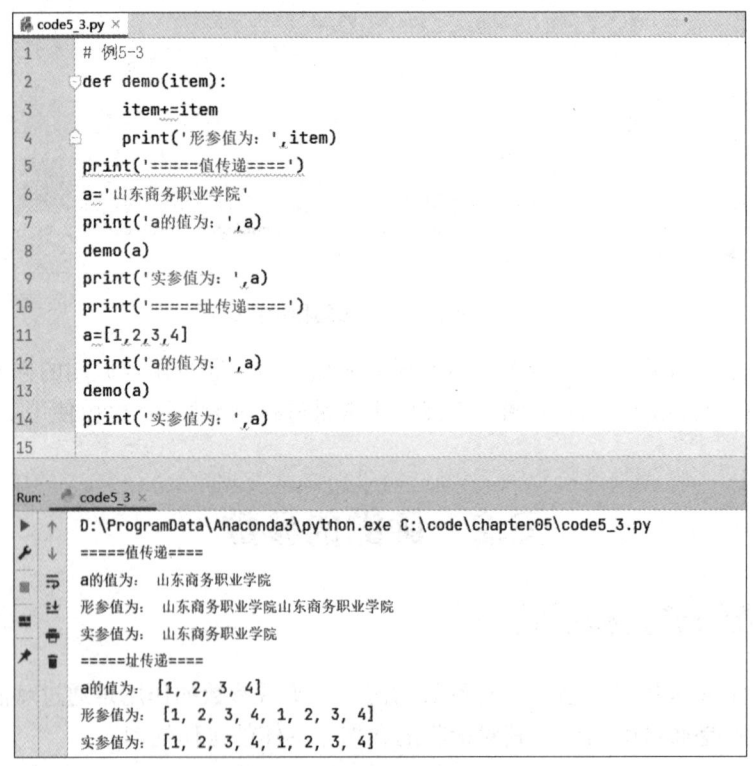

图 5-3 例 5-3 的程序源代码和运行结果

程序分析:运行后,可以发现通过值传递的方式传入参数,虽然在函数内对形参进行了相加,但在函数外的实参却保持不变;同理,通过址传递的方式传入参数,在函数内对形参进行了相加，则在函数外的实参也发生了对应的变化（请读者思考一下为什么第一次调用为值传递，而第二次为址传递）。

3. 参数的形式

1）位置参数（必备参数）

位置参数必须以正确的顺序传入函数，调用时的个数必须和声明时相同，如图 5-4 所示。

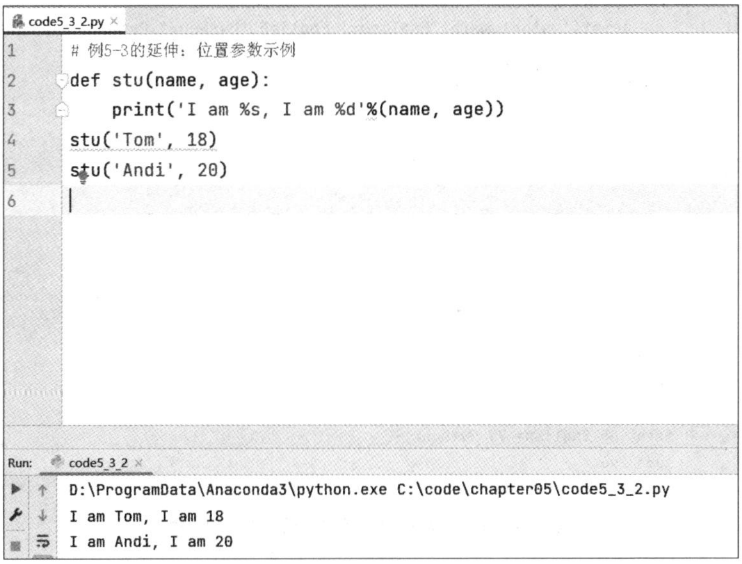
code5_3_2.py
# 例5-3的延伸：位置参数示例
def stu(name, age):
    print('I am %s, I am %d'%(name, age))
stu('Tom', 18)
stu('Andi', 20)
Run: code5_3_2
D:\ProgramData\Anaconda3\python.exe C:\code\chapter05\code5_3_2.py
I am Tom, I am 18
I am Andi, I am 20

图 5-4　位置参数示例

2）默认值参数

如果在定义函数时给参数设置了默认值，这个参数就被称作默认值参数。调用函数时，由于默认值参数在定义时已经被赋值，所以可以忽略，而其他参数必须要传入值。如果默认值参数没有传入值，则直接使用默认值；如果默认值参数传入了值，则使用传入的新值。

【例 5-4】 参照例 5-1 定义的求和函数，设置默认值参数，比较不同传值方式的效果。

设计思路：定义函数时，在参数列表中给某个参数设置默认值，函数调用过程中，可分别通过给默认值参数传入值和不传入值来验证运行结果。

程序源代码和运行结果如图 5-5 所示。

程序分析：运行后，可以发现通过设置默认值参数的方式，如果未输入对应参数，则会自动使用预设的默认值参数，这在一定程度上也能够提高函数兼容性。

需要注意的是，带有默认值的参数必须放在参数列表最后，否则程序会报错。

3）关键参数

关键参数是指函数调用时参数传递的方式，与函数定义无关。通过关键参数可按参数名字传递值，形参顺序可以和实参顺序不一致，但不影响参数值的传递结果，因为 Python 解释器能够用参数名匹配参数值，这样就避免了用户需要牢记参数位置和顺序的麻烦，使函数调用和参数传递更加灵活方便。

例 5-4 中，也可以通过设置关键参数的方式进行调用，程序源代码和运行结果如图 5-6 所示。

code5_4.py

```
# 例5-4
def sum(math,English,Python=88):
    sum=math+English+Python
    print('math=',math,'English=',English,'Python=',Python)
    print('sum=',sum)
sum(78,90)      # 函数调用，默认值参数没有传入值
sum(85,79,92)   # 函数调用，默认值参数传入了值
```

Run: code5_4

```
D:\ProgramData\Anaconda3\python.exe C:\code\chapter05\code5_4.py
math= 78 English= 90 Python= 88
sum= 256
math= 85 English= 79 Python= 92
sum= 256
```

图 5-5　例 5-4 的程序源代码和运行结果

code5_4_2.py

```
# 例5-4的延伸：关键参数示例程序
def sum(math,English,Python=88):
    sum=math+English+Python
    print('math=',math,'English=',English,'Python=',Python)
    print('sum=',sum)
sum(87,68)
sum(Python=91,math=83,English=88)
```

Run: code5_4_2

```
D:\ProgramData\Anaconda3\python.exe C:\code\chapter05\code5_4_2.py
math= 87 English= 68 Python= 88
sum= 243
math= 83 English= 88 Python= 91
sum= 262
```

图 5-6　关键参数示例程序的源代码和运行结果

程序分析：运行后，可以发现通过设置关键参数方式，可以调整参数位置和提高程序可读性，体现了 Python 高灵活性。

4）不定长参数

在定义函数时，如果不能确定参数个数，可以使用不定长参数。不定长参数在定义函

数时主要有两种形式，即 *args 和 **kwargs。其中，*args 用来接收任意多个实参，并将其存放到元组中；**kwargs 用来接收类似于关键参数和显式赋值形式的任意多个实参，并将其存放到字典中。

【例 5-5】 使用不定长参数计算各科总成绩。

设计思路：参照例 5-1 定义的求和函数，针对不同院系的课程成绩参数，可能在课程名和课程数等方面互不相同，为了提高函数的兼容性，可通过设置不定长参数的方式进行函数定义和调用。

程序源代码和运行结果如图 5-7 所示。

```
code5_5.py
# 例5-5
def sum(*args):
    sum=0
    for score in args:      # 计算总成绩
        sum+=score
    print('scores:{0},sum:{1}'.format(args,sum))   # 输出各科成绩和总成绩
sum(64,69,89)          # 函数调用
sum(56,87,97,92)       # 函数调用

Run: code5_5
D:\ProgramData\Anaconda3\python.exe C:\code\chapter05\code5_5.py
scores:(64, 69, 89),sum:222
scores:(56, 87, 97, 92),sum:332
```

图 5-7　例 5-5 的程序源代码和运行结果

如果不仅需要传入成绩，还需要传入课程名称，可使用第二种形式的不定长参数。

【例 5-6】 参照例 5-5 定义的求和函数，如果不仅需要传入成绩，还需要传入课程名称，可使用第二种形式不定长参数。

程序源代码和运行结果如图 5-8 所示。

```
code5_6.py
# 例5-6
def sum(**kwargs):
    sum=0
    for key,score in kwargs.items():                # 计算总成绩
        sum+=score
    print('scores:{0},sum:{1}'.format(kwargs,sum))  # 输出各科成绩和总成绩
sum(math=64,English=69,Python=89)                   # 函数调用
sum(math=56, English=87, Python=97,BigData=92)      # 函数调用

Run: code5_6
D:\ProgramData\Anaconda3\python.exe C:\code\chapter05\code5_6.py
scores:{'math': 64, 'English': 69, 'Python': 89},sum:222
scores:{'math': 56, 'English': 87, 'Python': 97, 'BigData': 92},sum:332
```

图 5-8　例 5-6 的程序源代码和运行结果

程序分析：运行后，可以发现通过设置不定长参数方式，传入了不同名称和不同数目的参数，可以提高程序兼容性。

5.2.2 函数的返回值

在 Python 中，用 def 创建函数时，可以使用 return 语句指定应该返回的值，所谓返回值，就是函数执行完毕后，通过 return 语句返回给调用者的结果。return 语句语法格式如下：

```
return [返回值]
```

return 语句表示结束函数执行，如果没有 return 语句，或者 return 语句不返回任何值，Python 认为返回 None，即返回值为空。

【例 5-7】 return 语句使用举例。

设计思路：参照例 5-4 定义的求和函数，如果要求函数不仅计算成绩总和，还要计算三门课的平均成绩，则可通过使用 return 语句返回多个参数方式来实现。

程序源代码和运行结果如图 5-9 所示。

```
# 例5-7
def sum(math,English,Python=88):
    sum=math+English+Python
    ave=sum/3
    return sum,ave      # 返回总成绩和平均成绩
sum,ave=sum(78,90)
print('sum=',sum,'ave=',ave)
```

```
D:\ProgramData\Anaconda3\python.exe C:\code\chapter05\code5_7.py
sum= 256 ave= 85.33333333333333
```

图 5-9 例 5-7 的程序源代码和运行结果

程序分析：运行后，可以发现通过设置 return 返回多个参数，可以获取总成绩、平均成绩，并分别对应到不同的变量，进而可输出对应结果。

注意：

（1）函数在执行过程中只要遇到 return 语句，就会停止执行并返回结果。

（2）如果未在函数中指定 return 语句，那么这个函数的返回值为 None。

（3）如果 return 有多个对象，Python 解释器会把多个对象组装成一个元组，并作为一个整体进行输出。

（4）如果 return 只有一个对象，那么返回的就是这个对象。

（5）通常无参函数不需 return 返回值。

5.3　嵌套和递归

先来看一个函数递归调用的案例。

【例 5-8】 某专业有 5 个班级，第 5 个班级比第 4 个班级多 2 人，而第 4 个班级比第 3 个班级又多 2 人，以此类推，每一个班级的学生数量都比前 1 个班级多 2 人，若第 1 个班级有 40 人，问第 5 个班级有多少学生？

设计思路： 通过分析班级的人数规律可以发现，5 个班级的人数之间存在相同的关系，即每个班都比前 1 个班多 2 人，且第 1 个班有 40 人。因此，可利用函数的递归调用创建 Python 文件，统计班级学生数量。

程序源代码和运行结果如图 5-10 所示。

code5_8.py

```
# 例5-8
def count(n):
    if n==1:
        class1=40
    else:
        class1=count(n-1)+2
    return class1
print('第5个班级的人数是：',count(5))
```

Run: code5_8

```
D:\ProgramData\Anaconda3\python.exe C:\code\chapter05\code5_8.py
第5个班级的人数是： 48
```

图 5-10　例 5-8 的程序源代码和运行结果

程序分析： 运行后，可以发现通过设置递归函数的方式，对应表达出班级人数的关系，即每个班都比前 1 个班多 2 人，且第 1 个班有 40 人。这样既可传入班级序号，调用函数获得相应的班级人数并输出结果。嵌套和递归是函数常用的两种调用方式，下面我们进行详细学习。

5.3.1　函数的嵌套调用

在一些考勤系统设计中，我们可以定义一个函数 main( )，用于控制整个程序的流程。还可定义一个函数 get_choice( )，来实现选择用户操作功能。在 main( ) 函数中，可以调用 get_choice( ) 函数，接收用户从键盘输入的操作序号。这种在一个函数中调用另外一个函数的形式，称为嵌套调用。

【例 5-9】 设计一个程序，使用函数，完成班级考勤功能。

设计思路： 设计函数 get_choice( ) 用于获取操作项序号，设计函数 main( ) 用于显示操作项信息并调用函数 get_choice( ) 获取对应的考勤类型，同时在函数 main( ) 中通过 while

进行循环直到用户输入非控制项的情况。

程序源代码和运行结果如图 5-11 所示。

```
# 例5-9
def get_choice():
    """获取用户输入的操作序号"""
    choice =int(input("请输入相应数字操作: "))
    return choice
def main():
    """定义函数,控制系统流程"""
    while True:
        choice = get_choice()          # 调用函数,获取用户输入的操作序号
        if choice==1:
            print("添加迟到学生姓名")
        elif choice==2:
            print("添加请假学生姓名")
        elif choice==3:
            print("添加旷课学生姓名")
        else:
            break
main()
```

```
D:\ProgramData\Anaconda3\python.exe C:\code\chapter05\code5_9.py
请输入相应数字操作: 2
添加请假学生姓名
请输入相应数字操作: 3
添加旷课学生姓名
请输入相应数字操作: 4
```

图 5-11 例 5-9 的程序源代码和运行结果

程序分析：运行后，可以发现通过设置函数嵌套调用方式，实现不同类型学生的考勤，包括迟到、请假和旷课等情况，并通过 while 循环方式实现多次考勤，方便对不同班级人数进行考勤处理。

5.3.2　函数的递归调用

如果一个函数内部调用了函数本身，这叫作递归调用，这个函数就是递归函数。

例 5-8 演示了一个普通递归调用，下面我们进一步学习递归。数学上有个经典的递归例子叫阶乘，阶乘通常定义为：$n!=n(n-1)(n-2)\cdots 1$，可以表示为

$$n! = \begin{cases} 1, & n=0, 1 \\ (n-1)! \times n, & n>1 \end{cases}$$

【**例 5-10**】设计一个程序，利用函数的递归调用，完成 n 的阶乘计算。

设计思路：首先定义一个名为 fact 的函数，它接收一个参数 n。在函数内部，需要处理基本情况，即 n 为 0 或 1 时，直接返回 1，因为 0! 和 1! 都等于 1。如果 n 大于 1，需要进行递归调用，即计算 "(n-1)!"，然后将结果乘以 n。最后，返回计算得到的阶乘值。

程序源代码和运行结果如图 5-12 所示。

```
# 例5-10
def fact(n):
    if n==0:
        result=1
    else:
        result=n*fact(n-1)
    return result
n=int(input('请输入n的值: '))
print('n!=',fact(n))
```

```
D:\ProgramData\Anaconda3\python.exe C:\code\chapter05\code5_10.py
请输入n的值: 6
n!= 720
```

图 5-12 例 5-10 的程序源代码和运行结果

程序分析：运行后，可以发现通过设置函数递归调用的方式来计算阶乘，直到 n=1 的时候达到停止条件，用户可在输入整数后调用此函数，得到阶乘结果并输出。

5.4 变量的作用域

变量起作用的代码范围称为变量的作用域。默认情况下，一个函数的所有变量名都是与函数命名空间相互关联的。在不同位置定义变量的作用域是不一样的，不同作用域内同名变量之间互不影响。

（1）如果一个变量在 def 语句内被赋值，则它被定位在这个函数之内。

（2）如果一个变量在一个嵌套的 def 语句中被赋值，那么对于嵌套的函数来说，它是非本地的。

（3）如果一个变量在 def 语句之外被赋值，那么它就是全局的。

5.4.1 局部变量

在函数内部定义变量的作用域仅限于函数内部，这样的变量称为局部变量。

当函数被执行时，Python 会为其分配一块临时的存储空间，所有局部变量都会存储在这块空间中。函数执行完毕后，这块临时存储空间即被释放，该空间中存储的变量就会被自动删除而无法继续使用。

【**例 5-11**】 函数内局部变量在函数外部被调用示例。

设计思路：设计一个程序，创建 Python 文件，利用函数的局部变量，完成函数调用并模拟函数内局部变量在外部被调用的情况。

程序源代码和运行结果如图 5-13 所示。

如果试图在函数外部访问内部定义的变量，Python 解释器会报错，并提示没有定义要

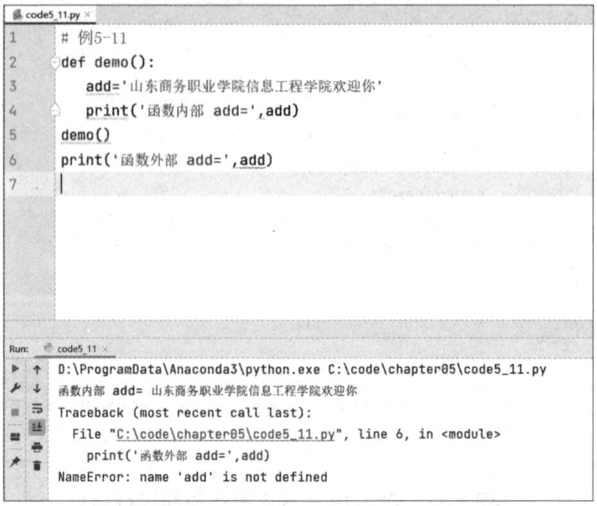

```
code5_11.py
1  # 例5-11
2  def demo():
3      add='山东商务职业学院信息工程学院欢迎你'
4      print('函数内部 add=',add)
5  demo()
6  print('函数外部 add=',add)
7
```

```
Run: code5_11
D:\ProgramData\Anaconda3\python.exe C:\code\chapter05\code5_11.py
函数内部 add= 山东商务职业学院信息工程学院欢迎你
Traceback (most recent call last):
  File "C:\code\chapter05\code5_11.py", line 6, in <module>
    print('函数外部 add=',add)
NameError: name 'add' is not defined
```

图 5-13　例 5-11 的程序源代码和运行结果

访问的变量，这也证实了当函数执行完毕时，内部定义的变量会被删除。

此外，函数的参数也属于局部变量，只能在函数内部使用，如图 5-14 所示。

```
code5_11_2.py
1  # 例5-11的延伸：参数局部变量
2  def demo(name, age):
3      print('函数内部:', name)
4      print('函数外部:', age)
5  demo("张三", 20)
6  print('函数内部:', name)
7  print('函数外部:', age)
8
```

```
Run: code5_11_2
D:\ProgramData\Anaconda3\python.exe C:\code\chapter05\code5_11_2.py
Traceback (most recent call last):
  File "C:\code\chapter05\code5_11_2.py", line 6, in <module>
    print('函数内部:', name)
NameError: name 'name' is not defined
函数内部: 张三
函数外部: 20
```

图 5-14　参数局部变量运行结果

由于 Python 解释器是逐行运行代码的，这里只提示"name 没有定义"，实际上在函数外部访问变量也会出现同样的错误。

5.4.2　全局变量

如果想在函数内部修改定义在函数外部的变量值，那么这个变量的作用域必须是全局，能够同时作用于函数内外，称为全局变量。和局部变量不同，全局变量默认作用域是整个程序，即既可以在函数内部使用，也可以在各个函数外部使用。

全局变量定义方式有以下两种。

1. 在函数体外定义全局变量

在函数体外定义的变量一定是全局变量，如图 5-15 所示。

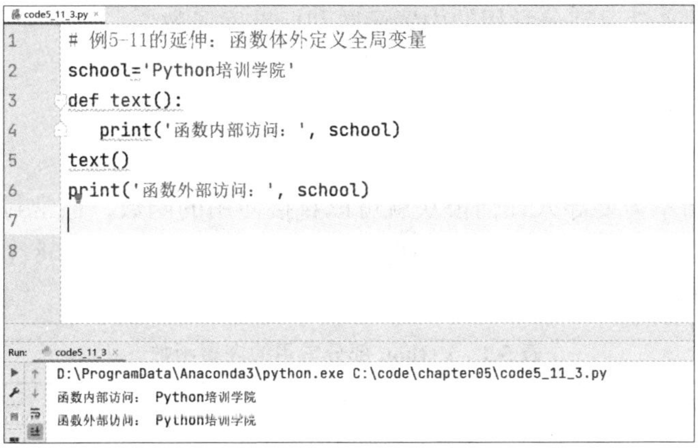
code5_11_3.py
# 例5-11的延伸：函数体外定义全局变量
school='Python培训学院'
def text():
    print('函数内部访问：', school)
text()
print('函数外部访问：', school)
Run: code5_11_3
D:\ProgramData\Anaconda3\python.exe C:\code\chapter05\code5_11_3.py
函数内部访问： Python培训学院
函数外部访问： Python培训学院

图 5-15　函数体外定义全局变量运行结果

2. 在函数体内定义全局变量

在函数体内可通过 global 来定义全局变量，如图 5-16 所示。

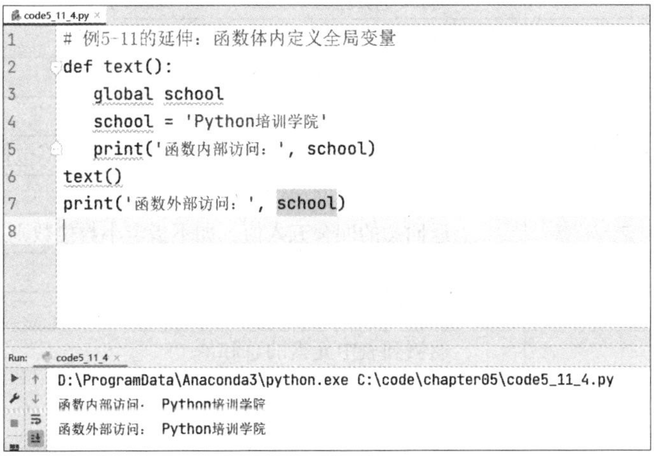
code5_11_4.py
# 例5-11的延伸：函数体内定义全局变量
def text():
    global school
    school = 'Python培训学院'
    print('函数内部访问：', school)
text()
print('函数外部访问：', school)
Run: code5_11_4
D:\ProgramData\Anaconda3\python.exe C:\code\chapter05\code5_11_4.py
函数内部访问： Python培训学院
函数外部访问： Python培训学院

图 5-16　函数体内定义全局变量运行结果

注意：

（1）在使用 global 声明变量名时不能直接给变量赋值，否则会引发语法错误。

（2）全局变量位于模块文件内部的顶层。

（3）全局变量如果是在函数内被赋值，则必须经过声明。

（4）全局变量名在函数内部不经过声明也可以被引用。

5.5 常用的内置函数和标准库函数

我们已经掌握了自定义函数的定义和调用。其实，除了自定义函数处，Python 还提供了很多内置函数和标准库函数，用户在进行系统开发时，可以直接使用这些函数来解决问题。接下来，我们来学习部分常用的内置函数和标准库函数。

5.5.1 内置函数

内置函数是指不需要导入任何模块就可以直接使用的函数，通常封装在内置模块中，并进行了大量优化，具有非常快的运算速度。Python 解释器提供了 68 个内置函数，表 5-1 中列出了部分常用的内置函数。

表 5-1 Python 部分常用的内置函数

函　数	功　能
abs(x)	返回 x 的绝对值
divmod(x,y)	返回由 x 除以 y 的商和余数组成的元组
float(x)	将 x 转换为浮点数
help(object)	返回对象的帮助信息
int(x)	将 x 转换为整数
len(object)	返回对象包含的元素个数，适用于字符串、列表、元组等
max(seq)	返回列表中的最大值
min(seq)	返回列表中的最小值
pow(x,y)	返回 x 的 y 次方
range(start,end[,step])	返回一个等差列表形式的 range 对象，不包括终值
reversed(seq)	返回逆序后的迭代器对象
round（x,[,n]）	返回 x 的四舍五入值，如不指定小数位数则返回整数
sorted(seq)	返回排序后的列表
str(x)	将 x 转换为字符串
sum(seq)	返回列表中元素的总和值
type(object)	返回对象的数据类型
zip([iterable,...])	返回元组形式的 zip 对象

接下来重点介绍部分常用的内置函数。

1. range( ) 函数

range( ) 函数返回一个等差数列形式的可迭代对象。语法格式如下：

```
range(end)
range(start, end[, step])
```

其中，start 表示数列开始，默认从 0 开始，如 range（3）等价于 range（0,3）；end 表示数列结束，但不包括 end，如 range（0，3），包括 [0,1,2]，不包括 3；step 表示步长，默认为 1，如 range（0，3）等价于 range（0，3，1）。

2. zip( ) 函数

zip( ) 函数用于将可迭代的对象中对应元素打包成元组，返回包含这些元组的 zip 对象。语法格式如下：

```
zip([iterable, …])
```

iterable 可以是一个或多个序列、支持迭代的容器或迭代器，返回一个迭代器对象。函数的作用是将可迭代对象中对应的元组打包，返回包含这些元组的迭代器对象。

【**例 5-12**】 zip 函数使用示例。

设计思路：设计一个程序，创建 Python 文件，利用 zip 函数完成元组打包的效果。

程序源代码和运行结果如图 5-17 所示。

```
# 例5-12
list1=[1,2,3]
list2=[4,5,6]
list3=[8,7,6,5,4,3]
print(list(zip(list1,list2)))
print(list(zip(list1,list3)))        # 元素个数与最短的列表一致
```

```
D:\ProgramData\Anaconda3\python.exe C:\code\chapter05\code5_12.py
[(1, 4), (2, 5), (3, 6)]
[(1, 8), (2, 7), (3, 6)]
```

图 5-17 例 5-12 的程序源代码和运行结果

程序分析：运行后，可以发现通过设置 zip 函数可完成元组打包操作，特别是当 list1 和 list2 的元素数目不同时，会自动选择最短的列表数目，进行对应并打包得到元组。

3. 序列处理函数

内置函数中还有 len( )、max( )、min( )、sum( )、sorted( ) 等序列处理函数。

1）len( ) 函数

len( ) 函数用来返回对象包含的元素个数，适用于字符串、列表、元组、字典等序列。语法格式如下：

```
len(object)
```

2）max( ) 函数

max( ) 函数用来返回列表中的最大值。语法格式如下：

```
max(seq)
```

3）min( ) 函数

min( ) 函数用来返回列表中的最小值。语法格式如下：

```
min(seq)
```

4）sum( ) 函数

sum( ) 函数用来返回列表中元素的总和值。语法格式如下：

```
sum(seq)
```

5）sorted( ) 函数

sorted( ) 函数返回的是排序后的列表，列表本身不会发生变化。语法格式如下：

```
sorted(seq)
```

【例 5-13】 演示不同序列处理函数的执行效果。

设计思路：设计一个程序，创建一个列表，然后演示序列处理函数 len( )、max( )、min( )、sum( )、sorted( ) 的运行结果。

程序源代码和运行结果如图 5-18 所示。

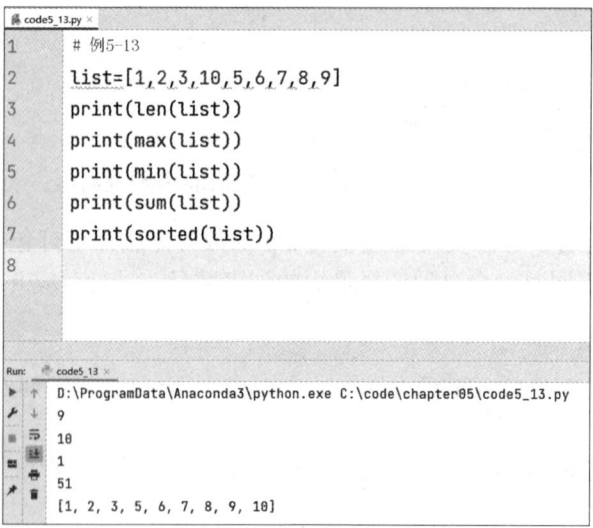

图 5-18　例 5-13 的程序源代码和运行结果

4. 数学相关函数

内置函数中与数学相关的部分函数有 abs( )、divmod( )、pow( )、round( )、max( ) 和 min( )，这些函数的使用演示如图 5-19 所示。

```
code5_13_2.py
1   # 数学相关函数示例
2   n1=-3.1415
3   n2=2
4   print(abs(n1))
5   print(divmod(n1,n2))
6   print(pow(n2,5))
7   print(round(n1,2))
8   print(max(n1,n2))
9   print(min(n1,n2))
10
```

```
Run: code5_13_2
D:\ProgramData\Anaconda3\python.exe C:\code\chapter05\code5_13_2.py
3.1415
(-2.0, 0.8584999999999998)
32
-3.14
2
-3.1415
```

图 5-19　数学相关函数示例

5. 类型转换函数

内置函数中的类型转换函数有 float( )、str( )、list( ) 等，这些函数的使用演示如图 5-20 所示。

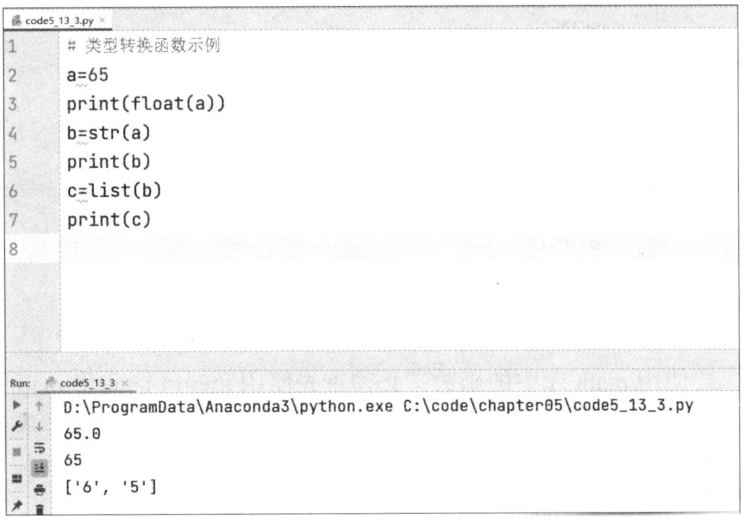

```
code5_13_3.py
1   # 类型转换函数示例
2   a=65
3   print(float(a))
4   b=str(a)
5   print(b)
6   c=list(b)
7   print(c)
8
```

```
Run: code5_13_3
D:\ProgramData\Anaconda3\python.exe C:\code\chapter05\code5_13_3.py
65.0
65
['6', '5']
```

图 5-20　类型转换函数示例

以上演示了部分常用内置函数，熟悉常用内置函数是程序设计人员的必备技能。

5.5.2　标准库函数

利用函数库编程是 Python 语言的特点之一，除内置函数外，Python 还提供了大量的标准库函数，如数学库 math、随机运算库 random 等，这些库函数不能直接使用，需要借助 import 语句进行导入，导入方法如下：

```
import math
```

或

```
from math import<函数名>
```

1. math 库的使用

math 库中提供了 4 个数学常数和 44 个函数，包括指数函数、对数函数、三角函数、误差计算函数以及其他常用的数学函数。

【例 5-14】 使用 math 库计算圆面积。

设计思路：设计一个程序，定义函数接收圆的半径参数，并利用 math 库计算圆面积。程序源代码和运行结果如图 5-21 所示。

图 5-21 例 5-14 的程序源代码和运行结果

程序分析：要使用 math 库中的函数，必须首先使用 import 语句将 math 库导入当前代码中，然后调用库中相对应的函数。案例中使用了 math.pi，math 为数学库，.pi 为计算圆面积的函数。

2. random 库的使用

random 库提供了 9 个常用函数。使用 random 库的主要目的是生成随机数。

【例 5-15】 设计一个程序，创建 Python 文件，通过 random 库产生随机数，模拟猜数字的游戏。

设计思路：设定一个变量，值为 1~100 内的整数，然后使用 Python 内置库 random( ) 产生 1~100 内的随机整数，根据提示判断随机生成数是否与设定的变量值相等，直到相等为止。

程序源代码和运行结果如图 5-22 所示。

code5_15.py

```python
# 例5-15
import random
answ=random.randint(1,100)
num=int(input('请输入1~100 内的整数：'))
while num!=answ:
    if num>answ:
        num=int(input('数字大了，继续输入下一个数：'))
    else:
        num=int(input('数字小了，继续输入下一个数：'))
print("输入的数字%d正确，游戏结束" %num)
```

Run: code5_15

```
D:\ProgramData\Anaconda3\python.exe C:\code\chapter05\code5_15.py
请输入1~100内的整数：45
数字小了，继续输入下一个数：67
数字大了，继续输入下一个数：55
数字小了，继续输入下一个数：60
数字大了，继续输入下一个数：57
数字大了，继续输入下一个数：56
输入的数字56正确，游戏结束
```

图 5-22　例 5-15 的程序源代码和运行结果

程序分析：程序运行时先通过 random 库中的 randint（生成随机整数）函数，随机生成 1~100 之内的整数，然后通过循环和用户输入的数值进行比较，直到两个数值相等，循环结束，即可知道用户输入的数字，从而游戏结束。

本章学习了函数的概念、定义和调用、参数类型和返回值、嵌套与递归调用、变量的作用域、内置函数与标准库函数等内容。程序函数不同于数学函数，程序函数的学习和设计过程，更注重于模块化思维和问题解决方式。程序函数思想是将一个大问题，依据一定规则来分解成若干个小问题。学会应用函数思维，使计算机能够处理更复杂的事件。

5.6　实践训练

1. 掌握下列名称的含义。

（1）函数。

（2）调用函数。

（3）嵌套调用。

（4）递归调用。

（5）值传递。

（6）址传递。

（7）全局变量。

（8）作用域。

2. 定义一个函数，用来判断给定的整数 n 是否是素数。

3. 输入两个正整数 m 和 n（m<=n），输出从 m 到 n 的所有素数。定义一个函数用来判断整数 x 是否是素数。

4. 输入一个正整数，利用函数验证冰雹猜想。以一个正整数 n 为例，如果 n 为偶数，就将它变为 n//2；如果 n 为奇数，则将它乘 3 并加 1（即 3*n+1）。不断重复这样的运算，经过有限步骤后，n 是否一定可以变成 1？

5. 输入一个正整数 n，求 1+1/2！+1/3！+…+1/n！的值，要求定义并调用函数 fact(n) 计算 n 的阶乘。

6. 输入一个正整数 n，当输入偶数时计算 1/2+1/4+…+1/n，当输入奇数时计算 1/1+1/3+…+1/n，定义并调用函数实现。

7. 编写一个函数，用来求 $1^2+2^2+3^2+\cdots+n^2$，n 的值从键盘输入，利用函数求出平方和，将结果输出。

8. 使用递归函数调用求 x^n（x、n 均为正整数）。

第 6 章 开 发 进 阶

开发进阶

知识目标
- 掌握 Python 中基本的绘图可视化命令；
- 理解可视化的重要性；
- 熟悉面向对象编程的基本知识；
- 了解类的定义及实现方式，掌握类属性成员及函数成员的功能及用法。

实践目标
- 掌握工具包的安装方法；
- 能够运用 Python 绘图命令完成工单任务；
- 能够运用面向对象编程知识完成工单任务；
- 熟悉当前程序设计的方法和思路。

素养目标
- 养成严谨认真、精益求精的软件工匠精神；
- 培养无私奉献、善于分享的开源精神；
- 培养科学家精神，以及刻苦钻研、不怕苦难的精神；
- 培养创新思维、创造能力。

本章我们主要学习两个方面的内容：利用工具包进行程序设计和面向对象的程序设计方法。在第 2 章中，我们学习了基本输入/输出时，学习了内置函数概念；第 5 章中，又学习了为了便于反复使用某项功能，将这项功能设计成函数。本着"一次设计、反复使用"这一程序设计理念，在 Python 语言发展至今过程中，很多人开发了一些常用功能，并将这些功能做成工具包——经过反复调试、成熟的、类型相近的函数集合。学会安装、调用这些工具包，将会大大提高程序设计效率。本章先学习如何使用可视化绘图工具包，然后介绍面向对象的程序设计基础知识。

6.1 班级出勤统计

为了方便读者理解工具包的使用，我们首先来看下面的案例。

【例 6-1】 某班级共 30 人，上个月参加了共 18 天的实践培训，班长记录了每天学生出勤人数，如表 6-1 所示。请根据上课天数和出勤人数进行可视化绘图，便于直观查看、对比出勤情况，并对出勤天数最少的情况进行标记说明。

表 6-1 某班级学生出勤人数统计表

天数	1	2	3	4	5	6	7	8	9
出勤数	30	29	28	29	25	23	24	23	22
天数	10	11	12	13	14	15	16	17	18
出勤数	21	22	23	22	24	25	27	27	29

设计思路：我们可以用列表来存储表 6-1 中数据。但是如何显示成图形形状，这是最困难的。并且常见的统计图有散点图、柱状图、直方图等形式，这些如何设计呢？

对表中数据进行分析，可以发现这是一个二维表格，并且形成了出勤数和天数的对应关系。因此，首先建立一个二维坐标轴，可以用 x 轴代表天数，用 y 轴代表出勤数；然后绘制 x、y 曲线；最后定位最小点并进行显示说明。

那么是否需要从头到尾设计画坐标轴、显示数值、画图、找出对应关系等程序呢？

不需要，这种把二维图标对应关系转换成为统计图已在经济、教育、科研等各个行业领域有着广泛需求，因此早就有人把这些功能设计并完善了，接下来只需要找到合适的工具包，了解工具包中函数、调用函数、测试效果就可以了。

确定了程序设计思路，接下来我们先来熟悉一下要用到的工具包。

6.1.1 Matplotlib 工具包

为了实现例 6-1，需要找到合适的工具包，Python 可视化绘图工具包有很多，本书以常见的 Matplotlib 为例来演示。这是一款用于 Python 可视化绘图的工具包，可以方便地绘制曲线图、散点图、柱状图和饼图等多种图形样式。

1. 安装 Matplotlib 工具包

Matplotlib 的安装过程很简单，使用 Windows+R 快捷键或者在操作系统搜索框中输入 cmd，进入命令行提示界面，输入 Python 会进入 Python 提示符状态，通过执行命令 pip install matplotlib 进行安装，如图 6-1 所示，系统会自动下载并安装 Matplotlib 工具包。

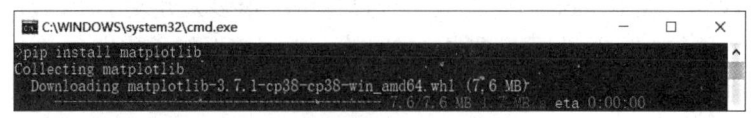

图 6-1 Matplotlib 工具包安装

安装完成后，可以在提示符状态下输入命令 Python -m pip list，查看 Python 安装的所有工具包，如果能够看到 matplotlib，则说明已经成功安装，如图 6-2 所示。

2. 使用 Matplotlib 工具包

在 Python 程序中可使用 import 引入 matplotlib.pyplot 绘图工具包，具体命令如下：

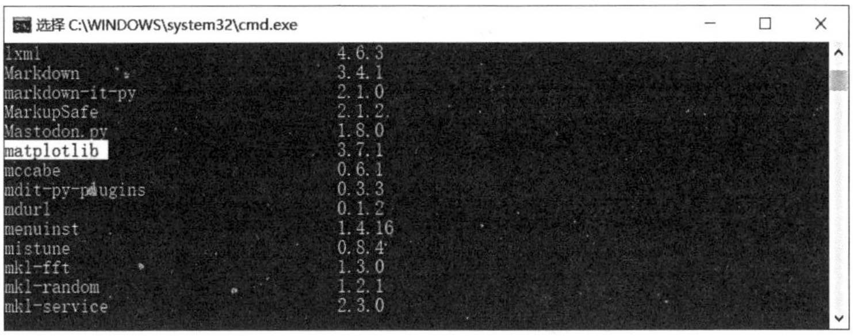

图 6-2 已安装工具包查看

```
import matplotlib.pyplot as plt
```

将引入 matplotlib.pyplot 库并将其命名为 plt，在后续代码中我们将直接使用 plt 来调用相关的绘图指令，有助于提高代码编程的效率及可读性。

下面先通过一个简单的抛物线绘图示例，熟悉一下应用 matplotlib 工具包进行绘图，并导出图片文件的这一过程。

【例 6-2】 调用 matplotlib.pyplot 绘图，生成抛物线 $y=x^2$ 图像，x 取值范围为 −100~100，并保存到图片文件中。

设计思路：首先，通过 range 生成 −100~100 的列表 x；然后，计算出 y=x*x；最后，通过 plt.plot 进行绘制并设置绘图属性。

程序代码如下：

```
import matplotlib.pyplot as plt
#  生成数据
x = []
y = []
for xi in range(-100, 100):
    x.append(xi)
    y.append(xi*xi)
#  绘图
plt.figure()                          #  绘图窗口
plt.plot(x, y)                        #  按 x,y 绘图
plt.xlabel('x')                       #  设置 x 轴标签
plt.ylabel('y')                       #  设置 y 轴标签
plt.title('$y=x^2$')                  #  设置标题
plt.savefig('抛物线示例.png')         #  保存图片
plt.show()                            #  显示绘图
```

程序分析：程序运行时先生成 x 和 y 值，并分别存储在列表中。调用工具包中 figure( ) 函数生成绘图窗口，然后调用 plot(x, y) 函数，按 x、y 值绘制图形。xlabel('x')、ylabel('y')、title('$y=x^2$') 分别设置对应坐标轴属性和标题，最后可通过 savefig 函数保存到指定图片文件中。本例中在 plt.title 设置标题时，通过在字符串前后添加 "$" 符号来表

示启用 LaTeX 引擎，将该字符串解析为数学公式，具体效果可参见图 6-3。

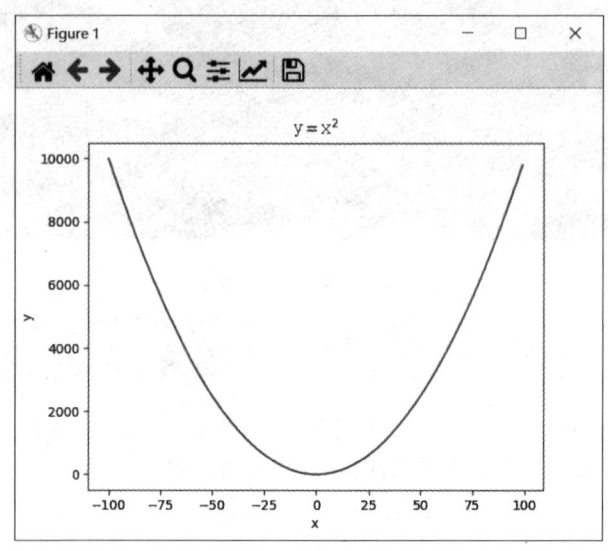

图 6-3　例 6-2 运行结果

plt 提供了众多函数可供调用（更多函数功能说明可查看电子活页），例 6-2 使用 plt.figure( ) 创建绘图窗口，使用 plt.plot 绘制曲线，使用 plt.xlabel 和 plt.ylabel 设置坐标轴标签，使用 plt.title 设置标题，使用 plt.show( ) 显示已创建的绘图对象。可以看到，通过调用 matplotlib.pyplot 绘图工具包，可以轻轻松松地实现复杂图形化程序设计。此外，Matplotlib 还提供了绘图函数以及绘图属性设置等功能，能够满足例 6-1 需求。

6.1.2　绘制曲线图

有了例 6-2 程序设计基础，我们现在可以来进一步解决例 6-1 这种更贴近现实生活的问题。在 matplotlib.pyplot 绘图工具包中，plot 函数是绘制图形的关键，可以绘制各种直线、曲线，具体调用方式如下：

```
plt.plot(x, y, label, color, linewidth, linestyle, …)
```

其中，x、y 表示待绘制的坐标值对象，label 表示当前绘图对应的标签信息，支持在图例说明（plt.legend）中显示，color 表示线的颜色，linewidth 表示线的宽度，linestyle 表示线的类型。仿照例 6-2，根据例 6-1 程序设计思路，将考勤天数作为 x 轴，将出勤天数作为 y 轴，应用 plot( ) 函数可以画出曲线图，具体代码如下：

```
import matplotlib.pyplot as plt
# 天数
x = [i for i in range(1,19)]
# 出勤数
```

```
y = [30,29,28,29,25,23,24,23,22,21,22,23,22,24,25,27,27,29]
# 最小值
ym = min(y)
xm = x[y.index(ym)]
# 绘图
plt.rcParams['font.sans-serif']=['SimHei']              # 设置字体
plt.figure()                                            # 绘图窗口
plt.plot(x, y, label='实践课出勤数', linewidth=2)         # 按x、y绘图
plt.text(xm, ym-0.5, '('+str(xm)+','+str(ym)+')')        # 设置文本说明
plt.xlabel('天数')                                       # 设置x轴标签
plt.ylabel('出勤数')                                      # 设置y轴标签
plt.xlim(0.5,18.5)                                      # 设置x轴范围
plt.ylim(10,31)                                         # 设置y轴范围
plt.title('出勤数统计-曲线图')                             # 设置标题
plt.legend(loc='best')                                  # 显示标签
plt.show()                                              # 显示绘图
```

运行后，将调用 plt.plot 函数进行绘图可视化，通过 plt.text 在指定位置进行信息标记，并设置对应绘图属性，具体效果可参见图 6-4。

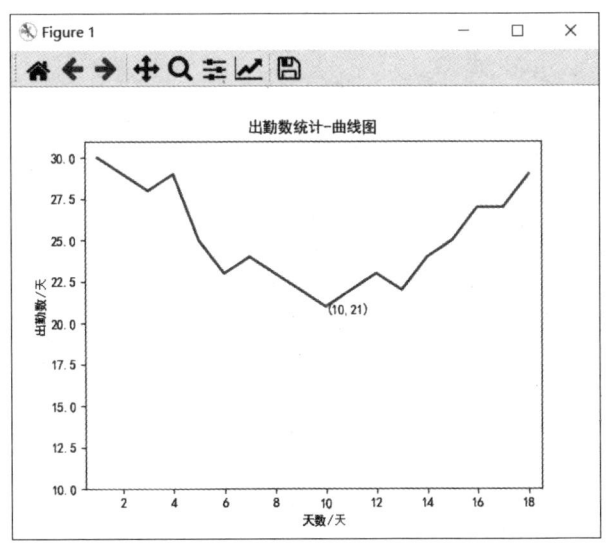

图 6-4　出勤数统计曲线图

绘图窗口如果直接显示中文字符可能会出现乱码，可在绘图前进行字体配置，通过"plt.rcParams['font.sans-serif']=['SimHei']"设置字体为"黑体"，此外也支持其他字体的设置，比较常用的中文字体参数可参见表 6-2。

表 6-2　plt 常用中文字体参数

字体	参数	字体	参数
黑体	SimHei	宋体	SimSun

续表

字体	参数	字体	参数
楷体	KaiTi	微软雅黑	Microsoft YaHei
仿宋	FangSong	华文宋体	STSong

6.1.3 绘制散点图

应用 matplotlib.pyplot 绘图工具包中 scatter( ) 函数，可以实现散点图绘制，scatter( ) 函数具体调用方式如下：

```
plt.scatter(x, y, label, color, s, marker, …)
```

其中，x、y 表示待绘制的坐标值对象，label 表示当前绘图对应的标签信息，支持在图例说明（plt.legend）中显示，color 表示点的颜色，s 表示点的大小，marker 表示点的类型，仍然以例 6-1 为例，散点图具体实现程序代码如下：

```python
import matplotlib.pyplot as plt
# 天数
x = [i for i in range(1,19)]
# 出勤数
y = [30,29,28,29,25,23,24,23,22,21,22,23,22,24,25,27,27,29]
# 最小值
ym = min(y)
xm = x[y.index(ym)]
# 绘图
plt.rcParams['font.sans-serif']=['SimHei']        # 设置字体
plt.figure()                                      # 绘图窗口
plt.scatter(x, y, label='实践课出勤数')
plt.scatter(xm, ym, label='最小出勤数', marker='*', s=100)
plt.text(xm, ym-1, '('+str(xm)+','+str(ym)+')')   # 设置文本说明
plt.xlabel('天数')                                # 设置x轴标签
plt.ylabel('出勤数')                              # 设置y轴标签
plt.xlim(0.5,18.5)                                # 设置x轴范围
plt.ylim(10,31)                                   # 设置y轴范围
plt.title('出勤数统计-散点图')                    # 设置标题
plt.legend(loc='best')                            # 显示标签
plt.show()                                        # 显示绘图
```

运行后，将调用 plt.scatter 函数进行绘图可视化，通过设定形状和尺寸在指定位置进行信息标记，并设置对应的绘图属性，具体效果可参见图 6-5。

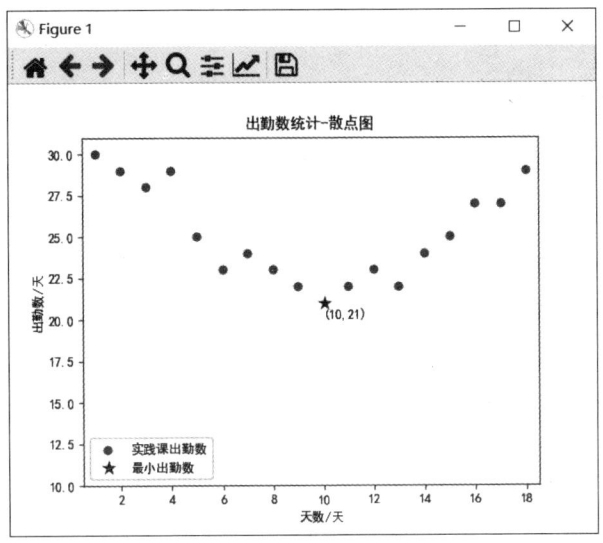

图 6-5　出勤统计散点图

6.1.4　绘制柱状图

应用 matplotlib.pyplot 绘图工具包中 bar 函数，可绘制柱状图，柱状图能够更方便不同天数出勤比较，函数具体调用方式如下：

```
plt.bar(x, height, label, color, width, linewidth, …)
```

其中，x、height 表示待绘制的位置和高度，label 表示当前绘图对应的标签信息，并支持在图例说明（plt.legend）中显示，color 表示柱的颜色，width 表示柱的大小，linewidth 表示柱的边框宽度。

根据例 6-1 的数据绘制柱状图，并对最少出勤天数情况进行标记说明，具体程序代码如下：

```
import matplotlib.pyplot as plt
# 天数
x = [i for i in range(1,19)]
# 出勤数
y = [30,29,28,29,25,23,24,23,22,21,22,23,22,24,25,27,27,29]
# 最小值
ym = min(y)
xm = x[y.index(ym)]
# 绘图
plt.rcParams['font.sans-serif']=['SimHei']       # 设置字体
plt.figure()                                      # 绘图窗口
```

```
plt.bar(x, y, label='实践课出勤数', width=0.5)
plt.bar(xm, ym, label='最小出勤数', width=1)
plt.xlabel('天数')                              # 设置 x 轴标签
plt.ylabel('出勤数')                            # 设置 y 轴标签
plt.xlim(0.5,18.5)                              # 设置 x 轴范围
plt.ylim(10,31)                                 # 设置 y 轴范围
plt.title('出勤数统计-柱状图')                   # 设置标题
plt.legend(loc='best')                          # 显示标签
plt.show()                                      # 显示绘图
```

运行后,将会调用 plt.bar( )函数进行绘图可视化,通过设定的宽度来在指定位置进行信息标记,并设置对应的绘图属性,具体效果可参见图 6-6。

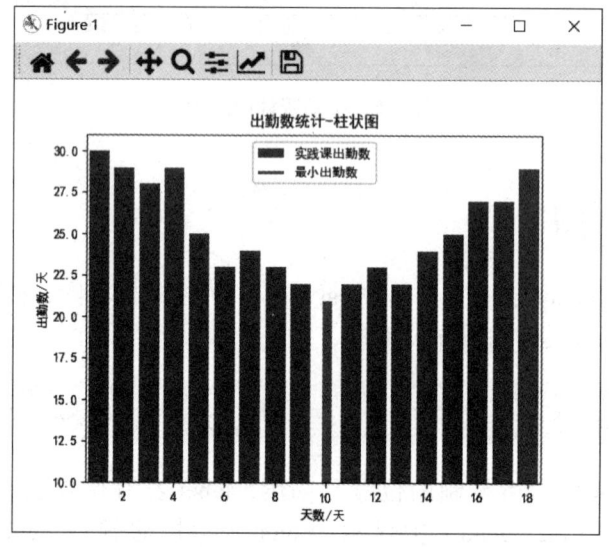

图 6-6　出勤数统计柱状图

6.1.5　绘制直方图

应用 matplotlib.pyplot 绘图工具包中 hist 函数,可绘制直方图,通过直方图可以直观地观察数据分组分布状态,包括频次分布、数据离散度等,在数据统计分析中具有广泛的应用。函数调用方式如下:

```
n, bins, patches = plt.hist(x, bins, label, rwidth, color, …)
```

其中,x 表示待处理的数据对象;bins 表示要进行统计的区间数目;label 表示当前绘图对应的标签信息,支持在图例说明(plt.legend)中显示;rwidth 表示直方图的相对宽度大小,color 表示直方图的颜色;返回值 n 表示直方图向量;bins 表示直方图对应的范围;patches 表示直方图包含的数据列表。

根据例 6-1 中数据，进行 4 个区间直方图统计，并对统计结果进行标记说明，程序具体实现代码如下：

```python
import matplotlib.pyplot as plt
#   天数
x = [i for i in range(1,19)]
#   出勤数
y = [30,29,28,29,25,23,24,23,22,21,22,23,22,24,25,27,27,29]
#   最小值
ym = min(y)
xm = x[y.index(ym)]
#   绘图
plt.rcParams['font.sans-serif']=['SimHei']              # 设置字体
plt.figure()                                            # 绘图窗口
n, bins, patches = plt.hist(y, bins=4, color='blue', rwidth=0.8)
for i in range(len(n)):
    #   添加统计说明
    s = '[{0}--{1}]->{2}'.format(bins[i],bins[i+1],int(n[i]))
    #   [{0}--{1}]->{2} 表示在 0~1 范围内进行直方图统计，共获得 2 条数据
    plt.text(bins[i], n[i], s)
plt.xlabel(' 出勤数 ')                                   # 设置 x 轴标签
plt.ylabel(' 频次 ')                                     # 设置 y 轴标签
plt.show()                                              # 显示绘图
```

运行后，将会调用 plt.hist 函数进行绘图可视化，通过 plt.text 在指定的位置进行信息标记，并设置对应的绘图属性，具体效果可参见图 6-7。

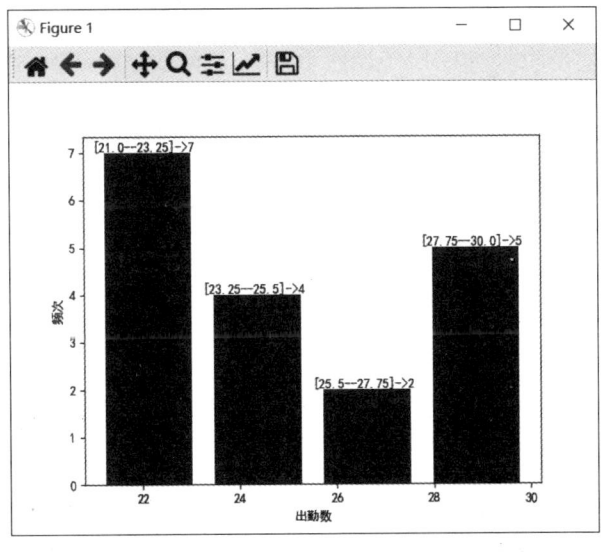

图 6-7　出勤数统计直方图

本小节列出了 matplotlib.pyplot 工具包中一些常用绘图方法和属性设置，限于篇幅还

有很多其他方法没有列出,感兴趣的读者可以参考 Matplotlib 官方网站。

通过使用 matplotlib.pyplot 绘图工具包,逐步熟悉并应用现成工具包,加速程序开发。不少组织和个人愿意免费开发和分享一些功能强大的工具包,这种共享、共创、共赢精神,促进了程序设计甚至信息技术的发展。使用一门程序设计语言的人越多,产生的工具包也就越多,工具包和程序语言之间会产生良性、互相促进作用。Python 语言之所以这些年成为最流行语言之一,与鼓励大家开发并使用工具包的思维密不可分。每个程序设计人员可以自己开发工具包,这就需要进一步学习面向对象程序设计方法和思维。

6.2 学生学籍管理

通过学习第 5 章了解到,当一个程序比较庞大、复杂时,可以分解成为若干个函数,以更好地完成程序设计。如果一个程序庞大到函数和数据非常多,并且需要若干个人同时设计,很自然地就会对函数进行归类管理,根据功能或处理数据类型划分成较大程序模块,我们可以称之为类。程序处理的实体也往往比较复杂,可以称之为对象。这种面向对象的程序设计思维是当前应用程序、系统普遍采用的编程方式和技巧,下面我们先来看一个案例。

【例 6-3】 信息化已经成为当前社会各行各业的基本信息管理手段,校园信息化也不例外,在校园信息化中,有一个基本功能就是学生学籍管理。假设我们要设计一个具有学籍管理功能的软件,需要考虑如图 6-8 所示的三个数据对象,即教师、班级和学生,其中辅导员系列属于教师,但是又不同于教师(尽管现实中真正使用的系统要比这个复杂一些,但并不妨碍用这样一个简单案例来演示)。请设计一段程序,便于学籍管理系统后期对这些对象进行管理。

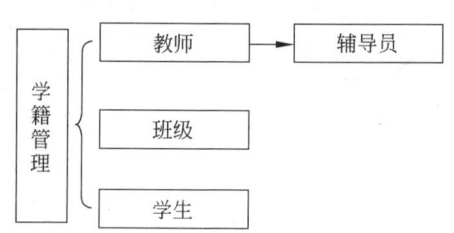

图 6-8 简单学籍管理系统中所包括的对象

设计思路:现在,已经简单地把学籍管理系统中的对象分为教师、班级和学生三个大类,那么,接下来要对这三类对象进行管理以及处理三类对象之间的关系。其主要分为三个方面:一是对该对象的属性的定义;二是对该对象管理行为的定义,三是对属性和行为的使用。

下面分别给出教师、学生和班级对象管理的实现示例。

(1)Teacher 类,实现教师对象管理。

```
class Teacher:
    def __init__(self, name, id):
        # 教师姓名和工号管理
        self.name = name
        self.id = id
        self.courseID = None
```

```
    # 设置教师上课课程
    def setCourse(self, courseID):
        self.courseID = courseID
    # 获取教师姓名
    def getName(self):
        return self.name
    # 获取教师工号
    def getID(self):
        return self.id
```

（2）Student 类，实现学生对象管理。

```
class Student:
    def __init__(self, name, id):
        # 学生姓名和学号管理
        self.name = name
        self.id = id
        self.courseID = None
    # 设置学生上课课程
    def selectCourse(self, courseID):
        self.courseID = courseID
    # 获取学生姓名
    def getName(self):
        return self.name
    # 获取学生学号
    def getID(self):
        return self.id
    # 显示所有课程分数
    def displayAllScore(self):
        pass
    # 计算个人平均分
    def computeAvg(self):
        pass
```

（3）AlldayClass 类，实现班级对象管理。

```
class AlldayClass:
    def __init__(self, name):
        # 班级管理
        self.name = name
        self.students = []
    # 添加学生
    def addStudent(self, s):
        self.students.append(s)
```

```
#    显示所有学生信息
def displayAllStudents(self):
    pass
#    显示所有学生所有课程分数
def displayAllStudentsScore(self):
    pass
#    班级平均分计算
def computeAvg(self):
    pass
```

程序分析：本程序并没有讲述教师、学生和班级这几个类的详细定义，而是借助这种描述建立教师、学生和班级这三个对象，并设定了这三个对象所具备的不同属性。例如，教师对象包括id、name、courseID，这些都是为了便于在后面程序中反复使用。类中不仅包括了属性，同时包括了一组函数getName( )、getID( )，这里并没有具体给出这些函数的功能，是为了方便在其他程序中再根据需求详细设计功能。也就是说，先把对象属性和方法（函数）定义好，然后在需要的地方使用即可，这种程序设计方法大大提升了程序设计效率，并且能够实现多人协同工作。下面我们从定义开始，详细介绍相关概念和方法。

6.2.1 面向对象编程基础

1. 对象

在例6-3学籍管理系统设计中，通过对客观世界中事物的归纳和抽象得到了三个对象（object）：教师、班级和学生，整个系统围绕这三个"对象"的"行为"来实现。由此得知，在面向对象程序设计中，可以将客观世界中的任何事物都看作对象。例如，在学籍管理系统中，我们可以把班级、学生、教师、辅导员教师统统看作不同对象。又如，也可以把图6-9中的交通工具看作不同对象。

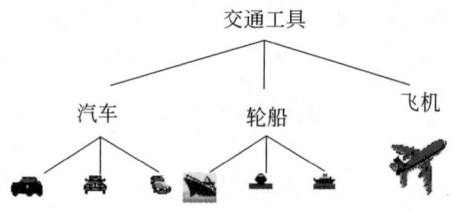

图6-9　交通工具对象

在现实社会中，对象是构成不同物体分类的基本单位；在一个软件中，对象就成为该软件系统的基本结构，代表着正在创建的系统中的一个实体。

1）使用对象的原因

对象的产生很自然，在第1章中我们讨论了软件与程序的关系，同时指出软件开发过程是一个复杂过程，需要很多人协同工作。为了使一个软件开发团队能够协同工作，必须将一个复杂软件分为若干个子模块，并且制定统一规则，大家可以分开开发，然后将不同模块组合到一起。

如例6-3中，假设有三个程序员，这样他们就可以分别开发教师、班级和学生功能，然后将这三个部分功能组合到一起，形成学籍管理系统。

对象使得复杂的软件系统简单化，可帮助人们构建大型软件系统，是程序向软件转变的根本。对象之所以能够做到这一点，是因为任何一个对象都具有两个要素，即属性

(attribute)和行为(behavior),不同对象具有不同属性和行为。例如,把班级和学生划分为两个不同对象,一个基本依据就是它们具有不同属性,班级和学生虽然都有"名称"这个属性,但是班级对象中"学生向量组"这个属性明显是学生对象不具备的,学生对象中"学号"属性也是班级不具备的,因此"班级"和"学生"是两个不同对象。而教师和学生对象虽然都有"姓名"和"编号"这种性质类似的属性,但是它们的行为不同,学生是选课,而教师是授课,因此它们也是不同的对象。

在图 6-9 中,交通工具对象也有不同分类,为什么摩托艇不属于汽车分类呢?这是因为它们属性不同,一个根本的区别是汽车在路上跑,而摩托艇则是在水上跑。同样道理,飞机和汽车、轮船也是不同对象。

借助于对象,把一个复杂系统中要处理的模型进行划分,使复杂问题简单化,在接下来的设计过程中,只需要处理好各个对象之间的关系,满足用户需求,就可以逐渐实现系统的功能。对象之间或者对象内部属性和功能的处理和实现,成为对象的"行为",在一些场合中也叫作"方法",实际上就是在对象内部定义的函数。如图 6-10 所示,教师、班级和学生之间有不同的关系,其中一种关系是教师管理某个班级,而学生则属于这个班级,这样教师、班级和学生之间就建立起一种关系;当然还可以通过课程判断教师和学生之间是否存在直接的教与学的关系。

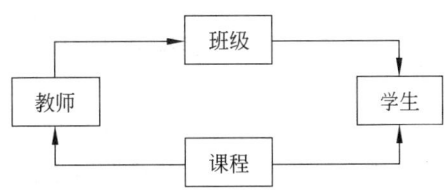

图 6-10 教师、班级和学生之间存在的关系

2)对象的获取方式

通过上述分析,我们了解到对象是设计一个复杂软件系统的基础。在设计软件时,首要问题是确定该系统是由哪些对象组成的,并且设计这些对象,通过对需求建立对象模型分析,从具体问题中抽象出可以用程序设计语言实现的对象模型。

通过抽象方法能够帮助从自然问题转换为计算机处理问题,抽象是将事物共同的、本质性的特征抽取出来,而抛弃一些外在差别。例如,张三和李四尽管有很多差异,但是他们都属于人的类别。还可以根据设计需要继续找一些共同点,比如都是教师或者都是学生,则属于教师和学生类;SUV 和轿车不同,但是都属于汽车,而战舰和运输舰也不同,但是都属于轮船范畴,可以把它们相同的属性抽象出来,放在一起。

对象模型通常表示静态的、结构化的系统数据性质,描述了系统静态结构,它是从客观世界实体对象关系角度来描述,表现了对象的相互关系。模型主要关心系统中对象的结构、属性和行为,并且通过对属性和行为的描述来明确问题需求,为用户和开发人员提供一个协商基础,作为后继设计和实现框架。

【例 6-4】 复杂系统对象分析过程举例。

在例 6-3 中,我们初步给出了一个简单学籍管理系统到对象的例子,但是这里的对象并不完整,实际上完整学籍管理系统要比这个复杂得多。要对一个真实学籍管理系统进行分析,获取对象模型,首先要把系统解决的问题进行描述,或者说是对系统所能够实现的功能进行描述。

假设要设计的学籍管理系统具有下述功能:能够对学校现有班级进行管理;对学生所属班级进行管理,并支持学生转班、转专业、升级和降级等;对学生所属宿舍进行管理,并支持学生更换宿舍；既可以指定学生课程，也可以由学生自主选择课程；为了满足学生课程需要，需要对教师基本信息进行管理，并简单介绍教师，要能够动态管理教师信息；要建立教师和课程之间的对应关系；教师要对学生成绩进行评定，能够按一定规则对评定后的成绩进行管理；教师分为几个类别，分别是管理员、辅导员和任课教师。

通过对系统的功能描述，可以得出系统必须要涉及以下对象：

（1）学校、班级、宿舍、学生、课程、教师、成绩；

（2）学校下辖不同学院或者系；

（3）课程有必修课程和选修课程；

（4）教师有管理员、辅导员和任课教师。

技巧：可以先选定某一个核心对象，然后找出与这个核心对象相关联的其他对象，这样就容易梳理了。在本例中，可以从学生开始进行分析，然后找出与之相关的对象。这样分析也有一个好处，如果发现某个对象不与其他对象相关，那么系统可能不需要这个对象。

确定好这些对象后，可以继续进行下一步分析，找出不同对象属性和对象之间的关联关系，从而逐步开展系统设计，因此对象分析和设计是系统设计的基础。

3）对象的特点

对象具有属性和行为，通过把复杂系统分解为不同对象，能够极大地简化系统设计过程，加速系统开发，对象具有以下特点。

（1）唯一性。每个对象的属性和行为不同，这种不同形成了对象之间的差异标识，每个对象都有自身唯一标识，通过这种标识可找到相应对象。在对象整个生命期中，它的标识都不改变，不同对象不能有相同标识。

（2）封装与信息隐蔽。可以对一个对象进行封装处理，把它的一部分属性和功能对外界屏蔽，也就是说从外界是看不到的，甚至是不可知的。这样做的好处是对于外界人员，只需要考虑对象提供的功能，不需要考虑对象是怎么实现这些功能的。

封装性（encapsulation）是面向对象程序设计方法一个重要特点，所谓封装，主要包括以下两个方面的含义。

① 将有关数据和操作代码封装在一个对象中，形成一个基本单位，各个对象之间相对独立，互不干扰。

② 将对象中某些部分对外隐蔽，即隐蔽其内部细节，只留下少量接口，以便与外界联系，接收外界消息。这种对外界隐蔽的做法称为信息隐蔽（imformation hiding）。

例如，在先行案例的学籍管理系统中，对于学生功能来讲，只需要提供教师的授课信息，而教师的姓名、年龄、薪资等其他信息，都被封装在教师对象内部；信息隐蔽还有利于数据安全，防止无关的人了解和修改数据。

（3）抽象。在对象设计和实现过程中，常用到抽象（abstraction）这一名词。抽象过程是将有关事物共性归纳、集中的过程。

在前面章节中阐述的数据类型，就是对一批具有同样性质事物的抽象。例如，字符类型是对字符归纳抽象，而整数类型则是代表了所有整数。同样，对象的抽象是对同类型事物归纳分析，如一个三角形可以作为一个对象，10个不同尺寸的三角形是10个同一类型对象。因为这10个三角形有相同属性和行为，可以将它们抽象为一种类型，称为三角形对象。

（4）继承与重用。如果在软件开发中已经建立了一个名为 A 的"对象"，又想另外建立一个名为 B 的"对象"，而后者与前者内容基本相同，只是在前者的基础上增加一些属性和行为，只需在 A 类的基础上增加一些新内容即可。这就是面向对象程序设计中的继承机制。

利用继承可以简化程序设计步骤："管理员""辅导员"和"任课教师"继承了"教师"的基本特征，又增加了新的特征，形成不同对象，"教师"是父类，或称为基类，"管理员""辅导员"和"任课教师"是从"教师"派生出来的，称为子类或派生类。

（5）多态性。如果有几个相似而不完全相同的对象，有时人们要求在向它们发出同一个消息时，它们的反应各不相同，分别执行不同操作，这种情况就是多态现象。

例如，在 Windows 环境下双击一个文件对象（这就是向对象传送一个消息），如果对象是一个可执行文件，则会执行此程序；如果对象是一个文本文件，则启动文本编辑器并打开该文件。

2. 类

要学会面向对象程序设计，必须了解什么是类，对于初学者来讲，一下子很难搞清楚什么是类。通俗来讲，每个类包含一组操作数据、数据说明和相关函数，从一定角度讲类是对函数的分类。

类中包含生成对象的具体方法，由一个类所创建的对象称为该类的实例。

通过了解类与对象之间的关系，可以帮助我们掌握类，从某个角度可以说对象是自然界存在的，通过对现实问题的抽象获取，而类是计算机语言描述对象的方法。

一般来讲，一个对象对应着一个类，对象中属性和行为在该类中定义；但是一个类可以对应很多个对象中相同属性和行为特征，类也可以不对应对象。

先行案例中的 Teacher、Student 和 AlldayClass 是三个不同类，在这三个类之前用 class 说明，在一些面向对象语言中，class 是用来说明类的关键字。

【例 6-5】 用类的方法来定义学生对象。

程序代码如下：

```python
class Student:
    def __init__(self, name, no, age):
        # 学生基本信息管理
        self.name = name
        self.no = no
        self.age = age
    # 显示学生基本信息
    def display(self):
        print('no: ', self.no, '; name: ', self.name, '; age: ', self.age)
# 定义两个 Student 的对象 stud1 和 stud2
stud1 = Student('张同学', 1, 20)
stud2 = Student('李同学', 2, 21)
```

这里的 Student 是定义好的一个类，而如果通过 Student 类来定义 stud1 和 stud2，stud1

和 stud2 就不是一个数据类型，而是一个实例化的类对象。

可以看到定义类的方法，特别是类成员的定义方式与字典"键值对"方式有些相近，但是类和字典不同，类除了包含成员变量外，还包含功能函数，具有更高的灵活度。

可以用一种叫作 UML 的工具对类进行简单描述，关于 UML 的技术非常复杂，这里只是简单介绍如何描述一个类，一个类可以用图 6-11 表示。

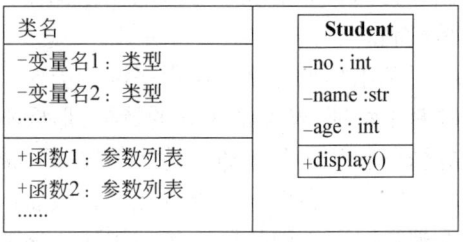

图 6-11　UML 类图和类 Student 的表示

面向对象程序设计主要是对类的设计，包括类数据和成员函数。类的数据是单独的，但是成员函数需要从不同对象中抽象出来，因此我们希望将类中的变量和定义与外界隔离，而把类中的成员函数对外公开，以方便其他类进行调用。这样我们就可以把例 6-3 中部分代码改写如下。

【例 6-6】　类中的私用和公用。

程序代码如下：

```python
class Student:
    def __init__(self, name, no, place, age):
        # 学生基本信息管理
        self.name = name
        self.no = no
        self._place = place            # 成员前面加"_"表示是受保护成员
        self.__age = age               # 成员前面加"__"表示是私有成员
    # 定义私有函数
    def __get_age(self):
        return self.__age
    # 通过属性装饰器定义属性并使其受保护
    @property
    def place(self):
        return self._place
    @place.setter
    def place(self, placei):
        self._place = placei
    # 显示学生基本信息
    def display(self):
        print('no: ', self.no, '; name: ', self.name, '; place: ', self.place, '; age: ', self.__age)
    # 显示学生年龄
    def display_age(self):
        print('age: ', self.__get_age())
# 定义 Student 的对象
stud1 = Student('张同学', 1, '山东', 20)
stud1.display()                        # 调用成员函数，显示基本信息
```

```
stud1.display_age()              # 调用成员函数，显示年龄信息
print(stud1.name)                # 显示姓名
print(stud1.no)                  # 显示学号
stud1.place = '河南'              # 通过受保护的属性函数来更新受保护成员
print(stud1.place)               # 通过受保护的属性函数来显示位置
print(stud1.__age)               # 显示年龄，由于是私有成员，会报错
print(stud1.__get_age)           # 获取年龄，由于是私有成员函数，会报错
```

可以发现，类的数据成员与函数成员默认是公共的（public），也可通过加前缀的方式来声明成员访问控制类型。

（1）由一个下画线开头的前缀"_"来声明为受保护的（protected）。

（2）由两个下画线开头的前缀"__"来声明为私有的（private）。

它们描述了对类成员的访问控制。

1）公共的

Python 类中默认把变量声明为公共类型，那么软件中其他部分就可以通过对象直接访问，这些相应信息也可以在别的地方使用。公共变量和类型相当于全局变量，这在软件中一般是不提倡使用的。但是我们希望如果有一个人写了行为（方法），其他人在使用的时候仍然可以调用，因此行为和方法一般是公共的，当然如果你的方法只能由你自己使用，你也可以将其私有化。

2）私有的

Python 类中可把变量声明为私有的，对象必须要调用专用的方法才能够得到。这样每个对象只处理自己的变量，避免了变量冲突，也避免了数据公开，实现了数据保护。

3）受保护的

这个属性在类继承中使用，关于继承的知识超出了本书讨论范围，感兴趣的读者可通过专门介绍面向对象语言书籍进行学习。

为了实现数据封装，提高数据安全性，我们一般会把类的属性声明为私有的，而把类的方法声明为公共的。这样，对象能够直接调用类中定义的所有方法，当对象想要修改或得到自己的属性时，就必须调用已定义好的专用方法。

通过上述描述，我们可得到其一般形式如下：

```
class 类名：
    类体代码
```

其中，类名为有效标识符，一般以大写字母开头进行定义；类体代码类似函数体的定义方式，依然由按缩进规则代码块来实现，包括数据成员（属性）与函数成员（方法）。在使用类时，要注意以下几点。

（1）类名定义应遵循命名约定，具有一定语义含义；一个文件能定义多个类，比较复杂的类定义建议用单个文件专门存储，并且文件名与类名保持一致，便于调用。例如，在先行案例中给出的三个类，即 Teacher、AlldayClass 和 Student 可存放于同一个文件中进行定义。

（2）类内定义的变量和成员函数（行为）可以在其他地方使用，但要通过具体对象来调用。

例如，在程序中使用对象的属性和方法：

```
# 定义了两个 Student 类的对象
stud1,stud2 = Student('张同学', 1, '山东', 20), Student('李同学', 2, '北京', 21)
# 假设 no 已定义为公用的整型数据成员
stud1.no=1001
```

表示将整数 1001 赋给对象 stud1 中的数据成员 no。其中"."是成员运算符，用来对成员进行限定，指明所访问的是哪一个对象中的成员。

不仅可以在类外引用对象的公用数据成员，而且可以调用对象的公用成员函数，但同样必须指出对象名，例如：

```
stud1.display()    # 正确，调用对象 stud1 的公用成员函数
display()          # 错误，没有指明是哪一个对象的 display 函数
```

应该注意所访问的成员是公用的还是私有的，在类以外的程序中，只能访问 public 成员，而不能访问 private 成员，如果已定义 no 为私有数据成员，下面的语句是错误的：

```
stud1.no=10101     # no是私有数据成员，不能被外界引用
```

（3）无论是 Python、C++ 还是 Java，都提供了丰富的类库文件，程序员可以通过调用类库文件来完成程序设计，大大缩减程序开发时间，程序员应该尽量熟悉类库文件，而不是自己开发所有功能。设计人员也可以自己累积通用类，像零件一样嵌入不同软件系统中，通过日积月累也可缩减软件开发周期。

6.2.2 面向对象编程应用

随着软件规模的迅速增大，即使采用了面向对象的软件开发方法，软件人员面临的问题仍然十分复杂。需要规范整个软件开发过程，明确软件开发过程中每个阶段的任务，在保证前一个阶段工作正确性的情况下，再进行下一阶段工作。面向对象软件开发设计过程可以包括以下几个部分。

1. 面向对象分析

对软件系统进行分析，设计人员对用户需求做出精确分析和明确描述，归纳出要解决的问题。根据要解决的问题，按照面向对象的概念和方法，从对任务的分析中，根据客观存在的事物之间的关系，归纳出有关对象（包括对象的属性和行为）以及对象之间的联系，并将具有相同属性和行为的对象用一个类（class）来表示。

2. 面向对象设计

根据面向对象分析阶段形成的需求模型，对每一部分分别进行具体设计，首先是进行

类的设计，类的设计可能包含多个层次（利用继承与派生）。然后以这些类为基础提出程序设计的思路和方法，包括对算法的设计。在设计阶段，并不牵涉某一种具体的计算机语言，而是用一种更通用的描述工具（如伪代码或流程图）来描述。

3. 面向对象编程

根据面向对象设计结果，用一种计算机语言把它写成程序，显然应当选用面向对象的计算机语言，否则无法实现面向对象设计要求。

4. 面向对象测试

在写好程序后交给用户使用前，必须对程序进行严格测试。测试目的是发现程序中的错误并改正它。面向对象测试是用面向对象的方法进行测试，以类作为测试的基本单元。

5. 面向对象维护

因为对象能够被封装，修改一个对象对其他对象影响很小。利用面向对象方法维护程序，大大提高了软件维护效率。

现在设计一个大型软件，是严格按照面向对象软件工程 5 个阶段进行的，这 5 个阶段的工作不是由一个人从头到尾完成，而是由不同的人分别完成。这样，面向对象编程阶段的任务就比较简单了，程序编写者只需要根据面向对象设计提出的思路用面向对象语言编写出程序即可。在一个大型软件开发中，面向对象编程只是面向对象开发过程中一个很小部分。如果所处理的是一个较简单问题，可以不必严格按照以上 5 个阶段进行，往往由程序设计者按照面向对象的方法进行程序设计，包括类设计（或选用已有的类）和程序设计。

【例 6-7】 为了便于在学籍管理系统中录入学生报道时间信息，请定义一个 FormatTime 类，可通过输入三组合适的数字来设置时、分、秒这三个时间数据成员，最后按照时间格式输出。

设计思路：按照面向对象设计原则，为了便于在整个软件中反复使用该功能，创建一个 FormatTime 类对象，并设置了时、分、秒三个成员，然后对类中成员赋值，即可实现该功能。

程序代码如下：

```
# 定义 FormatTime 类
class FormatTime:
    hour = 0
    minute = 0
    sec = 0
# 定义 FormatTime 对象
t1 = FormatTime()
# 输入时间
t1.hour = int(input('请输入时:'))
t1.minute = int(input('请输入分:'))
t1.sec = int(input('请输入秒:'))
# 输出时间
print(t1.hour,':',t1.minute,':',t1.sec)
```

运行结果如图 6-12 所示。

```
D:\ProgramData\Anaconda3\python.exe C:\code\chapter6\code_6_7.py
请输入时: 12
请输入分: 11
请输入秒: 16
12 : 11 : 16

Process finished with exit code 0
```

图 6-12 例 6-7 运行结果

程序分析：程序运行时先创建一个 FormatTime 类，提示输入数值，并将输入内容存储到类对象的成员中，然后将其按格式输出，并通过 input 输入各个数据成员，最后按照时间格式输出。因为这是一个简单的类成员定义和使用的案例，所以并没有对输入格式进行限制，默认输入是正确的并且能够转换为时间格式数字。通过这个时间类可以有效地将时间按时、分、秒进行组合，便于在学籍信息系统中对学生报道时间进行录入和管理。

例 6-7 中通过关键字 class 定义了一个 FormatTime 类，实现定义三个变量功能，这样做是为了方便后面程序的使用。我们可以简单比较一下这个类和字典数据类型，如果在程序中定义一个包含同样字段的字典对象，也可以实现。在程序中，使用 FormatTime 类来定义一个变量 t1，t1 变量类型是一个类，这个类是由用户自己定义的。这样做使整个程序非常灵活，因为类中不仅有变量，还有函数，都可以通过用类来定义的变量进行引用。

注意：

（1）在引用数据成员 hour、minute、sec 时不要忘记在前面指定对象名。

（2）不要错写为类名，如写成 FormatTime.hour、FormatTime.minute、FormatTime.sec，这样是不对的。因为类是一种抽象的数据类型，并不是一个实体，也不占存储空间，而对象是实际存在的实体，占存储空间，其数据成员是有值的，可以被引用。

（3）如果删去程序的 3 个输入语句，即不向这些数据成员赋值，则它们的值自动使用类定义时设置的默认值。

【**例 6-8**】为了便于学籍管理系统中有关时间差的计算，我们需要开发一个能表示一天内时间的类，名字为 Time24，预留相应的接口，可以在其他地方调用，如计算车辆停留计费、判断是否属于自习室开放时间和是否属于休息时间等功能，程序代码如下：

```python
# 定义类
class Time24:
    def __init__(self, h=0, m=0):
        # 小时
        self.hour = h
        # 分钟
        self.minute = m
    # 预留接口，读取时间
    def readTime(self):
        pass
    # 预留接口，打印时间
```

```python
    def writeTime(self):
        pass
    # 预留接口，添加时间
    def addTime(self, m):
        pass
    # 计算时间差异
    def duration(self,t):
        # 结束时间：分
        m1 = t.getHour()*60 + t.getMinute()
        # 开始时间：分
        m2 = self.hour*60 + t.minute
        # 时间差异：分
        m = (m1-m2)%60
        # 时间差异：小时
        h = (m1-m)/60
        # 重新生成计时对象
        s = Time24(h, m)
        return s
    # 获取小时
    def getHour(self):
        return self.hour
    # 获取分钟
    def getMinute(self):
        return self.minute
    # 预留接口，时间格式化
    def normalizeTime(self):
        pass
# 计费单位
PERHOUR_PARKING = 6.00
# 定义进入时间、退出时间、时间差对象
enterGarage = Time24()
exitGarage = Time24()
parkingTime = Time24()
# 设置时间
print("Enter the times the car enters and exists the garage: ")
enterGarage.readTime()
exitGarage.readTime()
# 计算差异时间
parkingTime = enterGarage.duration(exitGarage)
# 对应到小时
billingHours = parkingTime.getHour() + parkingTime.getMinute()/60.0
# 显示详情
print("Car enters at: ")
enterGarage.writeTime()
print("Car exits at: ")
```

```
exitGarage.writeTime()
print("Parking time: ")
parkingTime.writeTime()
#   显示计费结果
print("Cost is ", billingHours * PERHOUR_PARKING)
```

程序开头定义了一个 Time24 类，这个类中包括一系列的方法，readTime( ) 方法对外设输入的时间进行初步处理，返回处理好的数据；addTime( ) 方法则对时间进行处理，以便于在主函数中进行调用；writeTime( ) 则是实现向外界输出时间。注意通过 pass 将这三个函数暂时设定为空函数，可以按照业务逻辑进行功能完善。

在 Time24 类中，除了上述方法以外，还定义了 normalizeTime( ) 方法，功能是将输入的时间进行格式转换，将输入的符合条件的数字转换为时间格式，以方便按时间进行计算。在程序中，enterGarage、exitGarage、parkingTime 是通过 Time24 类定义的三个实例化的对象，通过对这些对象的反复调用来实现预期的功能。整个程序对类的定义和使用进行演示，侧重解析类似问题的解决方案，类中的方法没有具体实现。

注意：如图 6-13 所示，例 6-8 明显比例 6-7 复杂一些，例 6-8 中定义的 Time24 类无法用字典变量来取代，因为这个类中除了变量，还定义了函数，这些在结构化程序设计中实现起来比较麻烦，而采用面向对象方法，则能较为方便地实现各个功能模块。

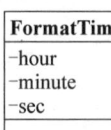

图 6-13 Time24 类和 FormatTime 类比较

【**例 6-9**】学籍管理系统的进一步研究。

前面两个例子演示了主函数调用类模块的属性（变量）和行为（函数），下面在本章开篇先行案例基础上，进一步讨论一下类之间的关系。

一个广义的学籍管理系统采用面向对象模块化设计方法，可以划分为若干个模块，如课程管理模块、成绩管理模块、籍贯管理模块、德育评价模块等，具体可参见图 6-14。以

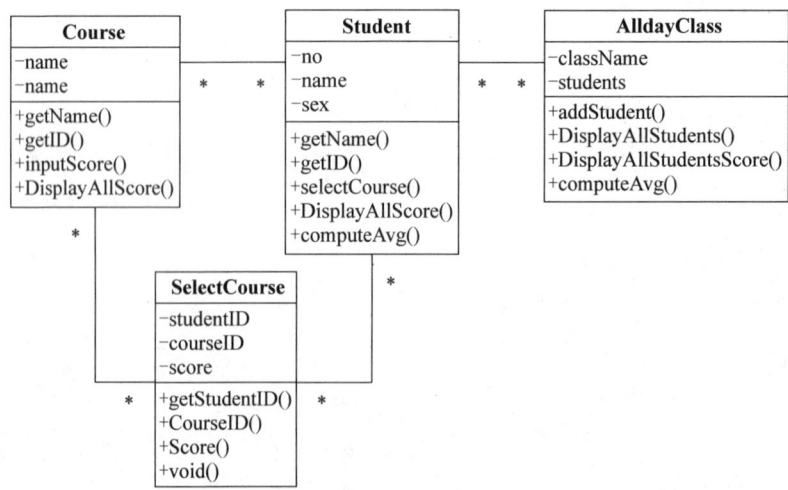

图 6-14 Course、AlldayClass、Student 和 SelectCourse 类

课程管理模块为例进行分析,这个模块至少要包括两个基础类,即课程类和学生类,来管理学生和课程两个对象的基本属性和行为。

程序代码如下:

```python
# 课程类
class Course:
    def __init__(self, name, id):
        # 名称
        self.__name = name
        # 编码
        self.__id = id
    # 获取名称
    def getName(self):
        return self.__name
    # 获取编码
    def getID(self):
        return self.__id
    # 定义接口,录入课程成绩
    def inputScore(self):
        pass
    # 定义接口,显示所有选课学生的成绩
    def DisplayAllScore(self):
        pass
# 学生类
class Student:
    def __init__(self, name, id):
        # 名称
        self.__name = name
        # 编码
        self.__id = id
    # 获取名称
    def getName(self):
        return self.__name
    # 获取编码
    def getID(self):
        return self.__id
    # 定义接口,选择课程
    def selectCourse(self, course_id):
        pass
    # 定义接口,显示所有课程的分数
    def displayAllScore(self):
        pass
    # 定义接口,计算个人平均分
    def computeAvg(self):
```

```python
        pass
# 全日制班级类
class AlldayClass:
    def __init__(self, name):
        # 名称
        self.__name = name
    # 定义接口，添加一个学生
    def addStudent(self, stu):
        pass
    # 定义接口，显示所有学生信息
    def displayAllStudents(self):
        pass
    # 定义接口，显示所有学生所有课程分数
    def displayAllStudentsScore(self):
        pass
    # 定义接口，计算班级平均分
    def computeAvg(self):
        pass
# 选课类
class SelectCourse:
    def __init__(self, sid, cid):
        # 学生 ID
        self.studentID = sid
        # 课程 ID
        self.courseID = cid
        # 分数
        self.score = 0
    # 获取学生 ID
    def getStudentID(self):
        return self.studentID
    # 获取课程 ID
    def getCourseID(self):
        return self.courseID
    # 获取课程分数
    def getScore(self):
        return self.score
```

系统包括以下四个基本定义类。

（1）Course 类。基本属性是课程名称和课程编码。给定课程名称和课程编码。提供读取函数以获得课程的名称和编码。但不允许修改课程名称和课程编码（只能删除实例再构造新的实例）。

（2）Student 类。基本属性是学生姓名和学号，给定课程名称和课程编码。提供读取函数，不提供修改函数。

（3）AlldayClass 类。基本属性是班级名称。

（4）SelectCourse 类。基本属性是学生 ID、课程 ID 和分数。

注意：学生除了要与课程建立关系以外，还需要和教师、宿舍管理员、图书馆等建立关系，通过对学生对象的分析，可以得到一个逐步扩大的对象圈，逐步地实现与学生相关的校园信息管理系统。

6.2.3 面向对象编程拓展

1. 类的封装、继承、多态

面向对象程序设计的基本特点包括：封装（encapsulation）、继承（inheritance）、多态（polymorphism），如果考虑到程序设计初期对问题进行分析和建模的过程，则还包括抽象等特点。通过面向对象程序设计，可以提高程序开发可靠性、可复用性和可维护性，也从一定程度上提高了程序可读性和软件协同开发效率。

1）封装

封装是面向对象主要特性之一，从字面上来看有"包装"的含义，既可通过将数据属性和操作方法封装到一起来形成对应的类对象，还可通过设置访问权限控制来对内部成员进行私有化，达到隐藏数据和操作的目的。因此，通过类的封装可提高数据和操作的安全性，避免无关人员或程序的越权操作。

封装是对对象独立性和完备性的支撑，将数据和方法组合为一个独立完备的单位，对外可隐藏内部处理细节，用户无须关注内部处理逻辑和实现代码，只需根据公开接口或属性来进行访问，这样便于统一维护和升级。

2）继承

继承是面向对象程序开发的重要概念，是设计复用和代码复用的主要方法，可通过继承复用已有类来允许访问属性和方法，并可在无须改写的情况下根据需要对功能进行拓展，减少开发工作量并提高基础功能维护效率。

继承是对象拓展性的基础，将已有的、被继承的类称为"父类"或"基类"，新设计的、继承得到的类称为"子类"或"派生类"。根据类访问权限，子类可以继承父类的共有成员，但不能继承父类的私有成员；在子类中访问父类公开的成员可通过内置函数"super( )"或"父类名 . 成员名"方式来实现。

例如，Person 是人员类，Student（学生）类可继承于 Person 类，Teacher（教师）类也可继承于 Person 类。这里的 Person 就是基类，Student、Teacher 就是派生类。因此，可以说学生或教师是人员，但反过来说人员是学生或教师是不准确的，因为人员还可能是程序员、医生或其他人员。

3）多态

多态是面向对象程序的重要特性，直接从字面上来看有"多种表现形态"的含义。多态是将数据和方法进行封装以成为独立体，不同独立体之间通过继承建立派生关系，进而产生多态机制。因此，面向对象的封装和继承是实现多态的必要条件。

派生类通过继承可以自动获得基类能访问到的数据和方法，而派生类自身也可以定义自身同名数据和方法。因此，通过派生类得到的对象可能会面对两种情况：派生类的类型、基类的类型，这里对象的多类型即可称为多态。通过多态使对象能以自己的方式来决定如何对同一消息做出响应,即可以根据处理对象的不同针对同一消息采用不同的实现策略。所以,通过多态能允许用户以更大覆盖面来进行功能设计,进一步提高面向对象程序设计通用性和可维护性。

例如,Shape 是图形类,Rectangle(长方形)类可继承于 Shape 类,Circle(圆形)类也可继承于 Shape 类。这里的 Shape 就是基类,Rectangle、Circle 就是派生类。假设在 Shape、Rectangle 和 Circle 中都定义了计算图形面积的方法 get_area( ),则我们可以定义一个基类 Shape 的集合,其元素可指向派生类 Rectangle、Circle,进而可通过统一的循环来调用 get_area( ) 进行面积计算,实际调用时采用的是派生类的面积计算方法,这就是多态性的一个应用。如果需要进行软件升级,如增加 Triangle(三角形),则只需要继承积累 Shape 并实现对应的面积计算方法即可。

【例 6-10】 设计基类 Shape,派生类 Rectangle(长方形)、Circle(圆形)和 Triangle(三角形),计算不同图形的面积,并统一存储到列表并进行输出。

设计思路:利用面向对象程序设计的封装、继承和多态的特点,设计基类、派生类,并按照对应图形的面积计算方法定义成员函数,实现面积计算,最后将结果统一到基类 Shape,遍历输出结果。

程序代码如下:

```python
import math
# 基类:Shape
class Shape:
    def __init__(self, name, area):
        self.name = name
        self.area = area
    # 计算面积
    def get_area(self):
        pass
    # 显示结果
    def display(self):
        print('{}的面积为:{:.1f}'.format(self.name, self.area))
# 派生类:Rectangle
class Rectangle(Shape):
    def __init__(self, name, w, h):
        self.name = name
        self.w = w
        self.h = h
    # 计算面积
    def get_area(self):
        area = self.w * self.h
        return area
# 派生类:Circle
class Circle(Shape):
    def __init__(self, name, r):
        self.name = name
```

```
        self.r = r
    # 计算面积
    def get_area(self):
        area = math.pi*self.r**2
        return area
# 派生类：Triangle
class Triangle(Shape):
    def __init__(self, name, a, b, c):
        self.name = name
        self.a = a
        self.b = b
        self.c = c
    # 计算面积
    def get_area(self):
        p = (self.a+self.b+self.c)/2
        area = math.sqrt(p*(p-self.a)*(p-self.b)*(p-self.c))
        return area
# 初始化列表
shapes = []
# Rectangle 对象
a = Rectangle('长方形', 10, 12)
# 对应到基类
shapes.append(Shape(a.name, a.get_area()))
# Circle 对象
b = Circle('圆形', 5)
# 对应到基类
shapes.append(Shape(b.name, b.get_area()))
# Triangle 对象
c = Triangle('三角形', 7, 9, 10)
# 对应到基类
shapes.append(Shape(c.name, c.get_area()))
# 遍历显示面积
for s in shapes:
    s.display()
```

运行后可得到对应的图形面积，具体结果可参见图 6-15。

```
D:\ProgramData\Anaconda3\python.exe C:/code2/chapter04/code4_39.py
长方形的面积为：120.0
圆形的面积为：78.5
三角形的面积为：30.6
```

图 6-15 例 6-10 运行结果

2. 类的特殊属性和方法

Python 类对象包括众多的特殊属性和方法，提供了丰富功能，一般以双下画线开始和结束进行标识,下面列举了一些常用特殊属性和方法。

1)`__init__`

构造函数,在生成对象时自动调用。

```
>>> class MyClass:
...     def __init__(self):
...         print('调用了__init__函数')
...
>>> a = MyClass()
调用了__init__函数
```

2)`__del__`

析构函数,在销毁对象时自动调用。

```
>>> class MyClass:
...     def __del__(self):
...         print('调用了__del__函数')
...
>>> a = MyClass()
>>> del(a)
调用了__del__函数
```

3)`__dict__`

类的属性字典,显示公开的属性信息。

```
>>> print(str.__dict__)
{'__repr__': <slot wrapper '__repr__' of 'str' objects>, '__hash__':
<slot wrapper '__hash__' of 'str' objects>, '__str__': …
```

4)`__class__`

对象所属的类,显示对应的类名称。

```
>>> a = '123'
>>> print(a.__class__)
<class 'str'>
```

5)`__bases__` 或 `__base__`

类的基类,显示对应的基类元组或基类信息。

```
>>> print(str.__bases__)
(<class 'object'>,)
>>> print(str.__base__)
<class 'object'>
```

6）__name__

类的名称，显示类的名称字符串。

```
>>> print(str.__name__)
str
>>> print(int.__name__)
int
```

7）__subclasses__

类的子类信息，显示对应的子类列表。如例 7-10，在定义了基类 Shape，派生类 Rectangle（长方形）、Circle（圆形）和 Triangle（三角形）后，可显示基类 Shape 的子类列表。

```
>>> print(Shape.__subclasses__())
>>> [<class '__main__.Rectangle'>, <class '__main__.Circle'>, <class '__main__.Triangle'>]
```

本小节列出了面向对象程序设计中一些常用的特殊属性和方法，限于篇幅还有很多其他的方法没有列出，感兴趣的读者可以参考 Python 的官方网站。

本章学习了如何使用更多内置函数和管理更多的自定义函数，接触到面向对象设计这种高级程序设计方法，帮助初学者逐步向高级程序设计人员递进。面向对象程序设计就是把自然问题分成对象表示，然后通过类来实现，这种设计方法最大优点是提高了程序设计效率。一方面能够将复杂的问题分解成若干个子问题，便于团队进行设计；另一方面可以反复调用对象、行为，一次设计、多次使用，避免重复设计。至此，Python 程序设计基础知识都已经学习完毕，下面我们通过几个实战项目进一步熟悉 Python 语言的使用，可以不考虑这些实战项目的先后顺序，根据自身情况选择学习。

6.3 实践训练

1. 某医院需要一个体温曲线程序，显示病人两周内的体温变化情况，请使用 Matplotlib 绘制一条体温曲线图，根据输入的两周内体温形成一条体温曲线。

2. 某餐厅想要统计一周内顾客消费的分布情况，请使用 Matplotlib 绘制一张柱状图，顾客消费数据由键盘输入。

3. 某大学需要对不同专业的毕业生就业情况进行分析，请设计一个课程类来存储课程信息和学生信息，并实现计算就业率的方法。

4. 某电商想要对商品的销售情况进行分析，请设计一个商品类来存储商品信息和销售信息，并实现计算销售额和销售排行的方法。

5. 某电影公司想要对电影的票房进行统计，请设计一个电影类来存储电影信息和票房信息，并实现计算票房排名和票房分布的方法。

第2部分 综合实训

综合实训 1　课堂电子考勤软件

知识目标

- 理解可视化程序的基本概念；
- 熟悉 GUI 程序设计开发的过程，理解"所见即所得"的概念；
- 掌握 Python 中常用的窗体、控件和事件；
- 熟悉窗口编程及功能调试的方法；
- 熟悉课堂电子考勤软件的开发过程，了解相关功能模块的实现细节。

综合实训 1　课堂电子考勤软件

实践目标

- 能够熟练使用 PyCharm 进行可视化程序设计；
- 能够编写、调试 Python 程序中的窗体、控件和事件函数；
- 能够熟练建立工程，并成功运行课堂电子考勤软件；
- 能够运用可视化编程知识完成工单任务。

素养目标

- 培养软件工程的科学思维及创新思维；
- 养成严谨认真、精益求精的软件工匠精神；
- 培养团队协作、有效沟通的能力；
- 树立服务社会、不断创新的企业家精神。

任务 7.1　填写项目确认单

1. 任务目标

我们采用经典的"瀑布模型"进行设计，即将课堂电子考勤软件的开发过程分为制订计划、需求分析、软件设计、程序编写、软件测试和运行维护六个基本活动过程，并且规定了它们自上而下、相互衔接的固定次序，如同瀑布流水，逐级下落。这里我们省略了一些商务方面步骤（可行性分析、需求沟通等），将精力集中在软件开发过程中，整个项目从项目确认单开始。

本项目主要是实现课堂考勤软件开发，因此项目确认单的"功能描述"部分简要描述了考勤软件所具备功能，项目确认单中"拓展功能"部分，是在完成了基本功能开发的基础上进一步提出更多功能,进行实践开发训练。

2. 任务要点

本任务要点包括以下几条。

(1) 软件开发流程。项目确认单的填写需要充分考虑需求、开发环境和技术等因素。

(2) 功能分析。通过项目确认单填写,学会对现实需求进行分析,并整理成软件功能。

(3) 技术分析。在确认相关功能时,要根据所掌握技术和开发能力,确保功能能够全部被设计出来。

3. 任务实施

经过分析整理,初步得出待开发课堂电子考勤软件功能,如表 7-1 所示,请读者参考。

表 7-1 课堂电子考勤软件项目确认单

软件名称	课堂电子考勤软件		
开发人		开始、结束时间	
功能描述	课堂电子考勤软件主要面向班级考勤管理需求,通过加载学生"班级花名册"并进行点名的方式来完成考勤管理工作,主要的功能模块可概括如下。 1. 加载学生"班级花名册" 支持统一"班级花名册"文件的格式,用户可根据实际情况配置学生的"班级花名册"文件,软件需兼容不同班级的同格式"班级花名册"文件。 2. 统计学生分布 能够对学生情况进行基本的统计,了解班级整体的学生情况。 3. 顺序考勤 支持按照"班级花名册"顺序,依次对学生进行"点名",确保对班级同学的全覆盖。 4. 随机考勤 支持对"班级花名册"数据的随机抽取,能够实现对学生的随机"点名",通过随机选择部分同学进行"点名"的方式来节省考勤时间。 本次任务要求根据本班级的人名生成"班级花名册"文件,运行课堂电子考勤软件,完成以下内容。 (1) 生成"班级花名册"文件。 (2) 运行课堂电子考勤软件,了解程序功能。 (3) 加载"班级花名册"文件,查看运行效果。 (4) 在不同模式下进行"点名",查看运行效果。 (5) 分析不同点名模式的功能,掌握随机点名的实现方法		
拓展功能			
签字			

4. 任务总结

本次任务通过填写项目确认单,了解本项目的基本背景和应用目标,并对项目需求进行分析,整理出项目需要开发的具体功能,是项目进行下一步的基础。

任务 7.2 环 境 搭 建

1. 任务目标

通过功能分析,可以发现项目不涉及复杂硬件环境搭建,具体软件环境可概括为可视化编程环境和协同编程环境两部分。可视化编程环境主要是指 Python 的 Tkinter 框架,用于支撑软件的界面化开发;协同编程环境主要是指 GitHub,用于项目组的多人协同开发和代码管理。本次任务目标是在 PyCharm 基础上,完成可视化编程环境和协同编程环境搭建。

2. 任务要点

1)搭建可视化编程环境

可视化程序设计是由开发环境提供标准的基础"控件",程序设计人员只需要根据需求,通过使用控件来完成界面设计即可,这大大提高了程序设计效率。程序设计人员不必花费大量时间用于界面设计,而是集中精力完成功能设计。例如,图 7-1 给出了常见的网页设计工具 Dreamweaver,这是一个非常典型的可视化程序设计工具,能够帮助网站开发人员快速完成页面设计工作。

图 7-1 Dreamweaver 可视化界面

可视化程序设计具有所见即所得、方便快捷等优点,因此大部分程序设计语言都支持可视化程序设计,但是在进行可视化程序开发时,一般需要花点时间额外配置可视化环境,以支持可视化程序开发。

2)搭建协同编程环境

在前面章节已经提到过,规模比较大的程序往往需要多个人配合开发。程序设计人员要学会团队协作,熟悉与团队成员一起分工合作方式和方法。有一些软件专门用于协同软件开发,GitHub 是一个面向开源的私有软件托管平台,广泛应用于版本管理和团队协作等场景,由于它只支持 Git 作为唯一的版本库格式进行托管,因此命名为 GitHub。因为提供代码分布式托管服务、支持团队协作和辅助工具丰富，GitHub 已成为国内外软件开发人员最常用的代码托管平台之一。本书介绍了如何使用 GitHub 实现项目协同开发。

3. 任务实施

1）搭建可视化环境

Python 支持多个开发框架，包括 PyQT、PyGtk、wxPython、IronPython、Jython 和 tkinter 等，也可与第三方库进行集成使用，具有较高的可拓展性。tkinter 是目前应用较多的可视化框架，支持跨平台使用，具有简单实用的特点，如图 7-2 所示。Python 自带的 IDLE 就是基于 tkinter 框架开发的，呈现出简洁高效的设计风格。下面以搭建 tkinter 开发框架为例说明如何用 Python 进行可视化程序设计。

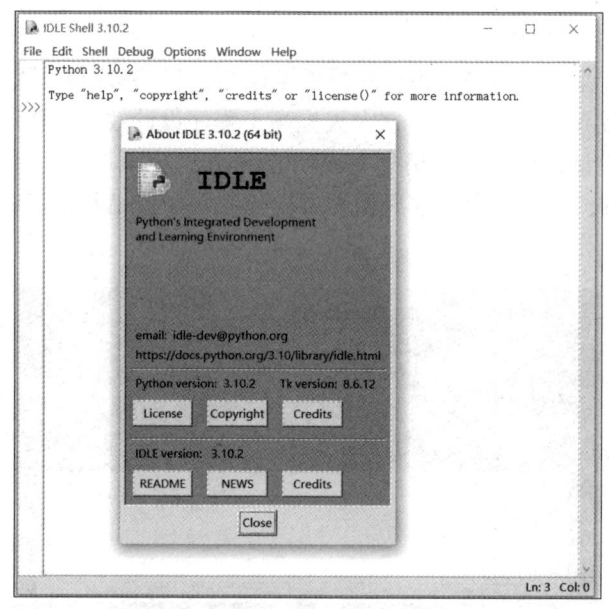

图 7-2 Python 自带的 IDLE 软件

在 Python 中使用 tkinter 框架进行可视化开发非常简单，只需在程序中采用以下三种方法中的一种引入 tkinter 框架即可。

（1）import tkinter。直接导入 tkinter 框架，在程序中可通过"tkinter."进行调用。

（2）import tkinter as tk。导入 tkinter 框架并设置为 tk，在程序中可通过"tk."进行调用。

（3）from tkinter import *。导入 tkinter 框架的所有内容，在程序中可直接调用。

tkinter 框架主要包括 _tkinter、tkinter.constants 和 tkinter 等模块。其中，_tkinter 模块是二进制形式的扩展模块，提供了 Tk 低级接口，一般不直接用于应用程序开发；tkinter.constants 模块定义了 tkinter 中诸多常量；tkinter 模块是主要使用模块，通过 import 导入 tkinter 框架时，会自动导入 tkinter.constants 等模块。

tkinter 图形用户界面一般基于主窗口（或称为根窗口）进行设计，假设程序通过 import tkinter as tk 进行了引入，则可通过 tk.Tk( ) 函数直接创建主窗口，并通过

tk.mainloop( ) 进行发布并显示。下面我们通过建立一个空的窗体（可视化基础控件之一，是可视化界面基础），测试一下是否成功引入了 tkinter 框架，从而完成可视化程序环境搭建。

【例 7-1】 tkinter 框架运行测试。

这里应用 tkinter 框架创建一个空窗体，测试一下可视化环境。

```
import tkinter as tk
win = tk.Tk()
tk.mainloop()
```

和前文一样，可在 PyCharm 中创建一个工程，并新建一个 py 源文件，将例 7-1 的代码复制到此源文件中即可完成此测试程序。运行时，将自动创建一个空可视化窗体，并弹出显示内容。运行结果如图 7-3 所示，顺利看到窗体，即表示可视化程序设计环境搭建成功。

2）搭建协同编程环境

下面我们以本项目为例，阐述如何在线搭建 GitHub 协同编程环境。

（1）申请账号。打开 GitHub 官网，如图 7-4 所示，如果已有账号，可单击右上角的 Sign in 按钮进行登录；如果没有账号，则可单击 Sign up 按钮通过邮箱进行注册。

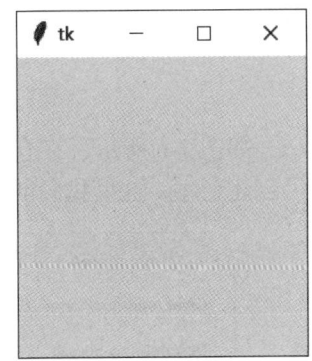

图 7-3 例 7-1 运行结果

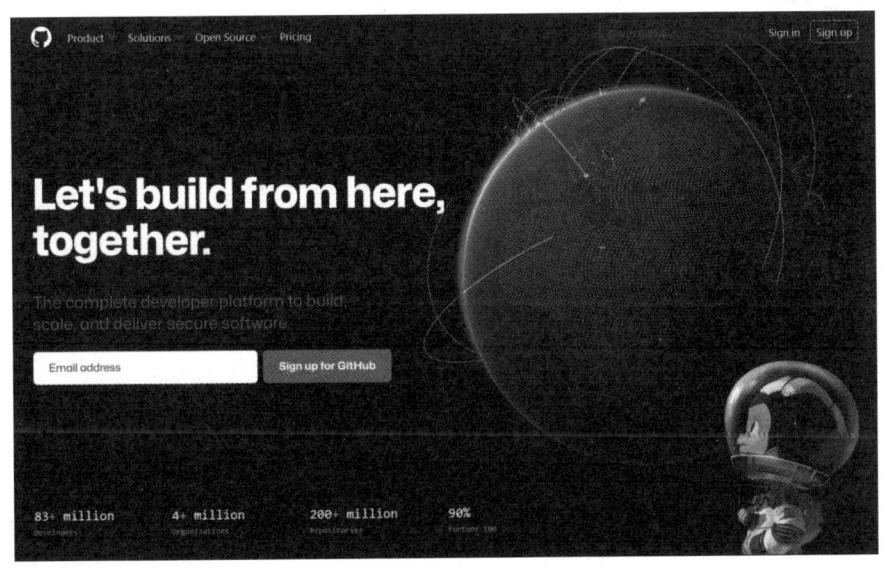

图 7-4 GitHub 首页

（2）创建仓库。GitHub 使用 repository（仓库）来管理 project（项目），如图 7-5 所示，当登录 GitHub 后还需要创建仓库，在左侧栏单击 Create repository 按钮即可进入创建仓库的配置页面。

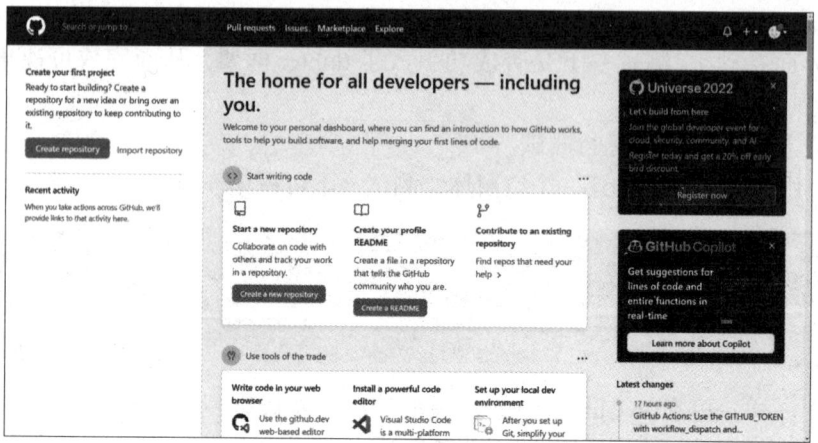

图 7-5 创建仓库

如图 7-6 所示，在仓库配置页面设置相关信息和选项，单击 Create repository 按钮即可创建仓库，这里我们创建了仓库 project1，具体参见图 7-7。

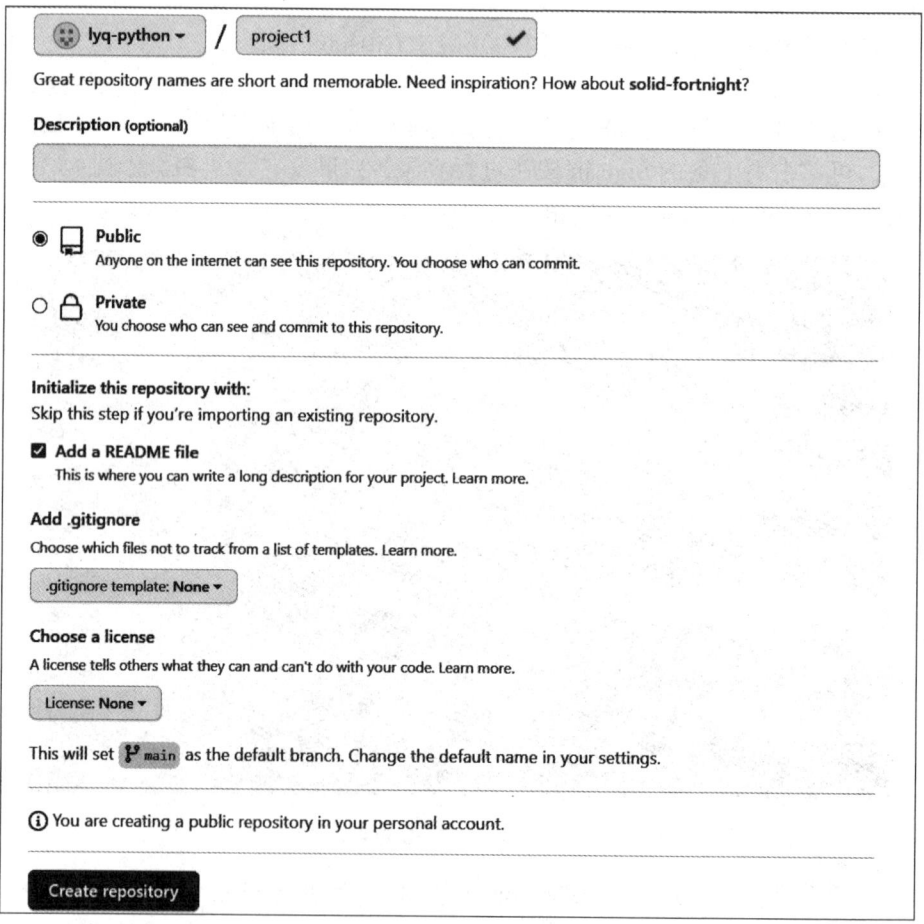

图 7-6 设置仓库参数

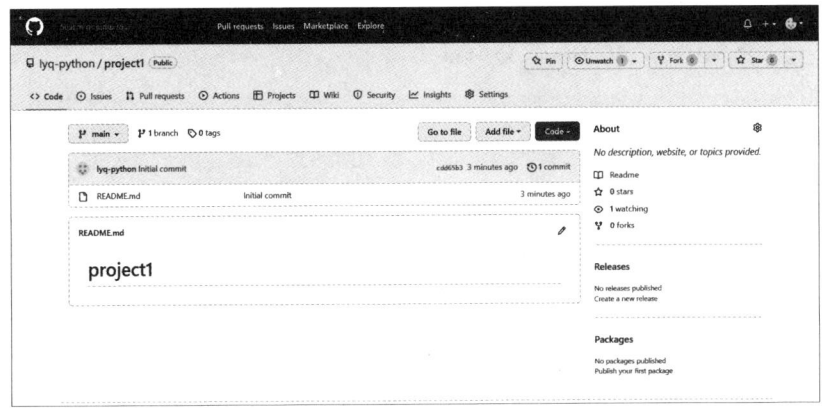

图 7-7 查看已创建的仓库

（3）添加文件。如图 7-8 所示，单击 Add file 按钮，可以看到 Create new file 和 Upload files 两个选项，分别对应创建新文件和上传文件的功能。

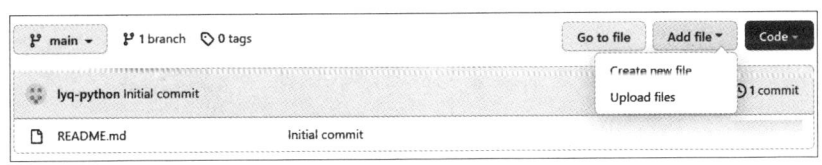

图 7-8 添加文件入口

我们这里通过选择 Create new file 命令来演示如何在线添加文件、设置文件名及文件内容、添加操作说明等，具体可参见图 7-9~图 7-11。

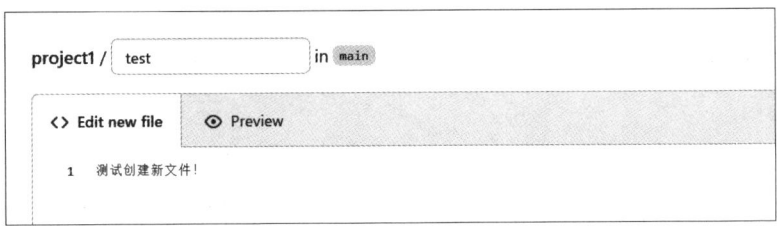

图 7-9 创建新文件

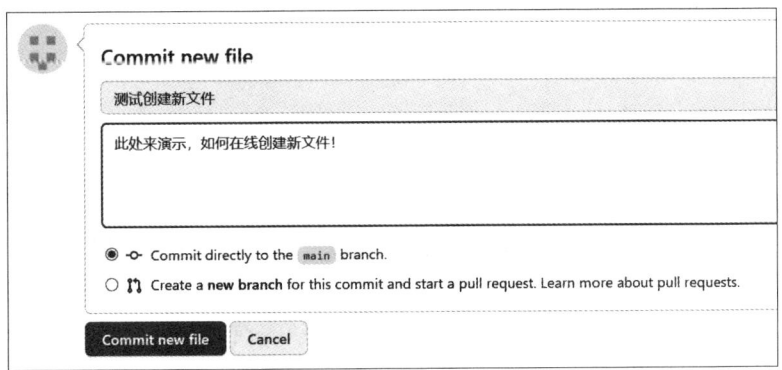

图 7-10 添加说明

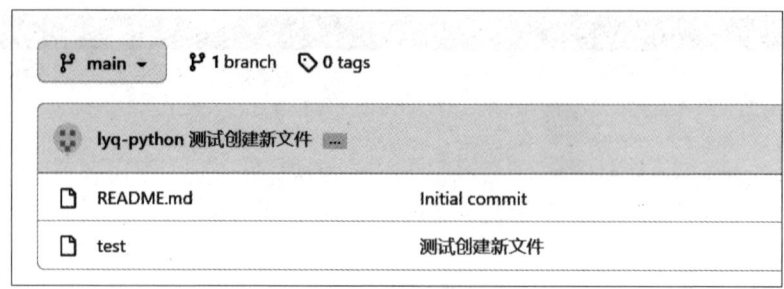

图 7-11 文件创建效果

通过 Upload files 命令也可以上传文件、添加对应的操作说明等，感兴趣的读者可根据 GitHub 的操作提示按步骤执行。

（4）团队协作。GitHub 突出的优势就是可方便地进行团队协作开发，通过选择 Settings → Collaborators 命令即可进入团队协作配置页面，添加团队成员的账号，具体过程可参见图 7-12、图 7-13。

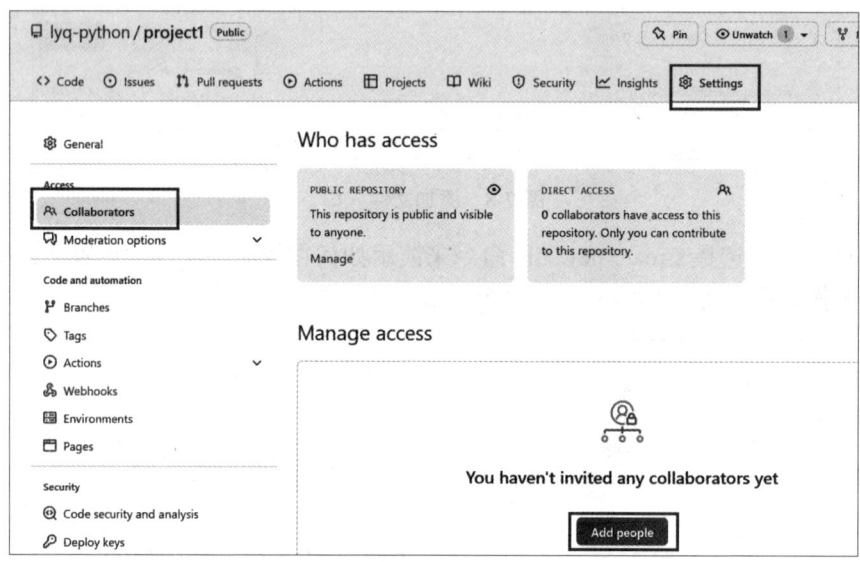

图 7-12 进入团队协作配置页面

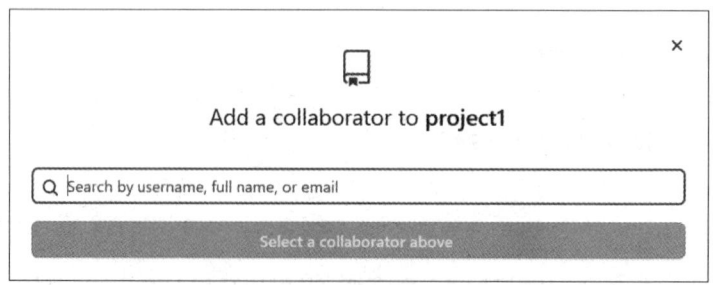

图 7-13 添加团队协作成员账号

添加团队协作用户后，该用户会收到 GitHub 发出的消息，同意后即可参与到这个仓库的团队开发中。团队成员加入后，仓库创建者还可以进入成员管理页面，对其进行权限配置，以便更加高效地开发。

4. 任务总结

至此，我们完成了可视化程序设计，并搭建了项目的线上 GitHub 协同编程环境，可通过团队协作方式进行代码上传、查看和修改。实际上，由于 Python 支持可视化，因此不需要额外安装，只需要在程序设计中引入支持可视化资源包即可。对于团队协同程序设计，还可以安装 Git 客户端工具，通过工具软件或命令行的方式进行代码管理，限于篇幅本章节不做深入的阐述，感兴趣的读者可以查阅对应的官方网站。

任务 7.3 界 面 设 计

1. 任务目标

完成了可视化编程环境和协同编程环境搭建，接下来进入开发阶段。首先，需要开发一个用于程序和用户交互的界面，本次任务目标就是完成课堂电子考勤软件界面设计，通过引入"班级花名册"窗体设计，熟悉界面设计基本过程，然后进行设计内容拓展，最终完成考勤软件界面设计工作。

2. 任务要点

本任务要点就是设计出用于程序和用户交流界面。首先我们设计一个花名册界面，用于维护班级花名册，然后在此基础上，设计出考勤界面。

假设某班有 20 名同学，为了便于记录，将"班级花名册"定义为列表形式：['同学 1', '同学 2', ……, '同学 20']。如图 7-14 所示，我们用 Visio 等绘图软件设计一个"班级花名册"窗体，包含"点名"按钮、"姓名"文本框等控件，实现班级的"班级花名册"可视化程序。

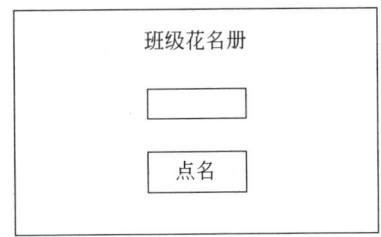

图 7-14 "班级花名册"窗体设计图示

3. 任务实施

1）"班级花名册"窗体设计

要做出图 7-14 中界面，我们将整个工作分为三步来完成。

（1）窗体设计。之前我们已经演示了如何基于 Python 的 tkinter 框架设计一个窗体。在这里通过 import 引入工具包 tkinter，并将其命名为 tk 以便于调用。设计窗体 win，设置标题为"班级花名册"，同时对窗体大小、显示内容进行设置。

【例 7-2】 构建"班级花名册"窗体。

```
import tkinter as tk
win = tk.Tk()
# 设置标题
win.title('班级花名册')
```

```
# 设置窗体尺寸和位置
win.geometry("400×300")
```

通过使用 tkinter 框架中 win = tk.Tk( ) 方法创建了窗体，所创建窗体大小为 400×300，标题为"班级花名册"，如图 7-15 所示。注意窗体对象提供了丰富的属性和方法进行调用，以达到不同显示效果。例如，在程序中通过 win.title(名称) 设置窗体标题，通过 win.geometry (' 宽度 × 高度 ') 来设置窗体尺寸。

（2）添加控件。在完成窗体设计之后，我们需要向窗体上添加标签、输入框和按钮。这里通过 Label 控件、Entry 控件和 Button 控件来实现相应功能。控件实际上是把对象属性和行为进行了封装，以可视化形式提供给程序设计人员。

图 7-15　构建"班级花名册"窗体

【例 7-3】添加"班级花名册"所需控件。

```
# 标签
bq = tk.Label()
bq['text'] = '班级花名册'
bq.pack(pady=40)
# 文本框
xm = tk.Entry()
xm.pack(pady=10)
# 按钮
btn = tk.Button()
btn.pack(pady=20)
btn['text'] = '点名'
btn['width'] = 20
```

综合使用例 7-2 和例 7-3 的代码，即可得到如图 7-14 所示的可视化效果，至此完成了"班级花名册"界面设计工作，具体效果可参见图 7-16。

在这里主要用到了三种不同类型控件，分别是 Label 控件、Button 控件和 Entry 控件，并且对这三种控件的一些属性进行修改。窗体和表单也是一种控件，具有大量的属性，通过修改这些属性，可以得出不同的效果，程序设计人员只需要根据设计需要来修改这些属性即可。

除了 Label 控件、Button 控件和 Entry 控件以外，tkinter 框架还为程序设计人员提供了其他控件，如 Text 控件、Radiobutton 控件和 Listbox 控件等。还有一些专门针对文件对话框、颜色选择对话框和图形绘制等应用的控件，这些控件极大地丰富了程序设计能力，节省了大量的时间。下面简单说明这几种常见控件的用途。

① Label 控件。Label 称为标签，主要用于显示内容，包括文本、图片等。可通过设置 Label 的属性和方法来进行功能开发，如设置 Label 显示的内容、字体和颜色等。

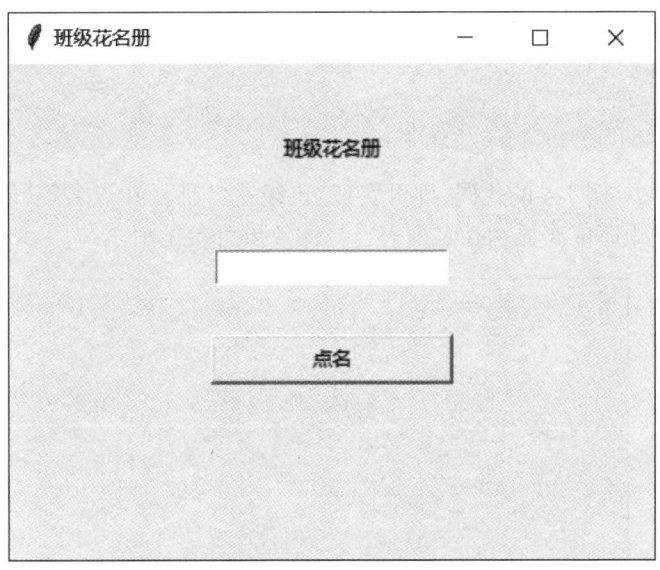

图 7-16 添加"班级花名册"的控件

② Entry 控件。Entry 表示单行文本框，广泛应用于 tkinter 框架的文本显示，特别是短文本的情况。可通过设置 Entry 的属性和方法来进行功能开发，如设置 Entry 显示的内容、颜色等。特别地，可通过".delete(0, 'end')"清空文本框，通过".insert(0, string)"插入字符串到文本框并进行显示。

③ Button。Button 控件称为按钮，是 tkinter 框架最常用的控件之一，用于执行用户的单击操作。可通过设置 Button 的属性和方法来进行功能开发，如设置 Button 显示的内容、宽度和颜色等。特别地，当单击某按钮时，会自动触发其 command 事件，执行对应的操作。

（3）添加按钮的事件函数。在添加了"班级花名册"的控件之后，为了实现"点名"功能，还需要添加按钮的事件函数，当单击按钮后自动进行调用。

【例 7-4】 添加"班级花名册"的事件函数。

```python
# 模拟生成人名列表
hmc = []
for i in range(1,21):
    hmc.append('同学'+str(i))
# 姓名索引
index=0
def run():
    global index
    # 清空当前文本框
    xm.delete(0, 'end')
    if index > len(hmc)-1:
        xm.insert(0, '点名完毕！')
        return
    # 显示结果到文本框
    xm.insert(0, hmc[index])
```

```
        index = index+1
#   设置事件函数
btn['command'] = run
```

综合使用例 7-2~例 7-4 的代码,即可实现"班级花名册"的"点名"功能,当用户单击"点名"按钮时,会按顺序依次显示姓名列表,具体效果可参见图 7-17。

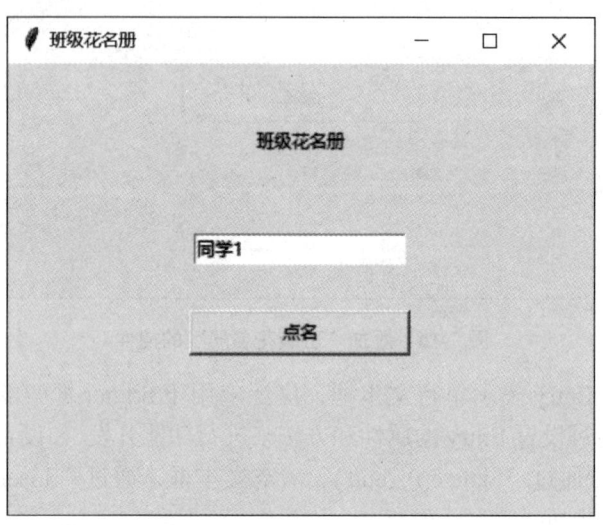

图 7-17 "班级花名册"的"点名"功能

例 7-4 中通过循环来模拟生成"班级花名册"的列表对象,读者可根据本班级的实际情况,在程序中使用真实的"班级花名册"列表进行实验,查看运行效果。

完成"班级花名册"界面设计之后,可以分析设计流程并进行拓展,结合课堂电子考勤软件的应用需求,继续完成考勤软件界面设计。

2)考勤软件界面设计

根据对课堂电子考勤软件的需求分析,可采用 Python GUI 窗体方式实现界面设计。如图 7-18 所示,我们可使用 Visio 等绘图软件设计一个软件窗体,包含文本显示、导入花名册、点名以及顺序选择和随机选择方式等控件,实现班级的课堂电子考勤软件。

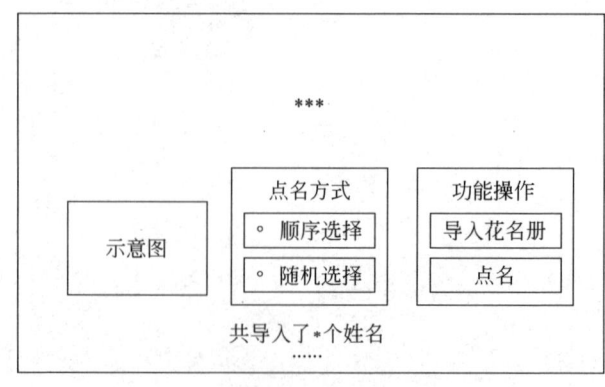

图 7-18 "班级花名册"窗体设计图示

【例 7-5】 实现如图 7-18 所示的软件设计界面。

我们设计自定义的类 MainUI，并将整个界面设计工作分为三个步骤来完成，以下为类的初始定义代码。

```
class MainUI:
    # 创建窗体
    def __init__(self):
        pass
    # 添加控件
    def create_widget(self):
        pass
    # 布局窗体
    def layout_widget(self):
        pass
```

（1）创建窗体。通过 Python 的 tkinter 框架设计一个窗体，设置窗体的尺寸、标题等属性。

```
def __init__(self):
    self.root = Tk()
    # 设置标题
    self.root.title('课堂电子考勤软件')
    # 设置窗体尺寸
    self.root.geometry("680×350")
    # 启动窗体
    self.create_widget()
    self.layout_widget()
    self.root.mainloop()
```

（2）添加控件。在窗体上添加标签、按钮和选择框等控件，完善窗体的构成。为了增强软件的可视化效果，提高软件友好性，在界面左下角通过 ImageTk.PhotoImage 读取示意图文件并显示。

```
def create_widget(self):
    # 姓名显示
    self.label_show_name_value = StringVar()
    self.label_show_name = ttk.Label(self.root,
            textvariable=self.label_show_name_value,
            font=('仿宋', 80, "bold"), foreground ='green')
    self.label_show_name_value.set("***")
    self.label_show_name.place(x=240, y=10)
    # 姓名数量
    self.label_show_name_number=ttk.Label(self.root,
            font=('仿宋', 20), foreground ='blue')
```

```
self.label_show_name_number.config(text="一共加载了 * 个姓名!")
# 点名方式
self.lf_style = ttk.LabelFrame(self.root, text=" 点名方式 ")
self.radio_value = IntVar()
self.radio_value.set(1)
self.radio_style_sequence = ttk.Radiobutton(self.lf_style, text="顺序选择",
         variable=self.radio_value, value=1)
self.radio_style_random = ttk.Radiobutton(self.lf_style, text="随机选择",
         variable=self.radio_value, value=2)
# 功能操作
self.lf_style2 = ttk.LabelFrame(self.root, text=" 功能操作 ")
self.button_load_name = ttk.Button(self.lf_style2, text=" 导入花名册 ")
self.button_run = ttk.Button(self.lf_style2, text=" 点名 ")
# 图片配置
paned = PanedWindow(self.root)
paned.image = ImageTk.PhotoImage(Image.open('./pic.jpg').
    resize((200,120)))
self.image_prompt = Label(self.root, image=paned.image,
    background='white')
```

（3）布局窗体。调整窗体各个控件的位置，完成布局窗体。

```
def layout_widget(self):
    # 布局 " 点名方式 "
    self.lf_style.place(x=320, y=160, width=100, height=100)
    self.radio_style_sequence.place(x=10, y=10)
    self.radio_style_random.place(x=10, y=40)
    # 布局 " 功能操作 "
    self.lf_style2.place(x=460, y=160, width=125, height=100)
    self.button_load_name.place(x=10, y=2, width=100, height=30)
    self.button_run.place(x=10, y=42, width=100, height=30)
    # 布局 " 提示信息 "
    self.image_prompt.place(x=90, y=165, height=120, width=180)
    self.label_show_name_number.place(x=180, y=280)
```

综合使用这三个步骤的代码，即可完成课堂电子考勤软件界面设计，程序启动后即可弹出软件窗体，具体效果可参见图 7-19。

4. 任务总结

至此本任务已完成课堂电子考勤软件界面设计，如图 7-19 所示，本软件采用窗体搭载控件的方式，包括软件标题、统计提示信息、点名方式选项和功能操作按钮等，界面设计简洁且功能丰富，覆盖了课堂电子考勤软件的应用需求。通过本任务实施，读者熟悉了用户交互界面设计，良好的交互界面是软件推广、应用的基础。需要特别注意的是，这里只是实现了用户界面设计，在真实项目应用中，我们应该力求界面优美且友好，这需要专

综合实训 1　课堂电子考勤软件

图 7-19　课堂电子考勤软件的界面设计示意图

门美工来设计界面，以达到良好显示效果。

任务 7.4　功能设计

1. 任务目标

完成了课堂电子考勤软件界面设计之后，为了实现对应的功能，这个时候需要我们通过完善事件响应函数来完成功能设计。根据课堂电子考勤软件的应用需求，我们将功能设计分为三个功能模块，分别是加载"班级花名册"、统计学生分布和考勤点名，通过事件响应函数的方式关联到对应的控件来实现软件功能。

2. 任务要点

根据功能要求完成功能对应程序设计。在程序设计过程中会大量使用面向对象程序设计方法，请读者注意学习体会。

3. 任务实施

1) 加载学生"班级花名册"功能实现

例 7-4 中使用了循环体来模拟生成姓名列表，但实际的"班级花名册"往往较为复杂且需要根据人员变动进行更新。如果采用在程序内部人工填写列表的方式来生成学生"班级花名册"，在程序开发和软件维护方面难免会面临较高的成本。所以，我们可以考虑使用配置文件的方式，将班级学生列表存放到 txt 文件中，这样既便于数据导入，也容易进行维护更新。

【例 7-6】　如图 7-20 所示，文件"名单 .txt"中存放了班级 15 位同学的姓名，请通过 Python 程序读取该文件夹的姓名到列表。

Python 中可通过 open 打开文件并进行读取，注意到这里的 txt 文件内容由中文组成，所以还需要注意使用 encoding='utf-8' 参数来设定编码格式。

程序运行后会读取"名单 .txt"，并将姓名保存到列表中，运行结果参见图 7-21。

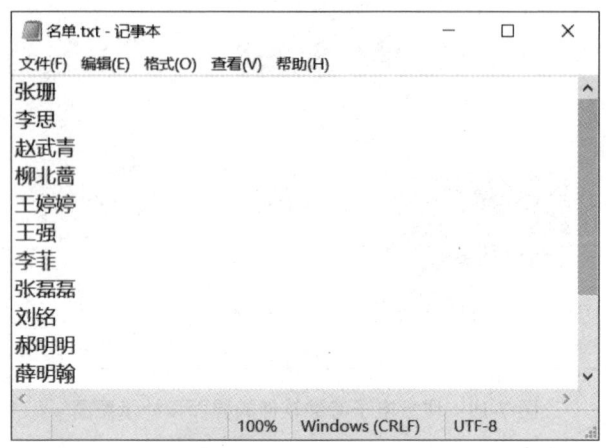

图 7-20 班级名单文件

```
names = []
with open('名单.txt',encoding='utf-8') as f:
    # 读取内容
    s = f.readlines()
    for si in s:
        # 去除空格
        names.append(si.strip())
print('共读取了 ',len(names),'个姓名')
```

```
D:\ProgramData\Anaconda3\python.exe C:/code/chapter06/code6_6.py
共读取了  15 个姓名
```

图 7-21 例 7-6 运行结果

2）统计学生分布功能实现

【例 7-7】 统计例 7-6 获取的姓名列表的姓氏分布情况，按照不同姓氏人数进行升序排列，输出人数最多的姓氏。

根据前面章节的学习，我们可以采用元组、字典知识来进行姓氏统计，利用元组不重复的特点，获取姓名列表的姓氏信息，利用字典"键值对"特点生成统计结果，最后利用冒泡排序原理按人数进行升序排列，输出结果。

```
# 获取姓氏列表
xs = [ch[0] for ch in names]
# 利用 set 自动去重
ys = set(xs)
# 设置统计字典, key 为姓, value 为 0
zs = {ch:0 for ch in ys}
```

```python
# 遍历统计
for ch in names:
    zs[ch[0]] = zs[ch[0]] + 1
# 冒泡排序
keys = list(zs.keys())
n = len(keys)
for i in range(n):
    for j in range(0, n - i - 1):
        # 升序排列
        if zs[keys[j]] > zs[keys[j + 1]]:
            keys[j], keys[j + 1] = keys[j + 1], keys[j]
for key in keys:
    print(key, zs[key])
print(' 人数最多的姓是:{0}, 有 {1} 人 '.format(keys[-1], zs[keys[-1]]))
```

程序对姓名列表按照姓氏进行统计，再按照人数进行排序，最后输出统计结果，具体可参见图 7-22。

```
D:\ProgramData\Anaconda3\python.exe C:/code/chapter06/code6_7.py
庞 1
薛 1
柳 1
郝 1
宋 1
赵 1
张 2
李 2
王 2
刘 3
人数最多的姓是:刘,有3人
```

图 7-22 例 7-7 运行结果

3）考勤点名功能实现

【例 7-8】 根据例 7-6 获取的姓名列表，设计一个 student 类，包含 id 和姓名两个数据成员，并提供能获取字符串信息的成员函数。

根据前面章节的学习，我们可以采用面向对象思维来定义类，将数据成员、函数成员进行封装，进而将姓名列表转换为类 student 对象列表。

```python
class student:
    # 构造函数
    def __init__(self, id, name):
        self.id = id
        self.name = name
    # 成员函数，返回信息
    def get_string(self):
```

```python
        return "%d" % self.id + '-' + self.name
# 初始化
students=[]
for id, namei in enumerate(names):
    # 根据id、姓名创建学生对象
    studenti = student(id + 1, namei)
    students.append(studenti)
# 调用示例对象的成员函数
print(students[0].get_string())
```

程序生成自定义的类 student，通过对列表遍历方式，按序号和姓名生成 student 对象，最后调用示例对象的成员函数输出学生信息，具体可参见图 7-23。

```
D:\ProgramData\Anaconda3\python.exe C:/code/chapter06/code6_8.py
1-张珊
```

图 7-23　例 7-8 运行结果

【例 7-9】 根据例 7-8 获取的 student 对象列表，分别进行顺序抽取、随机抽取，模拟点名效果。

根据前面章节的学习，我们既可以对 student 对象列表通过顺序遍历取值进行顺序抽取，也可以通过 random.choice 随机取值的方式来进行随机抽取，对于已抽取的对象可通过列表的 remove 函数来进行移除，确保不出现重复抽取的情况。

```python
print('顺序抽取')
students2=students.copy()
while len(students2)>0:
    # 顺序抽取
    random_student = students2[0]
    print(random_student.get_string())
    # 移除已抽取元素
    students2.remove(random_student)
print('随机抽取')
students2=students.copy()
while len(students2)>0:
    # 随机抽取
    random_student = random.choice(students2)
    print(random_student.get_string())
    # 移除已抽取元素
    students2.remove(random_student)
```

程序首先通过 copy( ) 来对 student 对象列表进行复制，然后采用顺序取值的方式模拟顺序点名，最后采用随机取值的方式模拟随机点名。

综合使用例 7-5~例 7-9 的代码，即可得到如图 7-24、图 7-25 所示的软件效果，至此完成了课堂电子考勤软件的设计及开发工作。

图 7-24 顺序点名示意图

图 7-25 随机点名示意图

4. 任务总结

程序利用可视化窗体、控件、布局管理和事件函数相关知识进行开发,并采用面向对象的程序设计策略,将学生信息封装为自定义的类 student,将窗体封装为自定义的类 MainUI,通过设置不同取值方式,模拟顺序点名和随机点名效果。感兴趣的读者可以考虑增加缺勤记录、出勤统计和答题评分等更为复杂的功能。

任务 7.5 测 试

1. 任务目标

软件测试是软件工程项目整体生命周期的重要环节,是保障软件质量的关键,既有对软件功能性的检验,也包含对软件安全性的评估,因此软件测试对软件项目成功交付具有重要意义。在完成了界面设计和功能实现之后,现在要对实现的功能和代码进行测试。

2. 任务要点

1)软件测试工作

图 7-26 是软件项目开发的 V 形流程示意图,其中软件测试工作可概括为单元测试、集成测试、系统测试和验收测试四个阶段。

(1)单元测试。单元测试也称为模块测试(unit testing),针对软件项目的单个子程序、具备独立功能的程序单元等进行测试,一般由开发人员完成。

(2)集成测试。集成测试也称为组装测试或联合测试,在单元测试的基础上按照预期设计要求组装单元模块,形成系统或子系统后再进行测试,重点是检查模块之间的接口是否符合预期要求。

(3)系统测试。系统测试是针对软件项目的整体产品进行测试,检查软件系统是否符合项目的需求规格要求,包括功能和性能是否能达到预设指标。

(4)验收测试。验收测试是软件交付之前的最后一个测试阶段,目标是检查软件是否准备就绪,对软件系统进行整体测试,验证是否满足用户需求。

2)软件测试技术

根据软件测试过程中对软件代码的可见程度,可以将软件测试技术分为黑盒测试、白

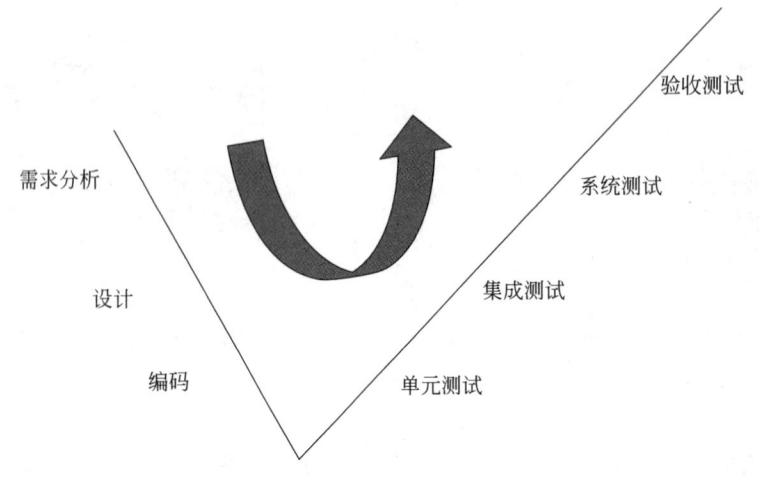

图 7-26　软件项目开发的 V 形流程示意图

盒测试以及灰盒测试。

（1）黑盒测试。黑盒测试也称为功能测试，它不关注软件的代码细节，而是将软件看作一个黑盒子，对其进行功能测试，检查软件的输入/输出是否符合预期。黑盒测试关注的是软件的外部结构，一般针对软件的功能界面、输入/输出进行测试。

（2）白盒测试。白盒测试也称为结构测试或逻辑驱动测试，它关注软件的代码细节，可视作将盒子打开去研究内部代码结构，检查软件内部是否按照设计规格规定进行开发，验证程序的逻辑路径是否都能符合预期工作要求。

（3）灰盒测试。灰盒测试是介于白盒测试与黑盒测试之间的一种测试方法，它既关注软件输入/输出，也关注软件内部呈现。但灰盒测试不像白盒测试那样关注细节，主要是通过表现出来的事件、状况和标记等信号来判断软件内部状态。现实中往往存在软件输出正确，但内部代码错误的隐藏问题，直接采用白盒测试来检查会面临成本高、效率低的劣势，因此就比较适合采用灰盒测试方法。

3. 任务实施

pytest 测试框架具有应用简单、功能丰富的特点，支持单元测试和功能测试，与主流的测试工具兼容，能够协助开发者和测试人员快速定位代码问题。本小节基于 pytest 框架阐述如何利用 Python 进行软件测试。

1）安装 pytest

打开 cmd 窗口，输入 pip install pytest，即可安装 pytest。

2）查看 pytest 版本

打开 cmd 窗口，输入 pytest –version，即可查看 pytest 的版本。

3）使用 pytest

使用 pytest 编写测试用例，需遵循以下规则。

（1）测试文件需要以 test_ 开头或以 _test 结尾。

（2）测试类以 Test_ 开头，并且不能带有 init 方法。

（3）测试函数或方法以 test_xx 开头。

【例7-10】 编写计算学生平均成绩的函数,要求输入列表和输出平均值,并利用pytest进行测试。

根据前面章节的学习,我们可以定义计算列表平均值函数,为了演示代码测试过程,首先定义两个函数,第1个函数正常计算平均值,第2个函数设定包含错误,然后利用assert编写这两个函数的测试用例,最后利用pytest进行函数测试。

```python
def avg1(xs):
    s = 0
    for xi in xs:
        s += xi
    # 计算平均成绩
    s = s / len(xs)
    return s
def avg2(xs):
    s = 0
    for xi in xs:
        s += xi
    # 此处漏掉了计算平均成绩的处理
    return s
def test_avg():
    # 测试函数1
    assert avg1([88, 65, 77, 90, 95]) == 83
    # 测试函数2
    assert avg2([88, 65, 77, 90, 95]) == 83
```

将代码保存为test_avg.py,打开cmd窗口,输入命令pytest test_avg.py进行测试,运行结果可参见图7-27。

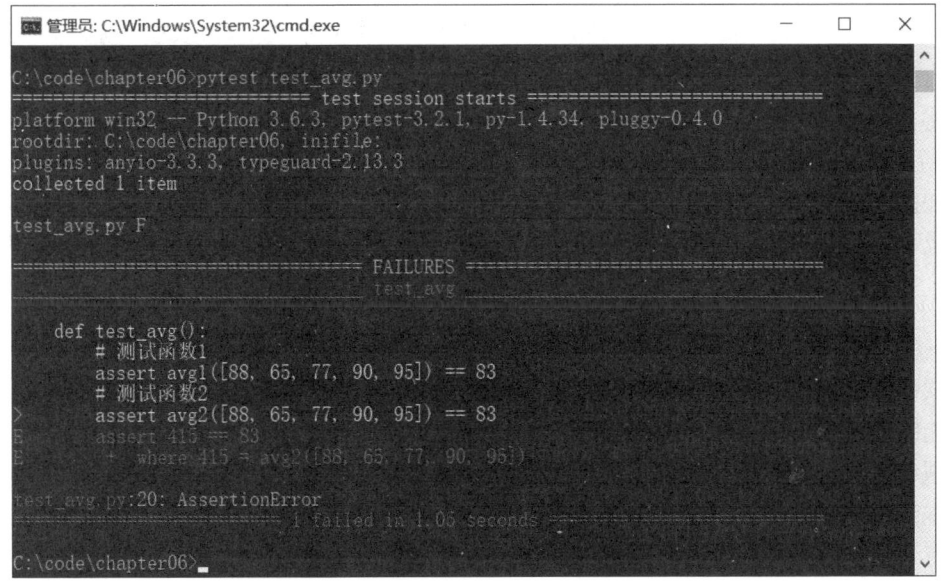

图7-27 利用pytest测试均值函数

如图 7-27 所示,测试后可发现第二个函数的测试用例提示不通过,并打印出了具体错误位置及相关信息,进而可对函数 avg2 进行分析,查看错误原因。根据测试提示可以发现是函数 avg2 的返回结果与预设返回结果不匹配,通过分析可以发现函数 avg2 最后的返回值不是平均数而是求和结果,说明程序存在 bug,需要开展程序 bug 修复工作。

【例 7-11】 根据课堂电子考勤软件功能设计,对加载学生"班级花名册"的功能函数进行测试。

我们可以定义加载学生"班级花名册"函数,根据班级人数、班级姓名编写测试用例,最后利用 pytest 进行函数测试。

```
def load_names():
    names = []
    with open('名单.txt', encoding='utf-8') as f:
        # 读取内容
        s = f.readlines()
        for si in s:
            # 去除空格
            names.append(si.strip())
    return names

def test_avg():
    # 测试函数
    names = load_names()
    # 判断人数
    assert len(names)==15
    # 判断人名
    assert names[0]=='张珊'
    # 构造错误的人名
    assert names[1] == '刘思'
```

将代码保存为 test_load_names.py,打开 cmd 窗口,输入命令 pytest test_load_names.py 进行测试,运行结果可参见图 7-28。

如图 7-28 所示,测试后可发现第三个测试用例提示不通过,并打印出了具体错误的位置及相关信息,进而可对加载"班级花名册"函数和班级名单列表进行分析,查看错误原因,并展开程序修复工作。

4. 任务总结

软件测试对于软件工程项目开发具有重要意义,不仅能够验证软件功能是否满足需求,而且能够通过科学的手段及时发现软件的缺陷错误及不足,进而提前发现软件开发过程中的问题和风险,有效提升软件工程项目管理效率。

本节讲述了软件测试中一些基本概念和 pytest 测试方法,限于篇幅还有很多其他的内容没有列出,感兴趣的读者可以参考 pytest 的官方网站。

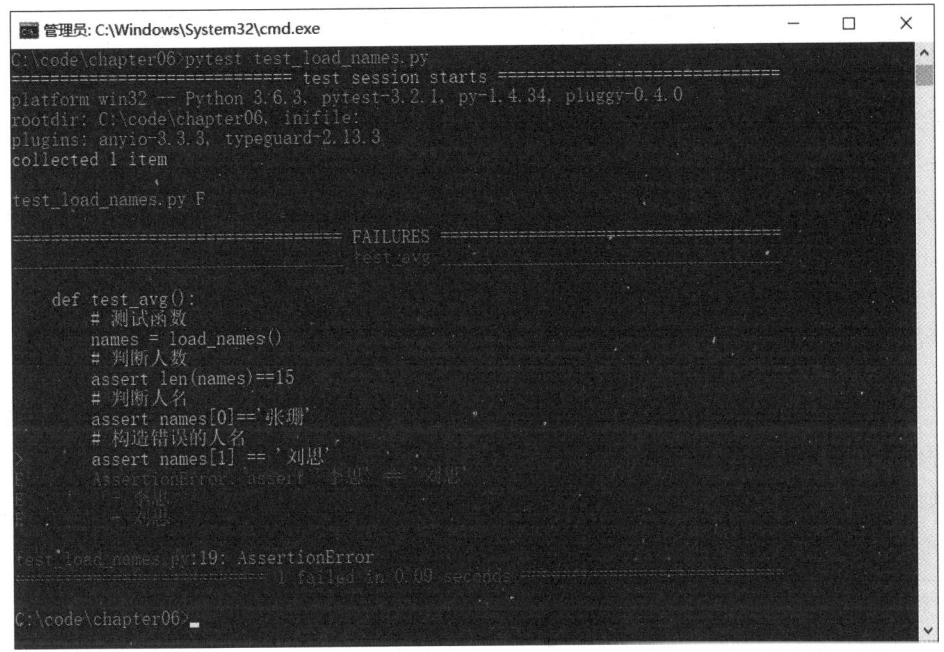

图 7-28 利用 pytest 测试加载"班级花名册"的函数

任务 7.6 验 收

1. 任务目标

软件验收是确认所开发的软件是否达到用户要求和预期,进而确定软件是否能投入使用的过程。在完成了程序开发及测试后,本节重点介绍软件验收的相关内容,包括验收标准、验收评价表和验收过程等。

2. 任务要点

1)软件验收标准

软件验收标准是软件开发和验收过程中所遵循的规范和准则,一般包括软件文档标准、软件质量标准和软件测试标准等。软件验收标准可以保证软件开发和验收过程的规范性和一致性。

2)软件验收评价表

软件验收评价表是软件验收过程中所使用的重要文档之一,一般用于对软件的各个方面设置评审项并进行评价和打分。评价表一般应包括软件内容、软件运行、软件界面、功能要点、软件测试、软件性能和软件文档等方面。

3)软件验收过程

软件验收过程一般包括验收准备、验收测试、验收评估和验收结论四个阶段。其中,验收准备阶段主要是为了明确验收目标和要求,确定验收评价范围和方式;验收测试阶段主要是对软件进行功能测试、性能测试等测试;验收评估阶段主要是通过验收评价表来对软件的各个方面进行评估和打分;验收结论阶段主要是根据评审项和验收标准得到软件验收的结论。

3. 任务实施

为了完成软件验收任务,应按照如表 7-2 所示的软件验收评价表进行验收,根据表中设置的评审指标对软件的各个方面进行评估,最后得出总评分和验收结论。主要实施步骤如下。

首先,确定完成验收任务的人员,一般包括开发人员和验收人员,开发人员要提供完整的软件代码和说明文档,包括任务单、软件设计文档、使用说明等,以供验收人员进行评估。

其次,验收人员可以按照软件验收评价表中的评审指标进行验收,对软件的各个方面进行评估,并进行评分。

最后,汇集评价表,并计算总评分,得到验收结论。

表 7-2 软件验收评价表

软件名称		课堂电子考勤软件		
开发人		完成时间		
验收人		验收时间		
评审项	评审指标	指标说明	分值/分	评分/分
软件内容	内容完整性	是否完成任务单中的各项要求	5	
软件运行	运行流畅性	是否可以正常运行	10	
软件界面	界面布局合理性	是否布局合理、层次清晰	2	
	界面布局美观性	是否美观	3	
	界面一致性	控件是否保持风格一致	5	
软件功能	功能设计	技术运用的合理性、代码编写的正确性	15	
	业务流程	关键业务流程实现的合理性	25	
	软件测试	是否通过软件测试	10	
	软件性能	是否易于操作、功能稳定	10	
软件资料	软件代码、说明文档	包含任务单、完整的软件代码、使用说明等文档	15	
总评分			100	
验收结论				
签字				

4. 任务总结

软件验收是软件质量保障的重要环节之一,能够有效提升软件工程项目管理效率和质量。本节介绍了如何设计软件验收评价表,根据评审指标进行软件验收,包括对软件内容、软件运行、软件界面、软件功能和软件资料等方面进行评估和测试。通过软件验收，可以及时发现软件开发过程中的问题和风险，并加以解决，确保软件交付的质量和效果。

需要注意的是，在进行软件验收时，评审指标应贴近项目实际情况并结合任务单中的各项要求进行设计，主要注意事项如下。

（1）确定评审指标时，应根据软件开发任务单和需求规格说明书进行确认，避免评审标准过高或过低，导致验收结果不准确。

（2）进行评估时，应严格按照评审指标进行评估，避免主观臆断或评分不公等问题。

（3）最后的验收报告应包括软件验收评价表及评审结论，验收结论应明确、准确，避免歧义或误导，便于开发人员进行后续的修改和完善工作。

综合实训 2　智能翻译软件

- 理解爬虫的基本概念；
- 熟悉网络爬虫程序设计开发的过程，理解 HTTP 请求的概念；
- 掌握网页爬取及解析的方法；
- 熟悉对 API 调用及解析的方法；
- 熟悉基于爬虫的翻译应用开发过程，了解相关功能模块的实现细节。

综合实训 2
智能翻译软件

- 能够熟练使用 PyCharm 进行爬虫程序设计；
- 能够编写、调试爬虫程序中的数据获取、网页解析等；
- 能够熟练建立工程，并能基于 API 编写爬虫程序；
- 能够运用爬虫编程知识完成工单任务。

- 培养软件项目开发的设计能力及开发经验；
- 养成严谨认真、精益求精的软件工匠精神；
- 培养团队协作、实践创新的能力；
- 树立正确社会价值观，保证程序合法合规。

任务 8.1　填写项目确认单

1. 任务目标

本次任务目标是完成项目确认单填写，了解项目的基本背景和应用目标，确认项目所需功能模块，熟悉软件项目开发基本工作流程。本项目基于网络爬虫技术和 Python 的 GUI 框架进行设计开发，通过爬取免费的互联网翻译 API 来完成"汉译英"和"英译汉"等功能，最终形成一套智能翻译软件。

2. 任务要点

智能翻译软件的核心是将目标字符串和相关参数传递给设定的 API，利用爬虫技术得到翻译结果并进行呈现。本次任务要点是确认项目功能和开发范围。项目确认单浓缩了项目需求分析和概要设计，它引领整个项目开发过程，务必要准确。

3. 任务实施

请完成表 8-1 的填写。

表 8-1 智能翻译软件项目确认单

软件名称	智能翻译软件		
开发人		开始、结束时间	
功能描述	本次任务要求熟悉网络爬虫技术，了解互联网翻译 API 的服务机制，运行智能翻译软件，完成以下内容。 （1）准备多条需要进行翻译的字符串。 （2）运行智能翻译软件获取翻译结果，了解通过爬虫技术实现智能翻译的技术流程。 （3）导出翻译结果，了解文件保存功能。 （4）分析软件的翻译和导出功能，掌握实现方法		
拓展功能			
签字			

4. 任务总结

通过填写项目确认单，了解本项目的基本背景和应用目标，确认基于爬虫技术开发智能翻译软件的基本内容，为整个项目开发奠定基础。

任务 8.2 环 境 搭 建

1. 任务目标

环境搭建是软件项目顺利实施的前提，本案例开发基于爬虫技术的智能翻译软件，包括申请免费的互联网翻译 API、利用爬虫技术调用翻译 API、基于 Python 的 GUI 框架设计并开发软件界面以及将功能接口进行整合等内容。本次任务目标是对项目进行环境搭建，明确本项目要完成的工作内容，细化项目的功能及应用要求，熟悉项目所需的 API 服务及开发环境。

2. 任务要点

智能翻译软件基于爬虫技术调用免费的互联网翻译 API，将待翻译的字符串作为参数传递给 API 并得到返回内容，解析后按照设定的方式将翻译结果呈现给用户。因此，本项目首先申请免费的互联网翻译 API，然后通过爬虫技术调用 API，获得并返回字符串，最后通过解析获得翻译结果。

1）申请 API

随着互联网技术的持续发展，国内外已有多家互联网厂商面向普通用户提供翻译服务，支持 Web 页面、App 移动应用和 API 调用等多种形式，包括免费和付费的商业模式，已成为人们常用的辅助翻译工具。如图8-1所示，百度翻译开放平台既提供了通用翻译、垂直领域翻译、文档翻译和语种识别等多元化服务，也可为用户提供不同层级的翻译API服务，对应的功能介绍可参见图8-2。

图8-1 百度翻译开放平台

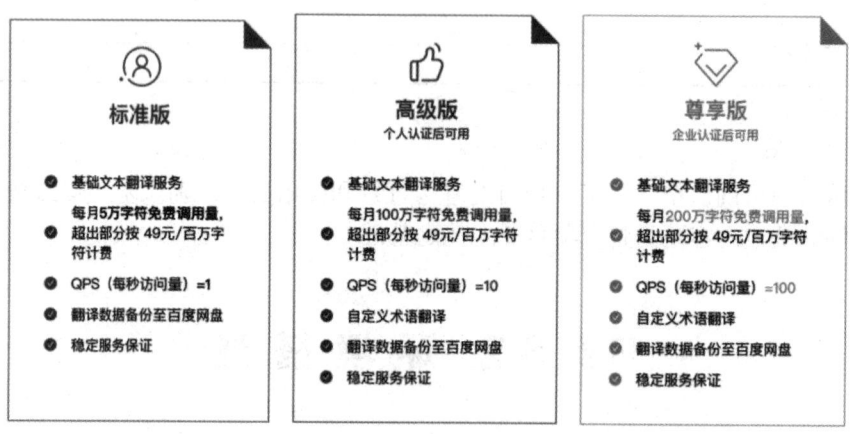

图8-2 翻译API服务列表

如图8-2所示，标准版的API服务可提供每月5万个字符的免费调用量，只要注册百度开发者账号即可免费申请，更多的介绍可参考百度翻译开放平台的技术文档。

2）搭建爬虫环境

urllib是Python中常用的爬虫库，能够通过程序访问指定的URL，用类似访问本地文件的方式获得网页内容。如图8-3所示，可通过在命令行环境下执行pip install urllib3来安装urllib库。

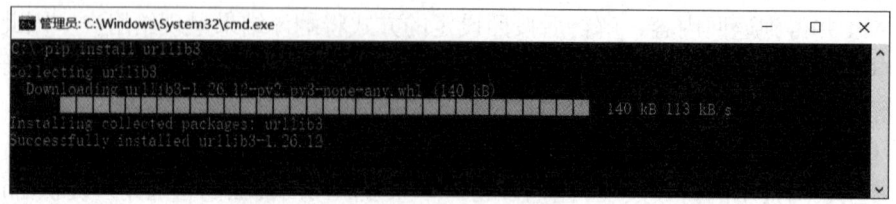

图8-3 urllib环境配置

3. 任务实施

1）功能分析

智能翻译软件基于爬虫思维，采用 Python 的 GUI 框架进行设计。软件通过 API 调用的方式集成公开的翻译接口，将用户输入的原文本作为参数来调用 API，解析返回结果并将其显示到软件界面，主要的功能模块可概括如下。

（1）调用接口。基于爬虫思维，利用 Python 调用公开的翻译接口，设置请求参数并对返回结果进行解析，得到翻译结果。

（2）GUI 集成。采用 Python 的 GUI 框架设计软件界面，可接收用户传入的字符串内容，显示调用接口后返回的翻译结果。

（3）导出内容。支持导出功能，能够将原字符串和翻译结果导出到 TXT 文件并进行存储。

本项目不涉及复杂硬件环境搭建，具体可概括为申请 API 和网络爬虫两部分。申请 API 主要是指申请百度翻译开放平台的免费翻译接口，用于文本字符串的翻译；网络爬虫主要是指基于 urllib 库爬取 API，通过程序获取翻译结果。本节我们将利用 PyCharm 工具创建项目工程，并利用 urlib 创建一个简单的网页爬虫。

2）申请 API

百度翻译开放平台是百度推出的一款翻译类产品，为用户提供多语言、多形式的翻译服务，下面我们以申请免费的翻译 API 为例，阐述如何获得翻译服务。

（1）申请账号。打开百度翻译开放平台，如图 8-4 所示，如果已有账号，可单击右上角的"登录"按钮进行登录；如果没有账号则可单击"立即注册"按钮通过手机验证码进行注册。

图 8-4　注册 / 登录账号

（2）申请翻译 API。单击"通用翻译"下的查看详情按钮以进入产品页面，然后单击"立即使用"按钮，填写"个人开发者"信息，根据提示开通"标准版"的通用翻译 API 服务，具体可参见图 8-5~图 8-7。

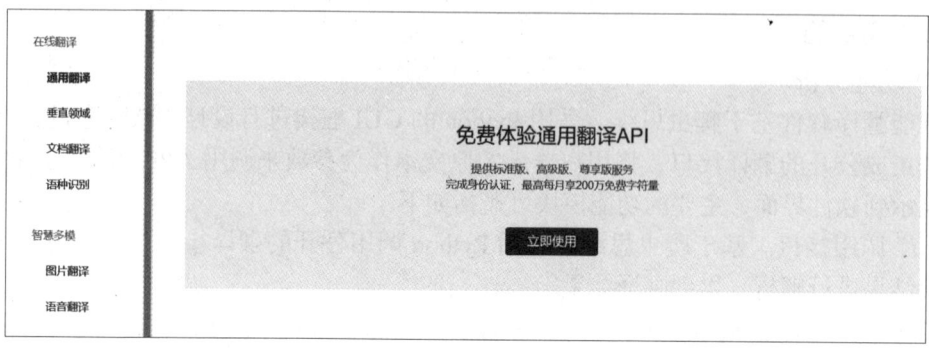

图 8-5　通用翻译申请入口

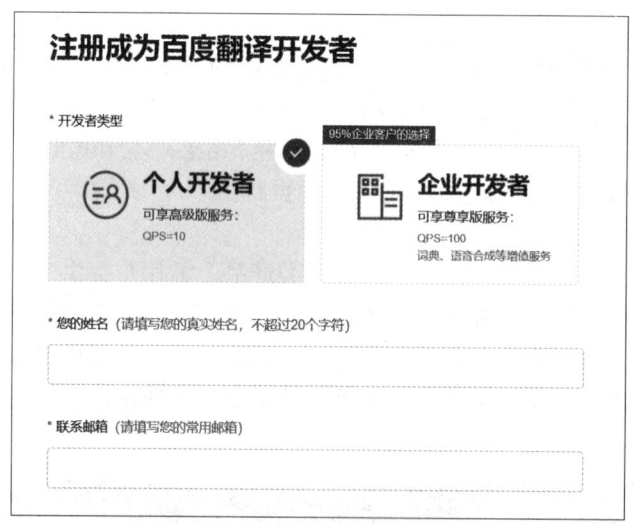

图 8-6　填写"个人开发者"信息

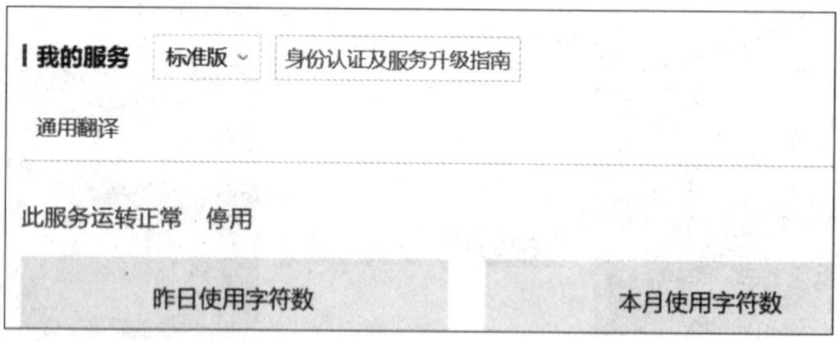

图 8-7　开通"标准版"通用翻译 API 服务

（3）查看 App ID。参见图 8-4，单击顶部的"管理控制台"选项，查看"开发者信息"，如图 8-8 所示。

我们这里隐藏了部分申请信息，读者可根据自身情况注册并查看对应的信息，注意这里需记录 App ID 参数，用于后面的翻译 API 调用。

至此，我们申请了百度翻译开放平台的免费 API 服务，当然如果具备条件也可以申请付费版本的接口。限于篇幅本章节不做深入的阐述，感兴趣的读者可以查阅对应的官方网站。

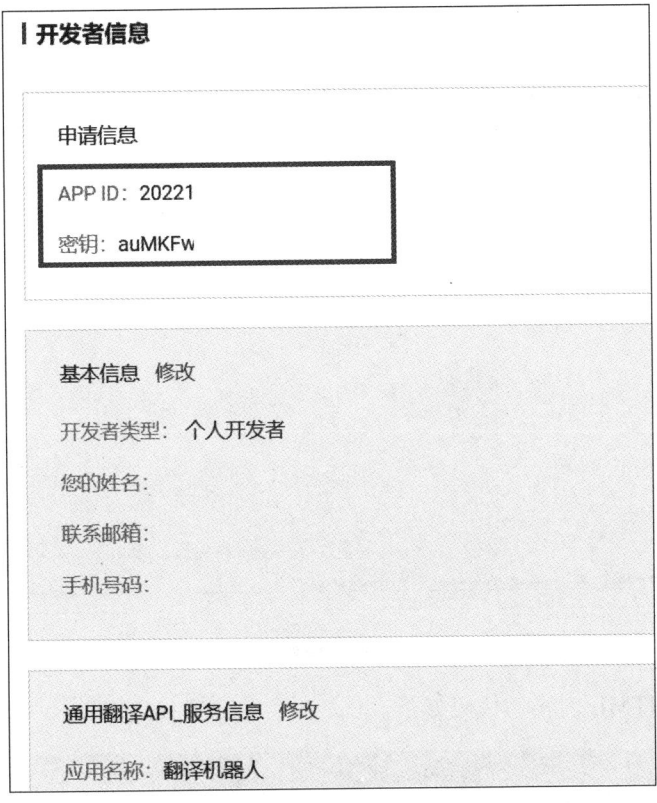

图 8-8 管理控制台页面

3）搭建爬虫环境

urllib 库可视为 Python 版本的 URL 处理工具包，具有页面简洁、易学易用的特点，本案例选择通过基础的 urllib 库爬取数据，常用功能概括如下。

（1）urllib.request。urllib.request 是基础 HTTP 请求模块，可模拟对设定的 URL 发起 HTTP 请求。

（2）urllib.error。urllib.error 是异常处理模块，可捕获 urllib.request 产生的异常，进而通过 try-except 进行异常捕获。

（3）urllib.parse。urllib.parse 是辅助工具模块，包含常用 URL 处理方法，如解析、拆分与合并等。

（4）urllib.robotparser。urllib.robotparser 是许可协议解析模块，可用于识别网站的 robots.txt 文件，如通过 RobotFileParser 类的 can_fetch( ) 函数判断是否可以爬取目标网页。

下面我们通过对百度首页的爬取演示一下 urllib 的调用方法，以了解爬取网络数据的基本流程。

（1）建立工程。在 PyCharm 中新建一个工程 zhinengfanyiqi（创建过程可参见第 2 章），新建文件 demo1.py，具体可参见图 8-9。

（2）引入 urllib 编程。在 demo1.py 中通过 from urllib import request 引入 urllib 编程环境，再通过"html=request.urlopen(url).read( )"爬取网页，最后执行 html.decode（"utf-8"）

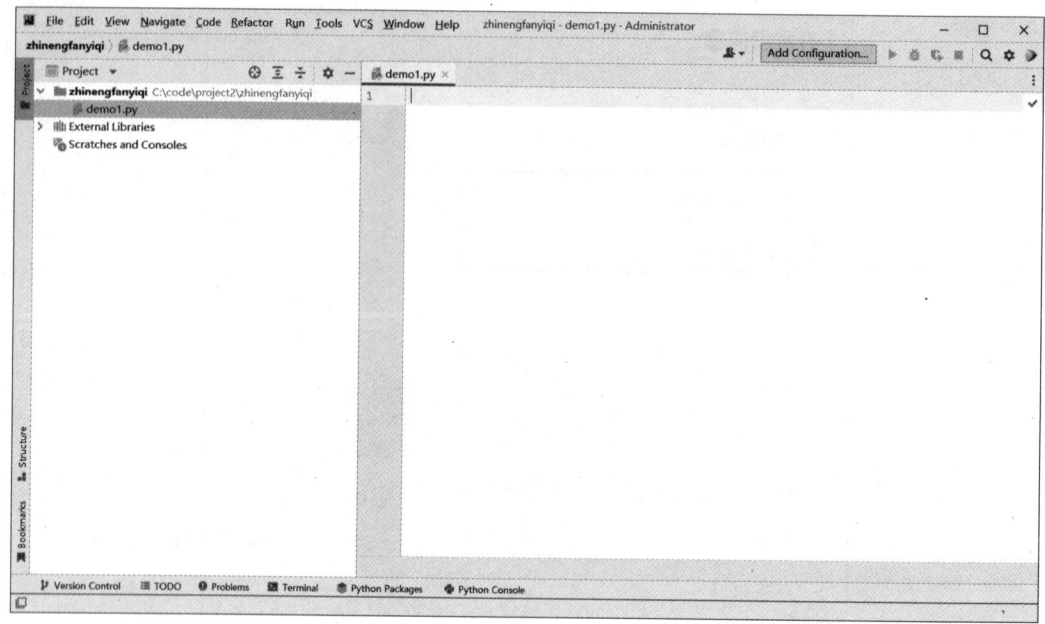

图 8-9 新建工程

即可得到网页的 HTML 内容,代码如下。

```
from urllib import request
url = "http://www.baidu.com/"          # 目标网址
html = request.urlopen(url).read()     # 爬取网页
html = html.decode("utf-8")            # 按 utf-8 解析
print(html)
```

如果程序正常运行,会自动爬取目标网址的 HTML 内容,经解析后打印显示,运行结果如图 8-10 所示。通过查看打印输出的内容,可以发现已爬取到了相关的页面,包含网页的 HTML 标签等信息,表示 urllib 爬虫环境搭建成功。读者也可以自行替换其他的 URL,查看爬取效果。

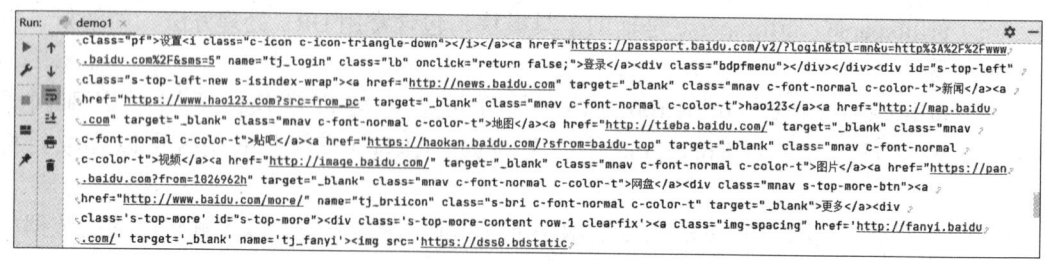

图 8-10 爬取目标网页

4. 任务总结

通过本次任务,明确了本项目的应用目标,细化了项目的功能要点,申请了翻译 API

服务并成功搭建了项目所需的开发环境。最后,通过PyCharm创建项目工程,为项目功能设计和实现打下了基础。

任务8.3 界 面 设 计

1. 任务目标

上一任务详细阐述了申请翻译API和网络爬虫环境搭建,接下来演示如何进行智能翻译软件界面设计,通过控件添加和布局管理方式,阐述软件界面设计基本过程,然后进行设计内容拓展,最终完成智能翻译软件界面设计工作。

2. 任务要点

智能翻译软件主要面向文本翻译需求,软件界面包括输入/输出、执行和导出等控件,对应到前面学到的Label控件、Entry控件和Button控件,通过对控件进行属性设置来完成软件界面设计。

(1) Label控件。设置"输入""输出"的Label控件,用于信息提示。

(2) Entry控件。设置"输入框""输出框"的Entry控件,用于信息显示。

(3) Button控件。设置"执行""清空""导出"的Button控件,用于功能执行。

3. 任务实施

为了形象化完成智能翻译软件界面设计,如图8-11所示,我们用WPS、画图等软件通过绘图方式设计一个窗体,通过Label、Entry和Button等控件组合,实现智能翻译软件可视化设计。

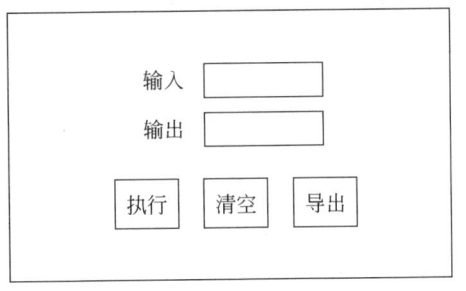

图8-11 智能翻译软件窗体设计图示

要做出如图8-11所示的界面,进入工程zhinengfanyiqi,新建文件demo2.py,在其中设计自定义类MainUI,将整个界面设计工作分为三个步骤来完成,如下为类初始定义代码。

```
class MainUI:
    # 创建窗体
    def __init__(self):
        pass
    # 添加控件
```

```python
    def create_widget(self):
        pass
    # 布局窗体
    def layout_widget(self):
        pass
```

(1)创建窗体。通过Python的Tkinter框架设计一个窗体,设置窗体的尺寸、标题等属性。

```python
def __init__(self):
    self.root = Tk()
    # 设置标题
    self.root.title('智能翻译软件')
    # 设置窗体尺寸
    self.root.geometry("260×200")
    # 启动窗体
    self.create_widget()
    self.layout_widget()
    self.root.mainloop()
```

(2)添加控件。在窗体上添加标签、按钮和选择框等控件,完善窗体构成。

```python
# 添加控件
def create_widget(self):
    # 标签
    self.bq = Label()
    self.bq2 = Label()
    # 文本框
    self.xm = Entry()
    self.xm2 = Entry()
    # 按钮
    self.button_run = Button()
    self.button_save = Button()
    self.button_clear = Button()
    self.bq['text'] = '输入'
    self.bq2['text'] = '输出'
    self.button_run['text'] = '执行'
    self.button_save['text'] = '导出'
    self.button_clear['text'] = '清空'
```

(3)布局窗体。调整窗体各个控件位置,完成布局窗体。

```python
# 布局窗体
def layout_widget(self):
```

```
self.bq.place(x=30, y=30)
self.xm.place(x=80, y=30)
self.bq2.place(x=30, y=80)
self.xm2.place(x=80, y=80)
self.button_run.place(x=60, y=130)
self.button_save.place(x=110, y=130)
self.button_clear.place(x=160, y=130)
```

综合使用这三个步骤的代码,即可完成智能翻译软件界面设计,程序启动后即可弹出软件窗体,具体效果可参见图 8-12。

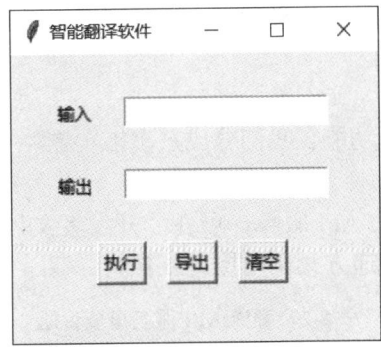

图 8-12 智能翻译软件界面设计示意图

在 demo2.py 中通过控件添加和布局管理的方式,完成了软件界面设计,感兴趣的读者可结合自己的想法,对软件界面设计和布局进行修改,查看运行效果。完成智能翻译软件界面设计之后,可以分析设计流程并进行拓展,结合应用需求展开功能设计工作。

4. 任务总结

通过本次任务,我们设计并实现了一个简单的智能翻译软件界面,包含创建窗体、添加控件和布局窗体等基本步骤,界面设计简洁且功能丰富,覆盖了智能翻译软件应用需求。下一步,可结合爬虫技术及应用需求,为智能翻译软件添加对应的事件函数,实现翻译功能。

任务 8.4 功 能 设 计

1. 任务目标

完成了智能翻译软件的界面设计之后,为了实现对应的功能,这个时候需要我们通过完善事件响应函数来完成功能设计。根据智能翻译软件的需求,我们将功能设计分为三个功能模块,分别是执行翻译、导出结果和重置窗体,通过事件响应函数方式关联到对应的控件来实现软件功能。

2. 任务要点

智能翻译软件的主要功能可以概括为调用 API 执行翻译、导出翻译结果和窗体事件函数关联三个模块，其中调用 API 执行翻译包括 urllib 爬取返回内容、解析并呈现两个环节。本次任务按照前面设计的软件界面，对各个功能模块进行设计和开发，通过添加事件函数的方式实现项目的各项功能。

1）调用 API 执行翻译

读取窗体控件以获得待翻译内容，设置翻译 API 的参数，通过 urllib 爬取返回内容，解析内容并将翻译结果在窗体呈现。

2）导出翻译结果

读取窗体控件以获得待翻译内容、翻译结果，选择保存路径和 TXT 文件的名称，组织内容并写出到文件。

3）窗体事件函数关联

编写窗体事件函数，与按钮建立关联。

3. 任务实施

为了实现智能翻译软件的功能，我们分成三步来实施。

1）调用 API 执行翻译

前面已申请了百度翻译的 API 服务，可在"开发者文档"页面查看 API 地址及相应的参数设置要求，通过参数传递方式调用接口，并获得翻译结果，具体可参见表 8-2。

表 8-2 翻译 API 服务概要说明

参数类别	参数名称	参数类型	参数描述	备注
输入参数	q	字符串	请求翻译的原文	UTF-8 编码
	from	字符串	源语言代码	可设置为 auto
	to	字符串	目标语言代码	不可设置为 auto
	appid	字符串	分配的 App ID	可在账户的"管理控制台"查看 App ID
	salt	字符串	随机数	字母/数字的字符串
	sign	字符串	签名	MD5 值为"appid+q+salt+密钥"，可在账户的"管理控制台"查看 App ID 密钥
输出参数	from	字符串	源语言代码	传入的源语言，如为 auto，则自动检测语种
	to	字符串	目标语言代码	传入的目标语言
	trans_result	JSON 数组	翻译结果	翻译结果，包括 src（原文）和 dst（译文）

输入参数中设置 salt 和 sign 是为了保证 API 调用的安全性和可区分性，通过调用 hashlib.md5() 函数获得"appid+q+salt+密钥"的 MD5 编码，进而得到 API 调用的签名字符串；输出参数中的 trans_result 为 JSON 数组，利用 JSON 轻量级数据交换的优点来组织数据，将 src（原文）和 dst（译文）进行统一输出，便于翻译内容的对应解析。

参数 from 为源语言类型，如果不确定，可设置为 auto，翻译 API 会自动检测语种信息并返回;参数 to 为目标语言类型,需明确设定,不可设置为 auto。通用翻译 API 已支持近 200 种语言翻译,常见的语言类型可参见表 8-3。

表 8-3 常见的语言类型

语言类型	语言代码	语言类型	语言代码	语言类型	语言代码
自动检测	auto	中文	zh	英语	en
粤语	yue	文言文	wyw	繁体中文	cht
韩语	kor	法语	fra	日语	jp
泰语	th	阿拉伯语	ara	俄语	ru
葡萄牙语	pt	德语	de	意大利语	it
希腊语	el	荷兰语	nl	波兰语	pl
保加利亚语	bul	爱沙尼亚语	est	丹麦语	dan
芬兰语	fin	西班牙语	spa	越南语	vie

为了便于演示基本流程,我们假设将"高级编程语言"翻译为英语,通过三步操作来演示如何调用 API 执行翻译,输出翻译结果。

(1)参数初始化。进入工程 zhinengfanyiqi,新建文件 demo3.py,定义参数并进行初始化。

```
q = '高级编程语言'              # 待翻译内容
froml = 'zh'   # 中文
to = 'en'      # 英文
appid = '20221****'            # 平台分配的 AppID
my = 'auM****'                 # 平台分配的密钥
salt='lyq123456'               # 设置的 salt
# 转换为 md5
import hashlib
sign = hashlib.md5((appid+q+salt+my).encode('utf-8')).hexdigest()
print(sign)
```

程序中定义了相关参数并进行了初始化,配置了前面在申请翻译 API 时分配的 App ID 和密钥,设置了 salt 字符串,并通过 hashlib.md5 计算 md5 来作为签名参数。如图 8-13 所示,程序运行后会输出签名参数,它是一个由小写字母和数字组成的 32 位字符串。

```
D:\ProgramData\Anaconda3\python.exe C:/code/project2/zhinengfanyiqi/demo3.py
1cfa425f1b11910315c39e9d5fbeef97

Process finished with exit code 0
```

图 8-13 参数初始化

(2)参数组合,生成目标网址。根据翻译 API 地址及参数配置要求,结合前面进行初始化定义,按以下规则进行组合:https://fanyi-api.baidu.com/api/trans/vip/translate?q= 待

翻译内容&from=源语言&to=目标语言&appid=平台分配的App ID&salt=设置的随机数&sign=签名

考虑到待翻译内容为中文,根据URL编码要求,可调用urllib.parse.quote( )函数进行编码转义,生成对应URL。在demo3.py中,添加以下代码来进行参数组合,得到目标网址。

```
from urllib import parse
# 目标网址
url = "https://fanyi-api.baidu.com/api/trans/vip/translate?q="+\
      parse.quote(q)+'&from='+froml+'&to='+to+\
      '&appid='+appid+'&salt='+salt+'&sign='+sign
print(url)
```

程序按照预设URL和参数进行组合以得到目标网址,运行后会输出对应信息,具体可参见图8-14。

```
D:\ProgramData\Anaconda3\python.exe C:/code/project2/zhinenqfanyiqi/demo3.py
https://fanyi-api.baidu.com/api/trans/vip/translate?q=%E9%8B%E8%AI&from=zh&to=en&appid=2020&salt=lyq123456&sign=1cfa42

Process finished with exit code 0
```

图8-14 生成目标网址

(3)爬取目标网址,输出翻译结果。获得了URL后,即可通过前面介绍过的urllib.request.urlopen( )函数爬取目标网址,然后解析返回内容以得到翻译结果。在demo3.py中,添加以下代码来进行爬取,得到翻译结果。

```
from urllib import request
# 爬取网址
result = request.urlopen(url).read()
# 解析中文
result = result.decode("unicode-escape")
print(result)
```

程序通过request.urlopen(url).read( )爬取目标网址,考虑到可能会出现的中英文情况,采用decode("unicode-escape")方式进行内容解析,最终得到URL返回的翻译结果,具体内容可参见图8-15。

```
D:\ProgramData\Anaconda3\python.exe C:/code/project2/zhinengfanyiqi/demo3.py
{"from":"zh","to":"en","trans_result":[{"src":"高级编程语言","dst":"Advanced Programming Language"}]}
```

图8-15 爬取翻译结果

至此,通过以上操作即可完成翻译的基本功能,这里使用了参数组合生成URL,再通过爬虫来得到翻译结果,这本质上属于一个get形式的请求,类似于我们平时浏览网页的操作。读者可以考虑设计参数字典,发起post请求,比较两种形式的差异。

2）导出翻译结果

通过爬虫获取翻译结果后，可解析内容并将其按设定的格式导出到 TXT 文件，便于存档。为此，首先通过 json.loads 解析返回结果，然后利用 tkinter 框架的文件保存对话框，获取 TXT 文件路径，最后以"写"模式打开此 TXT 文件，并将内容输出到 TXT 文件。

（1）内容解析，提取翻译结果。通过前面的阐述，可以发现翻译 API 返回的结果为 JSON 格式，可通过 json.loads( ) 函数进行内容解析，获得对应字段的值。在 demo3.py 中，可添加以下代码进行解析和提取。

```python
import json
# 解析 JSON
result = json.loads(result)
# 输出字段
print(result['from'])
print(result['to'])
print(result['trans_result'][0]['src'])
print(result['trans_result'][0]['dst'])
```

程序首先通过 json.loads( ) 加载 result 以得到 JSON 对象，然后采用类似字典的操作提取每个字段的内容，最后输出各个字段的对应值，具体内容可参见图 8-16。

```
D:\ProgramData\Anaconda3\python.exe C:/code/project2/zhinengfanyiqi/demo3.py
zh
en
高级编程语言
Advanced Programming Language
```

图 8-16　解析翻译结果

（2）文件设置，生成 TXT 文件路径。为了获得要保存的 TXT 文件路径，可利用 tkinter 框架文件保存对话框，进行交互式设置，类似我们平时做文件保存时进行的操作。在 demo3.py 中，可添加以下代码，设置 TXT 文件保存路径。

```python
from tkinter import filedialog
# 获取文件路径
file_path = filedialog.asksaveasfilename(filetypes=[('TXT', '*.txt')],
                                         defaultextension=[('TXT',
                                         '*.txt')])
print(file_path)
```

程序通过 tkinter 库的 filedialog.asksaveasfilename( ) 函数调出"另存为"对话框，设置文件类型为 TXT 格式，用户设置文件夹及文件名后，即可得到对应的文件路径，如果单击"取消"按钮则返回空字符串，具体可参见图 8-17 和图 8-18。

（3）写出文件，保存内容到 TXT 文件。设置有效的 TXT 文件路径后，即可利用 open( ) 函数以"写"模式打开此 TXT 文件，然后通过 write( ) 函数将字符内容保存到文件。在 demo3.py 中，可添加以下代码，打开 TXT 文件并保存内容。

图 8-17 "另存为"对话框

```
D:\ProgramData\Anaconda3\python.exe C:/code/project2/zhinengfanyiqi/demo3.py
C:/code/project2/result.txt
```

图 8-18 设置文件路径

```
# 写出文件
f = open (file_path, 'w', encoding='utf-8')
f.write('输入:' + result['trans_result'][0]['src'])
f.write('\n')
f.write('输出:' + result['trans_result'][0]['dst'])
f.close()
```

程序首先通过 open (file_path, 'w', encoding='utf-8') 以"写"模式, 打开前面设置的 TXT 文件, 并设置待写入文件的编码格式为 utf-8, 这样能够有效存储中文内容; 然后, 通过 f.write( ) 写出字符串, 并在中间设置了换行符"\n"; 最后, 通过 f.close( ) 来关闭文件句柄, 完成文件写出操作, 具体效果可参见图 8-19。

图 8-19 文件保存效果

3）窗体事件函数关联

综合界面设计和各项功能模块实现方法，可将对应代码通过事件函数的方式关联到窗体控件，实现完整的智能翻译操作流程。进入工程 kaoqinxitong，新建文件 demo4.py，将任务 8.3 和任务 8.4 的代码在 demo4.py 中进行合并，关联功能代码与界面设计的内容，部分代码如下。

```python
class MainUI:
    # 省略界面设计部分代码
    def init_widget(self):                    # 初始化窗体
        # 省略界面部分设计代码
        self.button_run.config(command=self.run)
        self.button_clear.config(command=self.clear)
        self.button_save.config(command=self.save)
    # 执行翻译
    def run(self):
        # 待翻译内容
        q = self.xm.get()
        froml = 'zh'                          # 中文
        to = 'en'                             # 英文
        appid = '20221…'                      # 平台分配的App ID，请自行配置
        my = 'auMK…'                          # 平台分配的密钥，请自行配置
        salt = 'lyq123456'                    # 设置的salt
        # 转换为md5
        sign = hashlib.md5((appid + q + salt + my).encode('utf-8')).hexdigest()
        # 目标网址
        url = "https://fanyi-api.baidu.com/api/trans/vip/translate?q=" + \
              parse.quote(q) + '&from=' + froml + '&to=' + to + \
              '&appid=' + appid + '&salt=' + salt + '&sign=' + sign
        # 爬取网址
        result = request.urlopen(url).read()
        # 解析JSON
        result = json.loads(result.decode("unicode-escape"))
        # 输出字段
        self.xm2.delete(0, 'end')
        self.xm2.insert(0, result['trans_result'][0]['dst'])
        messagebox.showinfo('提示', '翻译完毕！')
    # 重置窗体
    def clear(self):
        self.xm.delete(0, 'end')
        self.xm2.delete(0, 'end')
    # 导出数据
    def save(self):
        # 获取文件路径
        file_path = filedialog.asksaveasfilename(filetypes=[('TXT', '*.txt')],
                    defaultextension=[('TXT', '*.txt')])
```

```
#   写出文件
f = open(file_path, 'w', encoding='utf-8')
f.write('输入:' + self.xm.get())
f.write('\n输出:' + self.xm2.get())
f.close()
messagebox.showinfo('提示','导出完毕!')
```

程序首先通过 config(command= 函数名) 的方式设置控件的事件函数；然后，定义 run( )、clear( ) 和 save( ) 这三个事件函数，分别对应执行翻译、重置窗体和导出数据的功能模块；最后，集成前面各个功能模块代码到函数定义中，完成控件与事件函数的功能关联。运行后即可得到如图 8-20 和图 8-21 所示的软件效果，至此完成了智能翻译软件的设计及开发工作。

图 8-20　执行翻译

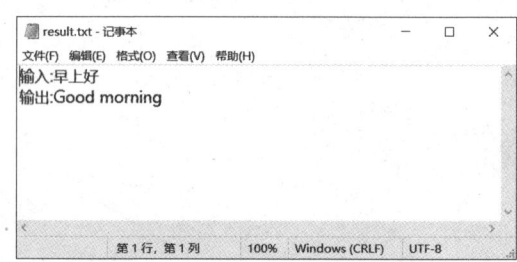

图 8-21　导出结果

在 demo4.py 中完整实现了智能翻译软件，读者可配置 App ID 和密钥等参数，输入不同的内容进行翻译，并查看运行效果。

4. 任务总结

程序利用前面介绍的窗体、控件、布局管理和事件函数等知识进行开发，并基于 urllib 爬虫获取数据策略，获取翻译结果并解析呈现，通过导出文件的方法将输入 / 输出信息保存到 TXT 文件，通过清空按钮完成软件窗体重置。读者可以考虑增加多语种翻译、翻译记录统计和长文本翻译等更为复杂的功能。

任务 8.5　测　　试

1. 任务目标

本次任务目标是对智能翻译项目中的部分代码进行测试，进一步熟悉测试的基本流程。

2. 任务要点

智能翻译软件主要面向文本翻译的需求，以软件界面的方式接收用户的输入文本，通过爬虫调用翻译 API 以得到翻译结果并解析呈现,最后可将翻译的输入/输出导出到文本文件。因此,本次任务的重点是对翻译结果的正确性进行测试,通过前面已搭建的 pytest 测试框架构建测试用例,评测翻译功能的准确性。

3. 任务实施

为了测试智能翻译软件的功能,我们利用已搭建的 pytest 框架,选择通用的翻译文本组合来设计测试用例。为了便于理解,我们以翻译"月份""星期"为例组织中英文对照列表,并利用 pytest 进行测试。

根据前面章节的学习,我们可以定义获取翻译结果的函数,为了演示代码测试的过程,首先定义函数 run( ) 获取输入文本的英文翻译结果,然后分别按照"月份""星期"的对应关系来利用 assert 编写测试用例,最后利用 pytest 进行函数的测试。

进入工程 zhinengfanyiqi,新建文件 test_fy.py,通过以下代码编写测试用例。

```
import json
import hashlib
import time
from urllib import parse
from urllib import request
# 执行翻译
def run(q):
    froml = 'zh'          # 中文
    to = 'en'             # 英文
    appid = '202210'      # 平台分配的 App ID,请自行配置
    my = 'auMKF'          # 平台分配的密钥,请自行配置
    salt = 'lyq123456'    # 设置的 salt
    # 转换为 md5
    sign = hashlib.md5((appid + q + salt + my).encode('utf-8')).hexdigest()
    # 目标网址
    url = "https://fanyi-api.baidu.com/api/trans/vip/translate?q=" + \
        parse.quote(q) + '&from=' + froml + '&to=' + to + \
        '&appid=' + appid + '&salt=' + salt + '&sign=' + sign
    # 爬取网址
    result = request.urlopen(url).read()
    # 解析 JSON
    result = json.loads(result.decode("unicode-escape"))
    print(result)
    # 输出字段
    return result['trans_result'][0]['dst']
def test_fy():
    yue_list=['January','February','March','April','May','June',
        'July','August','September','October','November','December']
    zhou_list=['Monday','Tuesday','Wednesday','Thursday',
        'Friday','Saturday','Sunday']
    # 测试函数
```

```
        assert run('一月').lower() == yue_list[0].lower()
        time.sleep(1)  # 暂停1秒
        assert run('星期三').lower() == zhou_list[2].lower()
```

将代码保存后,打开 cmd 窗口,输入命令 pytest test_fy.py 调用 pytest 框架来进行测试,运行结果可参见图 8-22。

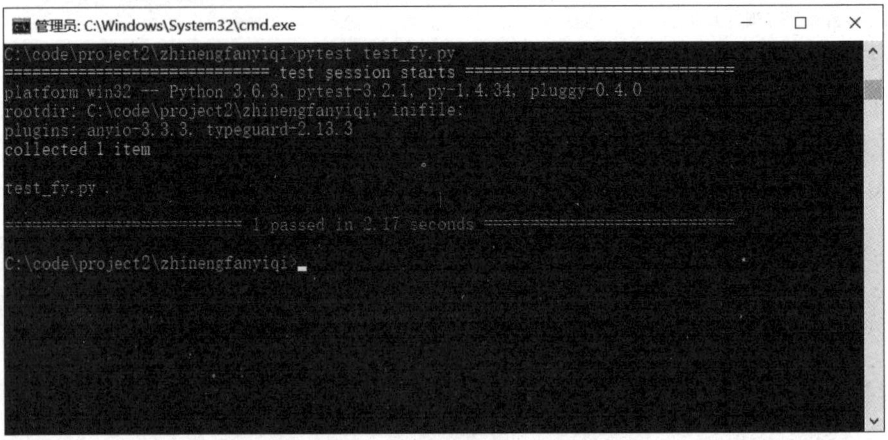

图 8-22 利用 pytest 测试均值函数

如图 8-22 所示,执行测试后可发现对"月份""星期"的测试用例能顺利通过,并打印出了运行耗时等信息。值得注意的是在编写测试用例时,使用了 time.sleep( ) 来设置一定的暂停时间,这是为了避免频繁爬取可能引起的数据返回异常等情况。在编写爬虫应用时一般要根据实际情况设置一定的爬取间隔,避免给目标方的正常服务带来不必要的压力,提高程序稳定性。

4. 任务总结

本次任务针对智能翻译的核心功能进行测试,采用预设的翻译对照列表设计测试用例,运行结果证实翻译结果的正确性。限于篇幅没有设计其他的测试用例,感兴趣的读者可以参考 pytest 和翻译 API 的官方网站。

任务 8.6　验　　收

1. 任务目标

本次任务目标是对智能翻译软件进行项目验收,评审项目各个功能模块,填写验收评价表,熟悉项目验收的基本流程。

2. 任务要点

软件工程项目验收是软件工程项目的一个重要里程碑,对项目交付和投运具有重要意义。根据不同的项目情况,项目验收的内容也不尽相同,可简要概括为发起验收申请、准备验收材料、组织验收评审和移交项目材料等基本步骤。

智能翻译软件包括申请 API、爬取翻译结果和导出翻译结果三个关键步骤,通过软件界面交互方式提供翻译服务。本次任务综合软件界面和功能模块,发起验收申请并设计软件验收评价表,用填表的方式模拟项目验收评审环节,最终完成项目验收工作。

3. 任务实施

为了进行智能翻译软件的项目验收,如表 8-4 所示,设计了软件验收评价表,通过发起验收申请、组织评审和填表评价的方式来实施。

表 8-4 软件验收评价表

软件名称		智能翻译软件		
开发人		完成时间		
验收人		验收时间		
评审项	评审指标	指标说明	分值/分	评分/分
软件内容	内容完整性	是否完成任务单中的各项要求	5	
软件运行	运行流畅性	是否可以正常运行	10	
界面效果	界面布局合理性	是否布局合理、层次清晰	2	
	界面布局美观性	是否美观	3	
	界面一致性	控件是否保持风格一致	5	
功能要求	功能设计	技术运用的合理性、代码编写的正确性	15	
	业务流程	关键业务流程实现的合理性	25	
	软件测试	是否通过软件测试	10	
	软件性能	是否易于操作、功能稳定	10	
软件资料	软件代码、说明文档	包含任务单、完整的软件代码、使用说明等文档	15	
总评分			100	
验收结论				
签字				

4. 任务总结

项目验收对于软件工程项目的开发具有重要意义,是对项目建设情况高度负责的表现,也是对整个项目结果的总体评价。本次任务通过填写软件验收评价表,不仅能掌握软件的基本功能及操作流程,而且通过沟通反馈来发现软件的不足及改进方向,进而为软件正式投运和项目拓展打下基础。因此项目验收后,读者可在使用过程中考虑软件功能的进一步拓展,如增加翻译语种设置项、爬取其他翻译 API 和导出 Word 文档等方式。

综合实训 3　AI 手写数字识别软件

- 理解 AI 的基本概念；
- 熟悉 AI 手写数字识别程序设计开发过程，理解 CNN 的概念；
- 掌握 AI 模型设计及训练的方法；
- 熟悉对 AI 模型保存及加载的方法；
- 熟悉基于 CNN 的数字识别应用开发过程，了解相关功能模块实现细节。

综合实训 3　AI 手写数字识别软件

- 能够熟练使用 PyCharm 进行 AI 程序设计；
- 能够编写、调试 AI 程序中的数据集加载、模型训练和模型保存等；
- 能够熟练建立工程，并能基于手写数字数据集编写 CNN 程序；
- 能够运用 AI 手写数字识别的相关知识完成工单任务。

- 培养 AI 项目开发的编程能力及调试经验；
- 养成严谨认真、精益求精的软件工匠精神；
- 培养团队协作、实践创新的能力；
- 树立不断创新、担当作为的进取精神。

任务 9.1　填写项目确认单

1. 任务目标

本项目基于 AI 技术和 Python 的 GUI 框架进行设计开发，通过训练手写数字数据集得到识别模型，经模型保存和载入实现 AI 模型的存储及调用，最终形成一套 AI 手写数字识别软件。本次任务目标是填写项目确认单，了解项目基本背景和应用目标，熟悉项目所需的功能模块，掌握 AI 软件项目开发的基本工作流程。

2. 任务要点

AI 手写数字识别软件的核心是基于手写数字数据集训练 AI 模型，利用模型的保存及加载方法实现模型调用，最终利用 Python 的 GUI 框架实现。本次任务目标是填写项目确认单，熟悉 AI 手写数字识别软件的功能模块，掌握 AI 项目设计开发流程。

3. 任务实施

请完成表 9-1 的填写。

表 9-1　AI 手写数字识别软件项目确认单

软件名称	AI 手写数字识别软件		
开发人		开始、结束时间	
功能描述	本次任务要求熟悉卷积神经网络分类识别技术，了解 AI 模型流行的应用场景，运行 AI 手写数字识别软件，完成以下内容。 （1）准备手写数字数据集。 （2）运行 AI 手写数字识别软件获取手写数字识别结果，了解通过卷积神经网络进行分类识别的技术流程。 （3）存储模型到本地文件，了解 AI 模型的存储及加载方式。 （4）分析 AI 模型的训练集测试过程，掌握实现方法		
拓展功能			
签字			

4. 任务总结

通过填写项目确认单，了解本项目的基本背景和应用目标，熟悉基于卷积神经网络开发 AI 手写数字识别软件的基本内容，掌握 AI 项目开发的基本工作流程。

任务 9.2　环境搭建

1. 任务目标

前面两个项目已经充分说明了环境搭建的重要性，本案例开发 AI 手写数字识别软件，包括手写数据集解析、卷积神经网络训练、基于 Python 的 GUI 框架设计开发，以及软件界面设计和模型存储、载入等内容，实现这些内容需要深度学习平台的支持。本次任务目标是根据本项目要完成的工作内容，选择并安装深度学习平台，从而熟悉项目涉及的 AI 编程环境。

2. 任务要点

深度学习平台有很多，如百度的 PaddlePaddle、腾讯的 Angel、Facebook 的 PyTorch 等，这些平台在不同应用方面各有优缺点，根据本项目任务需求，选择 Google 的 TensorFlow 平台支持项目开发。

TensorFlow 是一个开源的、基于 Python 的机器学习框架，由 Google 公司主导开发，广泛应用于计算机视觉、自然语言处理和数据挖掘等领域，是目前业界最流行的开源深度学习计算平台之一。我们只需要把数据导入 TensorFlow 平台，即可在该平台上通过算法模型对数据进行训练和比对，当然也可以运行自己设计的算法。Google 翻译、Google

Photos、Gmail 等谷歌自身产品都应用了 TensorFlow 平台,通过使用深度神经网络算法提高翻译、图像识别、垃圾邮件过滤等功能的准确性。

3. 任务实施

TensorFlow 的安装非常简单,通过运行 pip 命令即可,如图 9-1 所示,在 Python 的命令行环境下执行 pip install tensorflow 命令安装 TensorFlow 库。

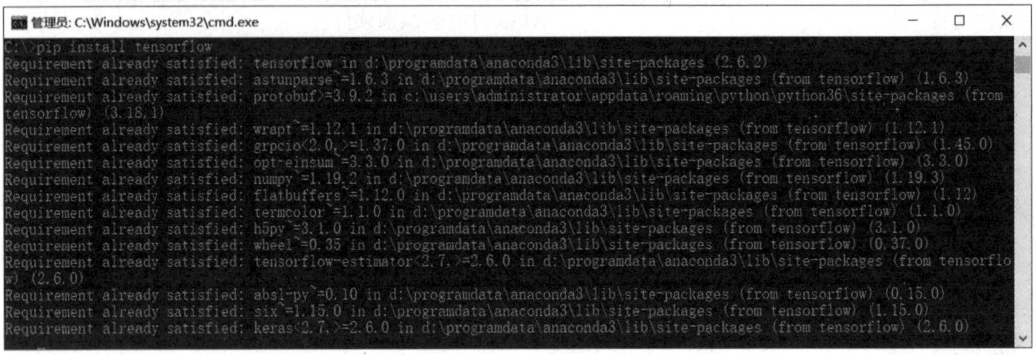

图 9-1 AI 编程环境配置

安装完毕后,我们通过输出 TensorFlow 版本信息的方式,演示 TensorFlow 库的调用方法,了解加载 AI 编程环境的基本流程。

(1)建立工程。在 PyCharm 中新建一个工程 shouxieshuzi(创建过程可参见第 2 章),新建文件 demo1.py,具体可参见图 9-2。

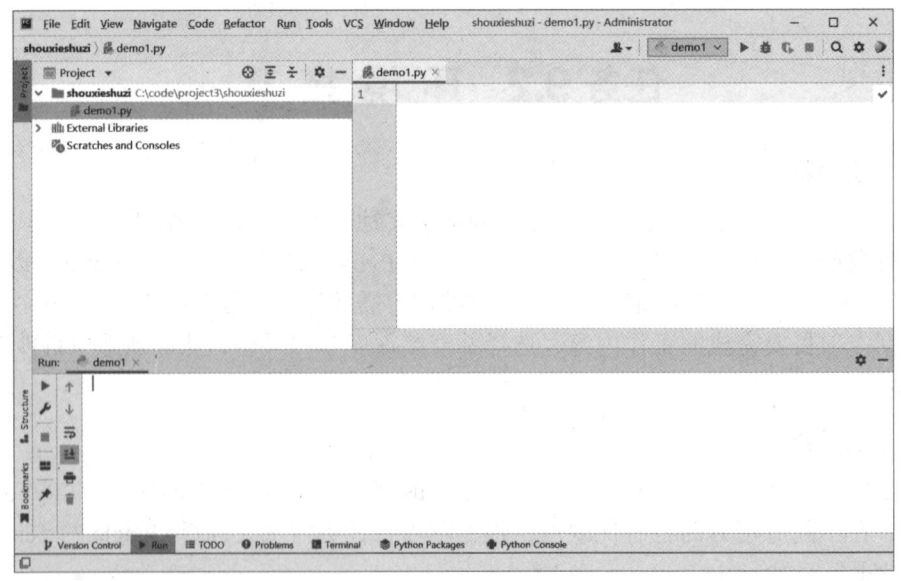

图 9-2 新建工程

(2)引入 TensorFlow 编程。在 demo1.py 中,通过 import tensorflow as tf 引入 TensorFlow 编程环境,再通过 v=tf.__version__ 获取 TensorFlow 版本信息,最后执行 print(v) 即可得到已安装的 TensorFlow 版本信息,代码如下:

```
import tensorflow as tf
v = tf.__version__
print(v)
```

如果程序正常运行,会加载 TensorFlow,获取版本信息并打印显示,运行结果如图 9-3 所示。本软件使用的是 TensorFlow 2.6.2 版,表示 TensorFlow 编程环境搭建成功。读者也可以根据实际情况选择安装其他版本的 TensorFlow。

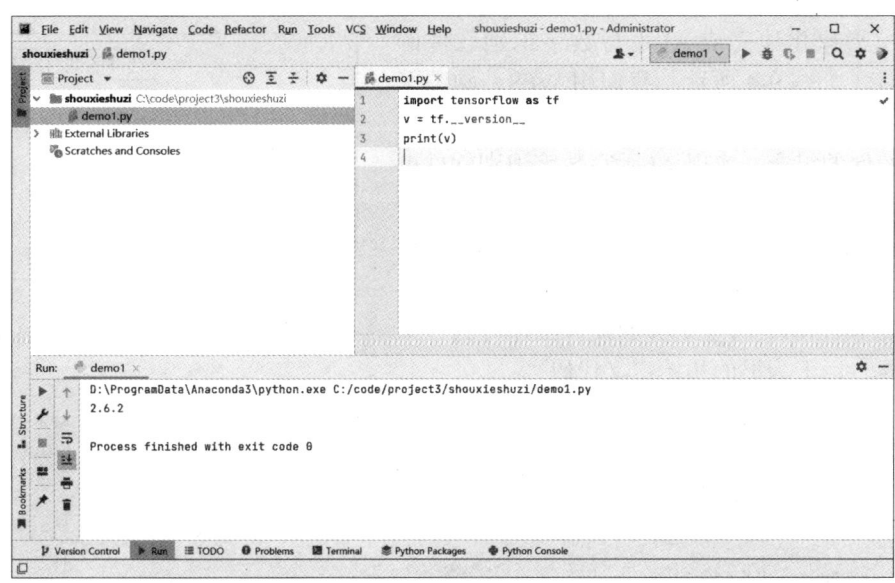

图 9-3 打印 TensorFlow 版本信息

4. 任务总结

通过本次任务,首先,明确了本项目的应用目标,然后熟悉了大数据及人工智能基础知识,并成功搭建项目所需的开发环境。最后,通过 PyCharm 创建项目工程,为项目功能设计和实现打下了基础。

任务 9.3 界 面 设 计

1. 任务目标

上一个任务中搭建了 TensorFlow 编程环境,接下来演示如何进行 AI 手写数字识别软件的界面设计,通过控件添加和布局管理的方式,阐述软件界面设计的基本过程,然后进行设计内容的拓展,最终完成 AI 手写数字识别软件的界面设计工作。

2. 任务要点

AI 手写数字识别软件主要面向手写数字图像的识别需求,软件界面包括选择图像、显示图像和 AI 识别等控件，对应到前面学到的 Label 控件、Button 控件，通过对控件进行属性设置来完成软件的界面设计。

1）Label 控件

设置 Label 控件，用于显示图像。

2）Button 控件

设置"选择图像""AI 识别"的 Button 控件，用于功能执行。

3. 任务实施

为了形象化地完成 AI 手写数字识别软件的界面设计，如图 9-4 所示，我们用 WPS、画图等软件通过绘图的方式设计一个窗体，通过 Label、Button 控件的组合，实现 AI 手写数字识别软件可视化设计。

图 9-4　AI 手写数字识别软件窗体设计图示

要做出如图 9-4 所示的界面，进入工程 shouxieshuzi，新建文件 demo2.py，在其中设计自定义的类 MainUI，将整个界面设计工作分为三个步骤完成，以下为类的初始定义代码。

```python
class MainUI:
    #  创建窗体
    def __init__(self):
        pass
    #  添加控件
    def create_widget(self):
        pass
    #  布局窗体
    def layout_widget(self):
        pass
```

（1）创建窗体。通过 Python 的 tkinter 框架设计一个窗体，设置窗体的尺寸、标题等属性。

```python
def __init__(self):
    self.root = Tk()
    #  设置标题
    self.root.title('AI 手写数字识别软件 ')
    #  设置窗体尺寸
    self.root.geometry("400×300")
    #  启动窗体
    self.create_widget()
    self.layout_widget()
    self.root.mainloop()
```

（2）添加控件。在窗体上添加标签、按钮和选择框等控件，完善窗体的构成。

```
# 添加控件
def create_widget(self):
    # 图片
    self.pic = Label()
    # 按钮
    self.button_open = Button()
    self.button_run = Button()
    self.button_open['text'] = '选择图像'
    self.button_run['text'] = 'AI识别'
```

（3）布局窗体。调整窗体各个控件的位置，完成布局窗体。此处为了设置标签显示默认图像，我们设置白色背景图，并调整背景图的尺寸使其能铺满整个图像显示区。

```
# 布局窗体
def layout_widget(self):
    self.button_open.place(x=260, y=10)
    self.button_run.place(x=340, y=10)
    self.pic.place(x=25, y=60)
    pil_image = Image.open("./bg.png")
    pil_image = pil_image.resize((350, 200))
    img = ImageTk.PhotoImage(pil_image)
    self.pic.configure(background="white",image=img)
```

综合使用这三个步骤代码，即可完成 AI 手写数字识别软件界面设计，程序启动后即可弹出软件窗体，具体效果可参见图 9-5。

图 9-5　AI 手写数字识别软件的界面设计示意图

在 demo2.py 中通过控件添加和布局管理的方式完成了软件界面设计，感兴趣的读者可结合自己的想法对软件界面设计和布局进行修改，查看运行效果。完成 AI 手写数字识别软件的界面设计之后，可以分析设计流程并进行拓展，结合应用需求展开功能设计工作。

4. 任务总结

通过本次任务，我们设计并实现了一个简单的 AI 手写数字识别软件，包含生成窗体、添加控件和布局管理等基本步骤，界面设计简洁且功能丰富，覆盖了 AI 手写数字识别软件的基本需求。下一步，可结合 AI 识别技术及具体需求为 AI 手写数字识别软件添加对应的事件函数，实现手写数字识别功能。

任务9.4 功 能 设 计

1. 任务目标

完成了 AI 手写数字识别软件界面设计之后，为了实现对应功能，这个时候需要我们通过完善事件响应函数来完成功能设计。通过事件响应函数方式，关联到对应的控件来实现软件功能。

2. 任务要点

AI 手写数字识别软件主要功能可以概括为加载数据集、训练手写数字识别模型和调用手写数字识别模型三个模块。本次任务按照前面设计的软件界面，对各个功能模块进行设计和开发，通过添加事件函数方式实现项目的各项功能。

1）加载数据集

加载手写数字图像数据集，解析数据文件，选择部分数据集样本进行实验，按比例拆分为训练集和测试集。

2）训练手写数字识别模型

设计 AI 模型并设置训练参数，加载训练集执行模型训练，将训练后的模型保存到指定文件夹。

3）调用手写数字识别模型

加载已保存的模型，设计窗体事件函数，通过文件选择对话框来选择待处理图像，程序将读取指定的图像，并在软件界面的图像显示区域进行呈现，最后根据输入要求将图像输入模型以获取识别结果，显示识别结果。

3. 任务实施

根据任务要点分析，可以分成三步实施任务。

1）加载数据集

本软件选择经典的 MNIST 手写数字数据集，设计基础结构卷积神经网络模型，分析深度学习工作原理，并训练手写数字识别模型；比较分析不同网络结构的识别效果，最终形成基于卷积神经网络的手写数字识别应用。其中，MNIST 数据集由著名的人工智能专家 Yann Lecun（杨立昆）主导创建，共有 60000 张训练图像和 10000 张测试图像，已成为机器学习领域的基础数据集之一。MNIST 数据集可在官网进行下载，对应的文件列表可参见图 9-6。

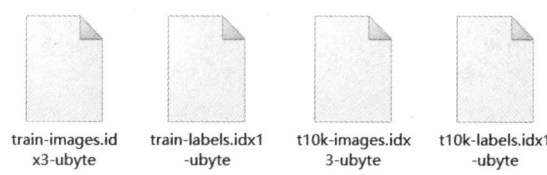

图 9-6　MNIST 数据集文件列表

如图 9-6 所示，MNIST 数据集包含 4 个文件，包括 0~9 的手写数字图像和标签数据，分为训练集（以 train 开头的文件）和测试集（以 t10k 开头的文件），文件说明可参见表 9-2。

表 9-2　MNIST 数据集文件说明

名称	内容
train-images-idx3-ubyte	训练集图片数据，共 60000 张
train-labels-idx1-ubyte	训练集标签数据，共 60000 条
t10k-images-idx3-ubyte	测试集图片数据，共 10000 张
t10k-labels-idx1-ubyte	测试集标签数据，共 60000 条

MNIST 数据集并不是直观可视化的标准图像，为了进行图片大数据的解析，可按照图像 28×28 的维度大小进行读取，这里编写程序提取前 16 张图片并进行显示。

```python
import numpy as np
import struct
import matplotlib.pyplot as plt
# 读取图像数据
with open('./data/train-images.idx3-ubyte','rb') as f:
    image_data = f.read()
# 读取标签数据
with open('./data/train-labels.idx1-ubyte','rb') as f:
    label_data = f.read()
# 解析图像，跳过头部标识
idx = 16
images = []
for i in range(16):
    # 28×28=784
    imagei = struct.unpack_from('>784B', image_data, idx)
    images.append(np.reshape(imagei, (28, 28)))
    idx += struct.calcsize('>784B')
# 解析标签，跳过头部标识
idx = 8
labels=struct.unpack_from('>16B', label_data, idx)
# 显示图像
for i in range(16):
```

```
        plt.subplot(4, 4, i + 1)
        plt.title(str(labels[i]))
        plt.imshow(images[i], cmap='gray')
        plt.axis('off')
plt.show()
```

程序运行后会解析 MNIST 数据集文件,提取前 16 幅图片并创建 Figure 窗体进行显示,运行结果如图 9-7 所示。

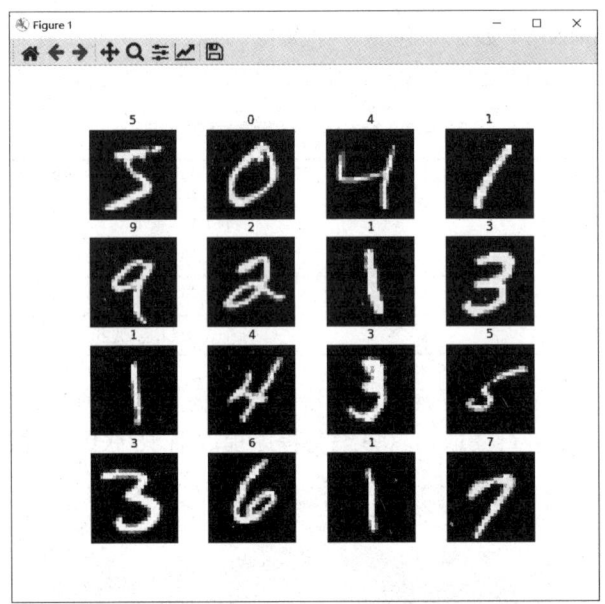

图 9-7 MNIST 数据集解析示例

从图 9-7 可以发现,MNIST 数据集的图片为手写数字的黑白图,且数字与标签一一对应。为了方便进行实验分析,我们这里对 0~9 每个数字取 1000 张图片,构成一个小型的数据集,并将图片存储到 db 文件夹内对应的数字标签子文件夹。

```
import numpy as np
import struct
import os
from PIL import Image
# 读取图像数据
with open('./data/train-images.idx3-ubyte','rb') as f:
    image_data = f.read()
# 读取标签数据
with open('./data/train-labels.idx1-ubyte','rb') as f:
    label_data = f.read()
# 解析标签,跳过头部标识
idx = 8
```

```python
labels=struct.unpack_from('>60000B', label_data, idx)
# 按 0~9 构建词典
db = {}
for i in range(0, 10):
    db[i] = []
# 遍历标签,对 0~9 每个数字取 N 张图
N = 1000
for i in range(0, len(labels)):
    if len(db[labels[i]]) < N:
        db[labels[i]].append(i)
    # 如果获取完毕,则终止循环
    check_flag = True
    for j in range(0, 10):
        if len(db[j]) < N:
            # 存在未获取完毕的数据标签
            check_flag = False
            break
    if check_flag is True:
        # 都获取完毕,停止循环
        break
# 解析图像,跳过头部标识
idx = 16
images = []
for j in range(i+1):
    # 28*28=784
    imagei = struct.unpack_from('>784B', image_data, idx)
    images.append(np.reshape(imagei, (28, 28)))
    idx += struct.calcsize('>784B')
# 按 0~9 获取图像并存储
for i in range(0, 10):
    fd = './db/'+str(i)
    if os.path.exists(fd) is False:
        os.makedirs(fd)
    k = 0
    for j in db[i]:
        k = k + 1
        # 提取图像
        img = Image.fromarray(images[j]).convert('L')
        # 保存图像
        img.save(fd+'/'+str(k)+'.png')
```

程序运行后会解析 MNIST 数据集文件,按 0~9 的数字标签分别提取 1000 幅图像进行存储,运行结果如图 9-8 所示。

为了便于直观地进行图片配置,选择如图 9-8 所示的小型数据集作为实验数据,并将其按比例拆分得到训练集和测试集,关键代码如下。

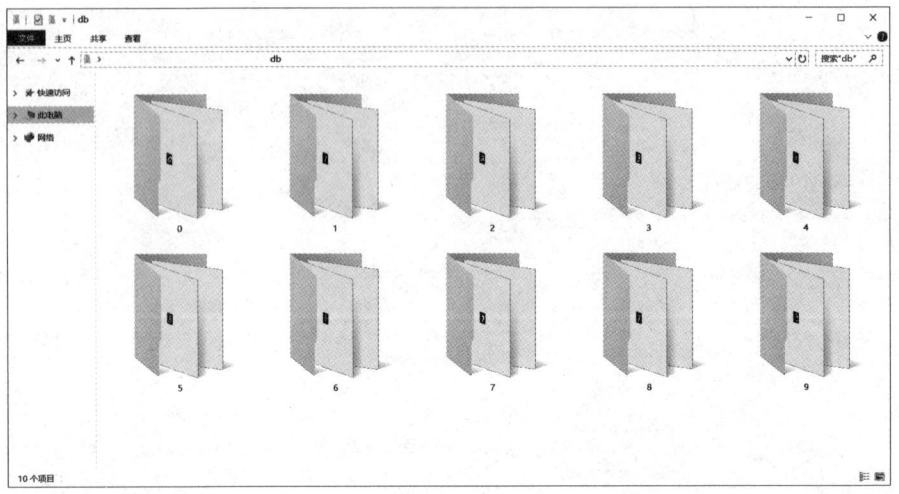

图 9-8　MNIST 数据集图片文件夹

```python
# 按比例生成训练集，测试集
def gen_db_folder(input_db):
    sub_db_list = os.listdir(input_db)
    # 训练集比例
    rate = 0.8
    # 路径检查
    train_db = './train'
    test_db = './test'
    init_folder(train_db)
    init_folder(test_db)
    for sub_db in sub_db_list:
        input_dbi = input_db + '/' + sub_db + '/'
        # 目标文件夹
        train_dbi = train_db + '/' + sub_db + '/'
        test_dbi = test_db + '/' + sub_db + '/'
        mk_folder(train_dbi)
        mk_folder(test_dbi)
        # 遍历文件夹
        fs = os.listdir(input_dbi)
        random.shuffle(fs)
        le = int(len(fs) * rate)
        # 复制文件
        for f in fs[:le]:
            shutil.copy(input_dbi + f, train_dbi)
        for f in fs[le:]:
            shutil.copy(input_dbi + f, test_dbi)
```

调用函数 gen_db_folder，传入数据集文件夹目录，将生成如图 9-9 所示的 train 和 test 文件夹。

如图 9-9 所示，对原始 db 文件夹按比例进行拆分，得到了训练集和测试集文件夹，

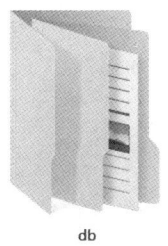 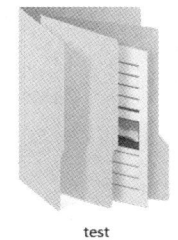 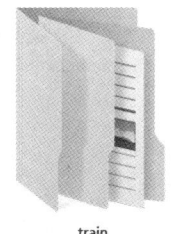

图 9-9　数据集拆分

用于后面的网络训练和评测。

2）训练手写数字识别模型

在手写数字识别中，卷积神经网络（convolutional neural network，CNN）是一种常用的深度学习模型。与传统神经网络不同，CNN 能够接受以矩阵形式表示的图像数据，并保持图像本身的结构化约束，广泛应用于图像分类、目标检测、语音识别等任务。本应用采用基础的 TensorFlow 库函数来构建 AI 模型，可通过 conv2d 函数设计卷积层，通过 max_pooling2d 函数设计池化层，通过 relu( ) 函数设计激活层，通过 dense( ) 函数设计全连接层，最后组合得到 CNN 模型。

```
# 定义 CNN
def make_cnn():
    input_x = tf.reshape(X, shape=[-1, IMAGE_HEIGHT, IMAGE_WIDTH, 1])
    # 第一层结构，使用 conv2d
    conv1 = tf.compat.v1.layers.conv2d(
        inputs=input_x,
        filters=32,
        kernel_size=[5, 5],
        strides=1,
        padding='same',
        activation=tf.nn.relu
    )
    # 使用 max_pooling2d
    pool1 = tf.compat.v1.layers.max_pooling2d(
        inputs=conv1,
        pool_size=[2, 2],
        strides=2
    )
    # 第二层结构，使用 conv2d
    conv2 = tf.compat.v1.layers.conv2d(
        inputs=pool1,
        filters=32,
        kernel_size=[5, 5],
        strides=1,
        padding='same',
        activation=tf.nn.relu
    )
    # 使用 max_pooling2d
```

```python
    pool2 = tf.compat.v1.layers.max_pooling2d(
        inputs=conv2,
        pool_size=[2, 2],
        strides=2
    )
    # 全连接层
    flat = tf.reshape(pool2, [-1, 7 * 7 * 32])
    dense = tf.compat.v1.layers.dense(
        inputs=flat,
        units=1024,
        activation=tf.nn.relu
    )
    # 使用dropout
    dropout = tf.compat.v1.layers.dropout(
        inputs=dense,
        rate=0.5
    )
    # 输出层
    output_y = tf.compat.v1.layers.dense(
        inputs=dropout,
        units=MAX_VEC_LENGHT
    )
    return output_y
```

基于 TensorFlow,调用函数 make_cnn 定义一个简单的 CNN 网络模型,包括 2 个卷积层、1 个全连接层。结合前面生成的数据集,即可加载数据进行模型的训练和存储。

```python
with tf.compat.v1.Session(config=config) as sess:
    sess.run(tf.compat.v1.global_variables_initializer())
    step = 0
    while step < max_step:
        batch_x, batch_y = get_next_batch(64)
        _, loss_ = sess.run([optimizer, loss], feed_dict={X: batch_x,
                                                          Y: batch_y})
        if step % 100 == 0:
            # 每100步计算一次准确率
            batch_x_test, batch_y_test = get_next_batch(100, all_test_files)
            acc = sess.run(accuracy, feed_dict={X: batch_x_test,
                                                Y: batch_y_test})
            print('第' + str(step) + '步,准确率为 ', acc)
        step += 1
    # 保存
    saver.save(sess, './models/cnn_tf.ckpt')
```

运行后将在 models 文件夹下自动保存当前的模型参数进而得到模型文件列表,可用于后面的 AI 手写数字识别软件,具体可参见图 9-10。

如图 9-10 所示,训练后的模型参数以离线文件形式保存到 models 文件夹下,包括 4 个文件,具体说明如下。

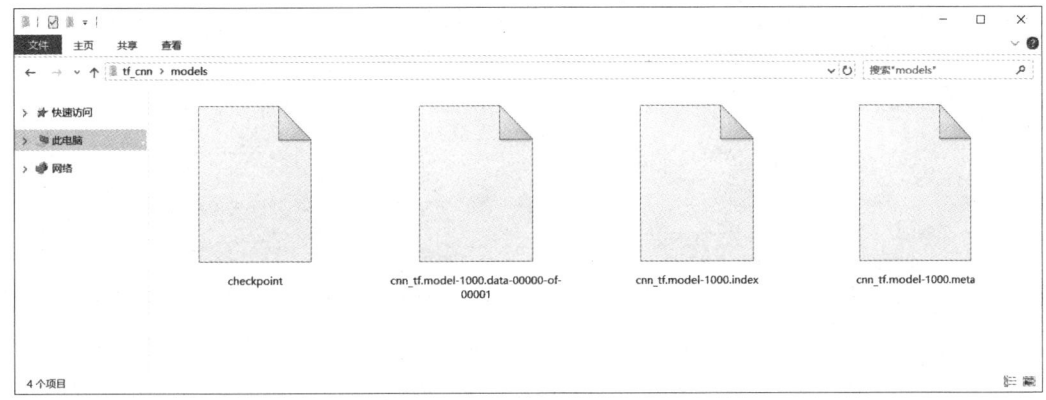

图 9-10 保存 TensorFlow 模型文件

（1）checkpoint：存储模型的路径信息。
（2）cnn_tf.model-1000.data-00000-of-00001：存储模型的权重信息。
（3）cnn_tf.model-1000.index：存储模型的变量参数信息。
（4）cnn_tf.model-1000.meta：存储模型的网络结构信息。
3）调用手写数字识别模型

模型训练完毕后，可通过调用前面保存的模型文件来进行手写数字识别。为此，我们封装函数 sess_ocr 和 ocr_handle 来实现这个功能，即首先加载模型文件到内存，然后将手写数字图像作为参数传入模型，最后得到识别结果并返回。

```python
# 加载模型并识别
def sess_ocr(im):
    output = make_cnn()
    saver = tf.compat.v1.train.Saver()
    with tf.compat.v1.Session() as sess:
        # 复原模型
        saver.restore(sess, './models/cnn_tf.ckpt')
        predict = tf.argmax(tf.reshape(output, [-1, 1, MAX_VEC_LENGHT]), 2)
        text_list = sess.run(predict, feed_dict={X: [im]})
        text = text_list[0]
    return text
# 入口函数
def ocr_handle(filename):
    image = get_image(filename)
    image = image.flatten() / 255
    predict_text = sess_ocr(image)
    return predict_text
```

这两个函数实现了加载手写数字图像、调用模型进行识别的功能，为了便于实验演示，可基于前面设计的窗体界面来进行交互式的手写数字识别。

```python
# 加载模型并识别
```

```python
def choosepic(self):
    self.path_ = askopenfilename()
    if len(self.path_) < 1:
        return
    self.path.set(self.path_)
    file_entry = Entry(self.root, state='readonly', text=self.path)
    self.now_img = file_entry.get()
    img_open = Image.open(file_entry.get())
    img_open = img_open.resize((350, 200))
    img = ImageTk.PhotoImage(img_open)
    self.pic.config(image=img)
    self.pic.image = img
def run(self):
    res = ocr_handle(self.now_img)
    tkinter.messagebox.showinfo(' 提示 ', ' 识别结果是 :%s' % res)
```

综合使用这三个步骤的代码，即可实现 AI 手写数字识别软件模型训练及调用，程序启动后即可弹出软件窗体，用户可选择手写数字图像来验证 CNN 模型的识别效果，具体可参见图 9-11 和图 9-12。

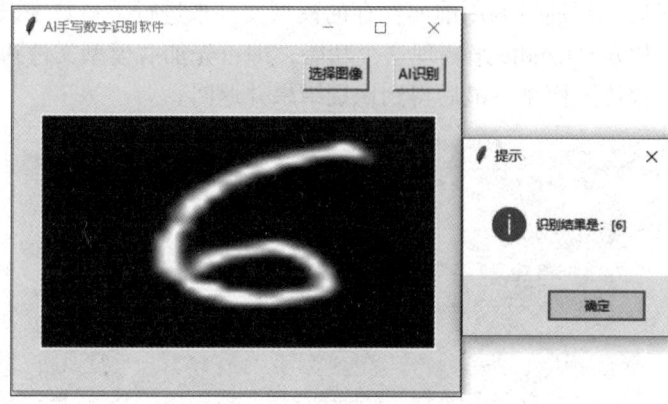

图 9-11　手写数字识别实验

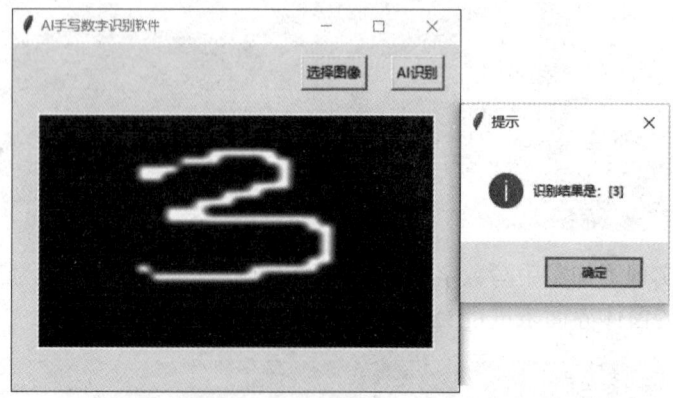

图 9-12　新增的手绘草图数字识别实验

如图 9-11 和图 9-12 所示，用户可选择某手写数字图像，调用预训练的离线模型进行识别，最终得到了正确的识别结果。通过实验评测过程可以发现，采用 AI 模型进行手写数字的分类识别具有一定的通用性，特别是对如图 9-12 所示的新增手绘数字草图也能正确识别，这反映出 AI 强大的特征提取和抽象化能力。

4. 任务总结

程序利用前面介绍的窗体、控件、布局管理和事件函数的知识进行开发，并基于 MNIST 手写数据集训练实现了 AI 模型，通过模型存储和调用实现手写数字识别功能，最后通过事件函数完成对应功能。感兴趣的读者可以考虑更换数据集、设计模型结构和模型接口封装等更为复杂的功能。

任务 9.5　测　　试

1. 任务目标

本次任务目标是对 AI 手写数字识别软件中的部分代码进行测试，熟悉测试的基本流程。

2. 任务要点

AI 手写数字识别软件基于 CNN 技术面向手写数字图像进行训练及测试，包括手写数据集解析、卷积神经网络训练和 GUI 窗口设计开发等内容。因此，本次任务的重点是对识别结果的正确性进行测试，通过前面已搭建的 pytest 测试框架构建测试用例，评测手写数字识别功能的准确性。

3. 任务实施

为了测试 AI 手写数字识别软件功能，我们利用已搭建的 pytest 框架，选择已知的手写数字图像样本设计测试用例。为了便于理解，我们按照手写数字图像的实际数字命名图像文件，并利用 pytest 进行测试。

根据前面章节的学习，我们可以定义获取识别结果的函数，为了演示代码测试过程，首先定义函数 run( ) 获取输入图像识别结果，然后按照识别结果与实际数字的关系，利用 assert 编写测试用例，最后利用 pytest 进行函数测试。

进入工程 shouxieshuzi，新建文件 test_cnn.py，通过以下代码编写测试用例。

```
from tf_test import ocr_handle
# 执行识别
def run(q):
    result = ocr_handle(q)
    print(result)
    # 输出字段
    return int(result[0])
def test_cnn():
```

```
# 测试函数
filename = './images/8.png'
nm = int(filename.split('/')[-1].split('.')[0])
assert run(filename) == nm
```

将代码保存后，打开 cmd 窗口，输入命令 pytest test_cnn.py 调用 pytest 框架进行测试，运行结果可参见图 9-13。

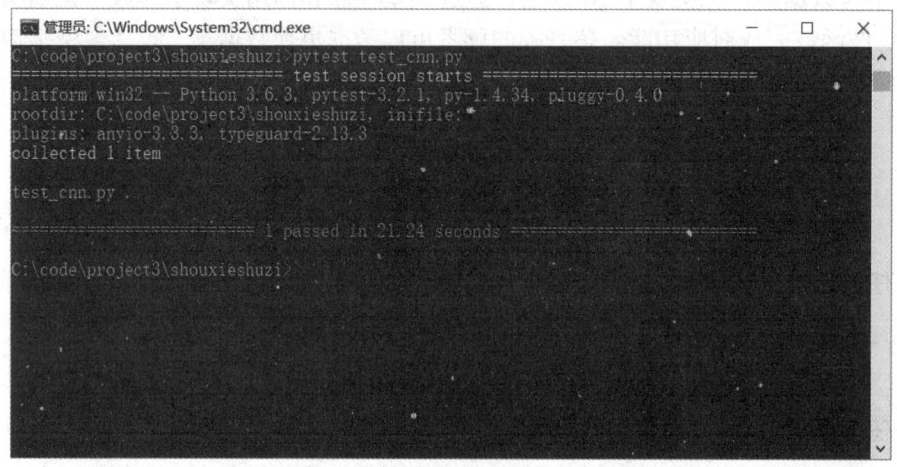

图 9-13 利用 pytest 测试手写数字识别函数

如图 9-13 所示，执行测试后可发现对预设图片样本的测试用例能顺利通过，并打印出了运行耗时等信息。值得注意的是这里包括了模型加载、执行识别和验证输出结果的步骤，考虑到本机使用的 CPU 环境存在一定的程序耗时问题，在模型使用期间可以考虑进行预加载和接口封装调用的方式，提高执行效率。

4. 任务总结

本次任务针对 AI 手写数字识别软件的核心功能进行测试，采用预设的手写数字图像设计测试用例，运行结果证实识别结果的正确性。限于篇幅没有设计其他的测试用例，感兴趣的读者可以参考 pytest 的官方网站。

任务 9.6 验　　收

1. 任务目标

本次任务目标是对 AI 手写数字识别软件进行项目验收，评审项目各个功能模块，填写验收评价表，熟悉项目验收的基本流程。

2. 任务要点

AI 手写数字识别软件包括手写数据集解析、卷积神经网络训练、基于 Python 的 GUI

框架设计开发软件界面以及模型的存储和载入等步骤,通过软件界面交互的方式提供手写数字识别服务。本次任务综合软件界面和功能模块,发起验收申请并设计软件验收评价表,并以填表的方式模拟项目验收评审环节,最终完成项目验收工作。

3. 任务实施

为了进行 AI 手写数字识别软件的项目验收,如表 9-3 所示,设计了软件验收评价表,通过发起验收申请、组织评审和填表评价的方式来实施。

表 9-3 软件验收评价表

软件名称		AI 手写数字识别软件		
开发人		完成时间		
验收人		验收时间		
评审项	评审指标	指标说明	分值 / 分	评分 / 分
软件内容	内容完整性	是否完成任务单中的各项要求	5	
软件运行	运行流畅性	是否可以正常运行	10	
界面效果	界面布局合理性	是否布局合理、层次清晰	2	
	界面布局美观性	是否美观	3	
	界面一致性	控件是否保持风格一致	5	
功能要求	功能设计	技术运用的合理性、代码编写的正确性	15	
	业务流程	关键业务流程实现的合理性	25	
	软件测试	是否通过软件测试	10	
	软件性能	是否易于操作、功能稳定	10	
软件资料	软件代码、说明文档	包含任务单、完整的软件代码、使用说明等文档	15	
总评分			100	
验收结论				
签字				

4. 任务总结

本次任务通过填写软件验收评价表,不仅能掌握软件的基本功能及操作流程,而且能通过沟通反馈来发现软件的不足及改进方向,进而为软件的正式投运和项目拓展打下基础。因此项目验收后,感兴趣的读者可在使用过程中考虑软件功能的进一步拓展,如应用在英文字符识别、车牌识别和人脸识别等应用场景中,也可使用不同的 AI 模型比较识别效果。

综合实训 4　高数问题求解软件

知识目标

- 熟悉 Python 科学计算库的安装方法；
- 熟悉利用 Python 求高数问题的过程，理解符号运算的概念；
- 掌握常用的多项式方程、级数和微积分等问题求解方法；
- 熟悉字符串与符号表达式的转换方法；
- 熟悉基于 Python 的高数问题求解程序的开发过程，了解相关功能模块的实现细节。

综合实训 4　高数问题求解软件

实践目标

- 能够熟练使用 PyCharm 进行高斯问题求解程序设计；
- 能够编写、调试符号运算程序中的定义、赋值和计算输出等；
- 能够熟练建立工程，并能基于 Python 编写常见的高数问题求解程序；
- 能够运用符号运算的相关知识完成工单任务。

素养目标

- 培养高数问题程序化计算的编程能力及调试经验；
- 养成严谨认真、精益求精的软件工匠精神；
- 培养认真仔细、实践创新的能力；
- 树立不断创新、担当作为的进取精神。

任务 10.1　填写项目确认单

1. 任务目标

本项目基于 Python 科学计算库进行设计开发，重点对方程组求解、微积分计算和平面几何等高数问题进行案例化编程，讲解如何基于 Python 对高数问题进行求解，最终得到利用 Python 编程进行数值计算和符号计算的解题方法。本次任务目标是填写项目确认单，了解项目基本背景和应用目标，熟悉项目所需的功能模块，掌握利用 Python 求解高数问题的基本工作流程。

2. 任务要点

Python 求解高数问题的核心是基于 Python 科学计算库进行问题建模，根据问题来设置相应参数，调用对应的求解函数实现高数问题求解。本次任务的目标是填写项目确认单，熟悉 Python 的科学模块，掌握高数问题求解软件的开发流程。

3. 任务实施

请完成表 10-1 的填写。

表 10-1　高数问题求解软件项目确认单

软件名称	高数问题求解软件		
开发人		开始、结束时间	
功能描述	本次任务要求熟悉 Python 的科学计算技术，了解常见高数问题求解方法，运行高数问题求解程序，完成以下内容： （1）求解方程。 （2）计算微分。 （3）计算积分。 （4）平面几何仿真		
拓展功能			
签字			

4. 任务总结

通过填写项目确认单，了解本项目基本背景和应用目标，熟悉基于 Python 科学计算库开发高数问题求解软件的基本内容，掌握高数问题仿真求解的基本工作流程。

任务 10.2　环 境 搭 建

1. 任务目标

工欲善其事，必先利其器。本案例开发基于 Python 科学计算库的高数问题求解软件，主要包括方程组求解、微积分计算和平面几何等高数问题。本次任务目标是对项目所需的开发环境进行搭建，熟悉常用的符号计算库，细化项目功能及应用要求，熟悉项目涉及的数学公式编写及实验方法。

2. 任务要点

Python 是一种简洁、易读和易拓展的高级编程语言，包含丰富的科学计算库，如 Numpy、SciPy 和 SymPy 等扩展库，可提供快速数组计算、数值计算和符号计算等功能。因此，Python 也适合进行工程技术计算、科研仿真分析等，能用程序化的处理方式来进行高数问题的求解。

1）NumPy

NumPy 的全称是 Numerical Python，是 Python 最常用的数值计算库之一。NumPy 底层采用 C 语言编写，既提供了丰富的数组计算功能，可进行高维度矩阵形式计算，也提供了丰富的数学函数库进行快速调用，提高了计算效率。因此，Numpy是Python进行数值计算与分析的有效编程工具。

2）SciPy

SciPy的全称是Scientific Python，是一个面向科学和工程计算的Python开源库。SciPy建立在Numpy的基础上，包含了丰富的数学公式、工程计算和数据分析工具，如傅里叶变换、信号处理和图像处理等。通过SciPy，用户可无须关注算法细节，只需设置合适的参数，并调用对应函数即可完成复杂的计算。

3）SymPy

SymPy的全称是Symbolic Python，是一个用于数学符号运算的Python库。符号运算是数学问题的经典表示，特别是数学公式推导、代数运算等应用，通过符号运算可以精确地构建数学表达式，利用数学符号推理提高计算的可理解性。用户可通过Python编程和SymPy来建立计算机代数运算，在完成公式推导的同时也易于进一步理解和扩展。

3. 任务实施

在Python环境中，可通过pip命令方便地安装拓展库，本次任务通过在命令行下执行pip install numpy、pip install scipy和pip install sympy完成对Numpy、SciPy和SymPy的安装，具体可参见图10-1。

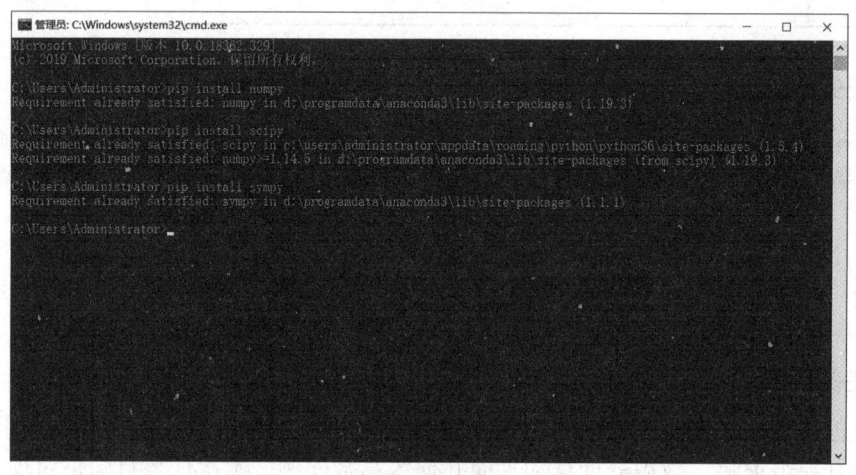

图10-1　科学计算的编程环境配置

下面我们通过建立简单的计算案例，演示Numpy、SciPy和SymPy库的调用方法，了解加载科学计算编程环境的基本流程。

1）建立工程

在PyCharm中新建一个工程kexuejisuan（创建过程可参见第2章），新建文件demo1.py、demo2.py，具体可参见图10-2。

2）引入科学计算编程

在demo1.py中，通过import numpy as np引入numpy编程环境，通过from scipy import optimize引入scipy编程环境，再计算矩阵相加、方程求根，最后输出相应的计算结果，代码如下。

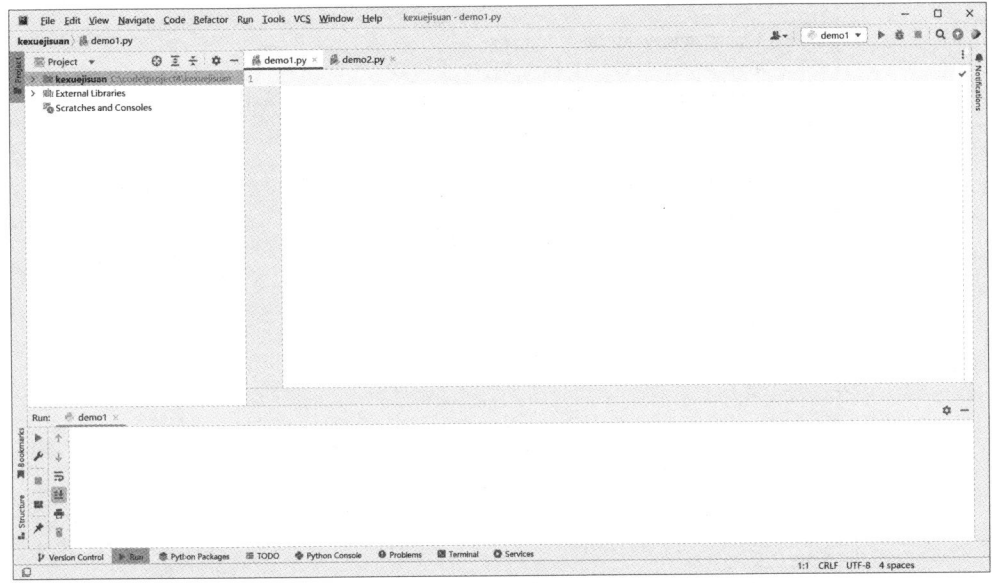

图 10-2 新建工程

```
import numpy as np
a=np.array([[1,2,3],[4,5,6],[7,8,9]])
b=np.array([[1,1,1],[2,2,2],[3,3,3]])
# 计算 a+b
c=a+b
print('矩阵相加得到:',c)
from scipy import optimize
f=lambda x:x*x-2*x+1
# 计算方程的根
result = optimize.root(f,x0=0)
print('方程的根为:',result.x)
```

在 demo2.py 中，通过 from sympy import symbols,solve 引入 sympy 编程环境，计算方程求根，最后输出计算结果，代码如下。

```
from sympy import symbols,solve
x = symbols('x')
y = x*x-2*x+1
# 计算方程的根
result=solve(y,x)
print('方程的根为:',result)
```

如果程序正常运行，会加载对应的库，执行计算并输出对应的结果，具体可参见图 10-3。本应用计算的方程为 $x^2-2*x+1=0$，可以发现方程的根为 1，对应到图 10-3 的计算结果是正确的。读者也可以根据实际情况尝试其他的方程求解方法。

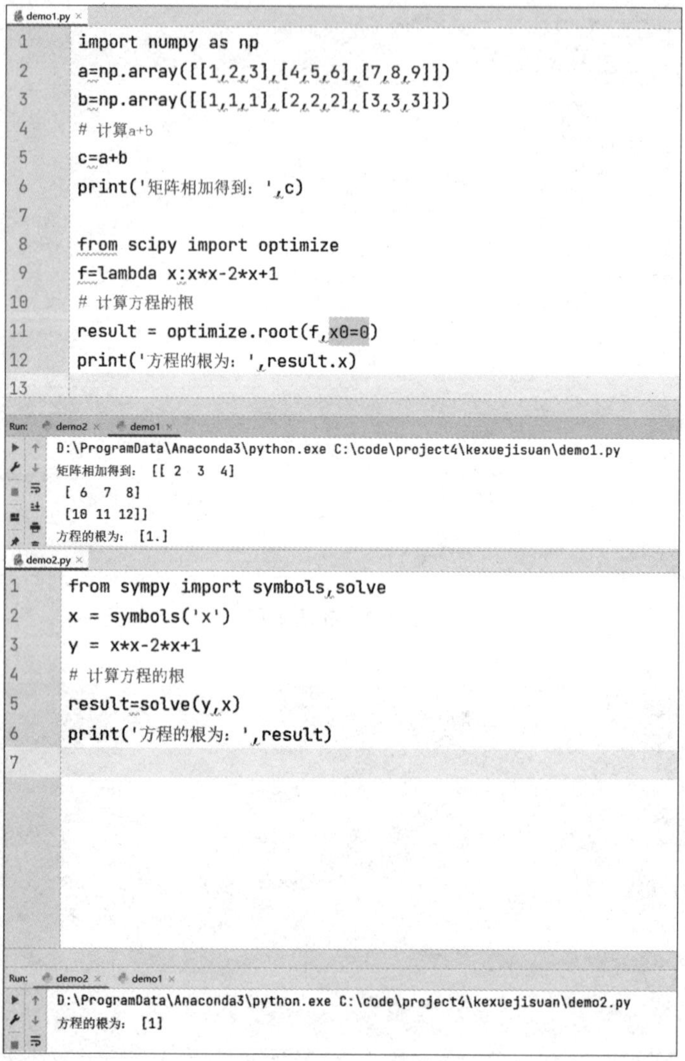
demo1.py
import numpy as np
a=np.array([[1,2,3],[4,5,6],[7,8,9]])
b=np.array([[1,1,1],[2,2,2],[3,3,3]])
# 计算a+b
c=a+b
print('矩阵相加得到：',c)
from scipy import optimize
f=lambda x:x*x-2*x+1
# 计算方程的根
result = optimize.root(f,x0=0)
print('方程的根为：',result.x)
Run: demo2 demo1
D:\ProgramData\Anaconda3\python.exe C:\code\project4\kexuejisuan\demo1.py
矩阵相加得到： [[2 3 4]
[6 7 8]
[10 11 12]]
方程的根为： [1.]
demo2.py
from sympy import symbols,solve
x = symbols('x')
y = x*x-2*x+1
# 计算方程的根
result=solve(y,x)
print('方程的根为：',result)
Run: demo2 demo1
D:\ProgramData\Anaconda3\python.exe C:\code\project4\kexuejisuan\demo2.py
方程的根为： [1]

图 10-3　引入科学计算编程示例

4. 任务总结

通过本次任务，明确了本项目的应用目标，熟悉了利用 Python 进行科学计算的基础知识，并成功搭建项目所需的开发环境。最后，通过 PyCharm 创建项目工程，为项目的功能设计和实现打下了基础。

任务 10.3　界 面 设 计

1. 任务目标

上一个任务概要介绍了科学计算编程的相关知识，搭建了基础编程环境，接下来我们将演示如何进行高数问题求解软件的界面设计，通过控件添加和布局管理的方式，阐述软件界面设计的基本过程，然后进行设计内容的拓展，最终完成高数问题求解软件的界面设计工作。

2. 任务要点

高数问题求解软件主要面向科学计算的经典案例需求，软件界面包括方程求解、微积分计算、平面几何和数值优化计算等控件，对应到前面学到的 Label 控件、Button 控件，通过对控件进行属性设置完成软件界面设计。

1）Label 控件

设置 Label 控件，用于显示标题。

2）Button 控件

设置"方程求解""微积分计算""平面几何"和"数值优化计算"等 Button 控件，用于功能执行。

3. 任务实施

为了形象化地完成高数问题求解软件的界面设计，如图 10-4 所示，我们用 WPS、画图等软件通过绘图方式设计一个窗体，通过 Label、Button 控件组合，实现高数问题求解软件的可视化设计。

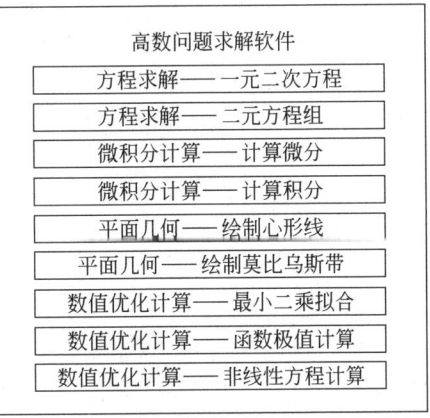

图 10-4 高数问题求解软件窗体设计图示

要做出如图 10-4 所示的界面，进入工程 kexuejisuan，新建文件 demo3.py，在其中设计自定义的类 MainUI，将整个界面设计工作分为三个步骤来完成，以下为类的初始定义代码。

```
class MainUI:
    # 创建窗体
    def __init__(self):
        pass
    # 添加控件
    def create_widget(self):
        pass
    # 布局窗体
    def layout_widget(self):
        pass
```

1）创建窗体

通过 Python 的 Tkinter 框架设计一个窗体，设置窗体的尺寸、标题等属性。

```
def __init__(self):
    self.root = Tk()
    # 设置标题
    self.root.title('高数问题求解软件')
```

```python
    # 设置窗体尺寸
    self.root.geometry("340x410")
    # 启动窗体
    self.create_widget()
    self.layout_widget()
    self.root.mainloop()
```

2）添加控件

在窗体上添加标签、按钮和选择框等控件，完善窗体的构成。

```python
# 添加控件
def create_widget(self):
    # label
    self.label_title = Label(text=" 高数问题求解典型案例集锦 ")
    # button
    self.button_run1 = Button(width=25)
    self.button_run2 = Button(width=25)
    self.button_run3 = Button(width=25)
    self.button_run4 = Button(width=25)
    self.button_run5 = Button(width=25)
    self.button_run6 = Button(width=25)
    self.button_run7 = Button(width=25)
    self.button_run8 = Button(width=25)
    self.button_run9 = Button(width=25)
    self.button_run1['text'] = '方程求解—— 一元二次方程'
    self.button_run2['text'] = '方程求解——二元方程组'
    self.button_run3['text'] = '微积分计算——计算微分'
    self.button_run4['text'] = '微积分计算——计算积分'
    self.button_run5['text'] = '平面几何——绘制心形线'
    self.button_run6['text'] = '平面几何——绘制莫比乌斯带'
    self.button_run7['text'] = '数值优化计算——最小二乘拟合'
    self.button_run8['text'] = '数值优化计算——函数极值计算'
    self.button_run9['text'] = '数值优化计算——非线性方程计算'
```

3）布局窗体

调整窗体各个控件的位置，完成布局窗体。

```python
# 布局窗体
spc=40
self.label_title.place(x=100, y=spc*0)
self.button_run1.place(x=80, y=spc*1)
self.button_run2.place(x=80, y=spc*2)
self.button_run3.place(x=80, y=spc*3)
self.button_run4.place(x=80, y=spc*4)
```

```
self.button_run5.place(x=80, y=spc*5)
self.button_run6.place(x=80, y=spc*6)
self.button_run7.place(x=80, y=spc*7)
self.button_run8.place(x=80, y=spc*8)
self.button_run9.place(x=80, y=spc*9)
```

综合使用这三个步骤的代码,即可完成高数问题求解软件界面设计,程序启动后即可弹出软件窗体,具体效果可参见图10-5。

在 demo3.py 中通过控件添加和布局管理方式,完成了软件界面设计,感兴趣的读者可结合自己的想法对软件界面设计和布局进行修改,查看运行效果。完成高数问题求解软件的界面设计之后,可以分析设计流程并进行拓展,结合软件需求展开功能设计工作。

4. 任务总结

通过本次任务,我们设计并实现了一个简单的高数问题求解软件,包含生成窗体、添加控件和布局管理等基本步骤,界面设计简洁且功能丰富,覆盖了高数问题求解软件的基本需求。下一步,结合科学计算工具包及具体需求,为高数问题求解软件添加对应的事件函数,实现高数问题求解软件功能。

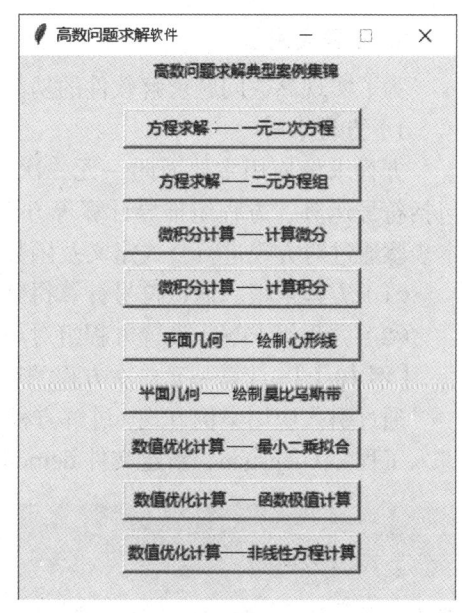

图 10-5 高数问题求解软件界面设计示意图

任务 10.4 功 能 设 计

1. 任务目标

完成了高数问题求解软件的界面设计之后,为了实现对应的功能,这个时候需要我们通过完善事件响应函数,完成功能设计。根据高数问题求解软件的功能需求,我们将功能设计分为四个功能模块,分别是方程求解、微积分计算、平面几何和数值优化计算,通过事件响应函数方式,关联到对应的控件来实现软件功能。

2. 任务要点

本次任务按照前面设计的软件界面,对各个功能模块进行设计开发,通过添加事件函数方式实现项目的各项功能。

1)方程求解

方程求解包括一元二次方程、二元方程组的典型案例。

2）微积分计算

微积分计算包括计算微分、计算积分的典型案例。

3）平面几何

平面几何包括绘制心形线、绘制莫比乌斯带的典型案例。

4）数值优化计算

数值优化计算包括最小二乘拟合、函数极值计算和非线性方程计算的典型案例。

3. 任务实施

为了实现高数问题求解软件的功能，我们分成四步来实施。

1）方程求解

方程求解应用主要面向一元二次方程计算通解、方程求根和方程组求解，主要内容包括符号运算、方程组推导计算等方面，对应到前面提到的 Numpy、SciPy 和 SymPy 库，本步骤通过对方程进行公式定义及函数调用的方式来完成计算。

（1）方程求根。通过符号计算得到一元二次方程的通解，对特定的方程计算对应的根。

（2）方程组求解。设置方程组对象，通过建立符号方程等方式计算方程组的解。

【例 10-1】 计算一元二次方程的通解。

通过引入应用案例方式，讲解方程求解方法，首先演示如何计算一元二次方程的通解，进入工程 kexuejisuan，新建文件 demo4-1.py，代码如下。

```python
from sympy import *
# 定义符号
x, a, b, c = symbols('x a b c')
# 定义一元二次方程
y=a*x**2+b*x+c
# 计算通解
result=solve(y, x)
# 显示结果
print(result)
```

程序定义了标准的一元二次方程：

$$x^2+bx+c=0$$

调用符号运算库的 solve 函数进行求解，得到方程的通解，最终输出结果如图 10-6 所示。

```
demo4-1 ×
D:\ProgramData\Anaconda3\python.exe C:/code/project4/kexuejisuan/demo4-1.py
[(-b + sqrt(-4*a*c + b**2))/(2*a), -(b + sqrt(-4*a*c + b**2))/(2*a)]

Process finished with exit code 0
```

图 10-6 计算一元二次方程的通解

从图 10-6 可以发现，该通解为

$$\frac{-b \pm \sqrt{a^2-4ac}}{2a}$$

这正是我们在数学中学到的一元二次方程通用根的定义，表明了利用 Python 进行方程计算的有效性。

【例 10-2】 计算二元方程组的解。

可以将方程组直观地理解为多个方程的组合，在 Python 中也可类似的进行计算，下面我们以一个二元方程组示例，演示如何计算方程组的解。进入工程 kexuejisuan，新建文件 demo4-2.py，代码如下。

```python
from sympy import *
# 定义符号
x, y = symbols('x y')
# 定义方程组
zs=[5*x+2*y-18, 3*x-2*y+2]
# 计算
result=solve(zs, [x,y])
# 显示结果
print(result)
```

程序定义了一个简单的方程组：

$$\begin{cases} 5x+2y-18=0 \\ 3x-2y+2=0 \end{cases}$$

调用符号运算库 solve 函数进行求解，得到方程组的解，最终输出结果如图 10-7 所示。

```
demo4-2 ×
D:\ProgramData\Anaconda3\python.exe C:/code/project4/kexuejisuan/demo4-2.py
{x: 2, y: 4}

Process finished with exit code 0
```

图 10-7 计算方程组的解

因此，该方程组的解为 $x=2$、$y=4$，将其代入方程组以验证解的正确性，表明了利用 Python 求解方程组的有效性。

通过本步骤，我们设计并实现了利用 Python 计算一元二次方程的通解，如何定义方程组并进行求解，通过引入对应的程序案例演示了基本计算过程。感兴趣的读者可结合高等数学中遇到的其他更为复杂的方程或方程组问题进行编程仿真，熟悉基于 Python 进行方程求解的过程。

2）微积分计算

微积分是高等数学中经常用到的数学概念之一，主要包括计算微分（differentiation）、积分（integration）以及相关应用。本步骤的重点是讲解如何利用 Python 进行微积分计算，包括计算高阶微分、多重积分等复杂的数学问题。

微积分计算主要包括计算微分、偏微分、积分和多重积分等方面，对应前面提到的 Numpy、SciPy 和 SymPy 库，本步骤通过对微积分方程进行定义及函数调用方式完成计算。

（1）微分计算。通过 diff 函数完成微分计算，包括计算微分和偏微分。

（2）积分计算。通过 integrate 函数完成积分计算，包括计算积分和多重积分。

【例 10-3】 计算微分。

下面演示如何计算微分和偏微分，进入工程 kexuejisuan，新建文件 demo4-3.py，代码如下。

```python
from sympy import *
# 定义符号
x, y = symbols('x y')
# 定义表达式
z = 5*x**3+4*y**2+3*x*y+2
# 计算1阶微分
result=diff(z,x)
# 显示结果
print(result)
# 计算2阶微分
result2=diff(z,y,2)
# 显示结果
print(result2)
```

程序定义了表达式：

$$z=5x^3+4y^2+3xy+2$$

下面调用符号运算库的 diff 函数计算微分：

$$\frac{\partial z}{\partial x}, \frac{\partial^2 z}{\partial y^2}$$

得到对应的微分结果，最终输出结果如图 10-8 所示。

```
demo4-3 ×
D:\ProgramData\Anaconda3\python.exe C:/code/project4/kexuejisuan/demo4-3.py
15*x**2 + 3*y
8

Process finished with exit code 0
```

图 10-8　计算微分

从图 10-8 可以发现，微分结果为

$$\frac{\partial z}{\partial x}=15x^2+3y$$

$$\frac{\partial^2 z}{\partial y^2}=8$$

正是我们在数学中学到的微分计算的结果，这也表明了利用 Python 进行微分计算的有效性。

【例 10-4】 计算积分。

从直观上来看，可以将积分理解为微分的逆过程，在 Python 中可类似地进行计算。下面我们以一个积分求解示例，演示如何计算积分和多重积分。进入工程 kexuejisuan，新建文件 demo4-4.py，代码如下。

```
om sympy import *
# 定义符号
x, y = symbols('x y')
# 定义表达式
z = 5*x**3+4*y**2+3*x*y+2
# 计算积分
result=integrate(z, (x, 0, 1))
# 显示结果
print(result)
# 计算多重积分
result2=integrate(integrate(z,(x,0,1)),(y,0,1))
# 显示结果
print(resul
```

程序定义了表达式：

$$z=5x^3+4y^2+3xy+2$$

下面调用符号运算库的 integrate 函数计算积分：

$$\int_0^1 z\mathrm{d}x, \int_0^1 \int_0^1 z\mathrm{d}x\mathrm{d}y$$

得到对应的积分结果，最终输出结果如图 10-9 所示。

```
demo4-4 ×
D:\ProgramData\Anaconda3\python.exe C:/code/project4/kexuejisuan/demo4-4.py
4*y**2 + 3*y/2 + 13/4
16/3

Process finished with exit code 0
```

图 10-9　计算积分

从图 10-9 可以发现，积分结果为

$$\int_0^1 z\mathrm{d}x = 4y^2 + \frac{3}{2}y + \frac{13}{4}$$

$$\int_0^1 \int_0^1 z\mathrm{d}x\mathrm{d}y = \frac{16}{3}$$

正是我们在数学中学到的积分计算的结果，这也表明了利用 Python 进行积分计算的有效性。

通过以上例子，我们设计并实现了如何利用 Python 计算微积分问题，如何定义表达式并计算高阶微分和多重积分。下一步，感兴趣的读者可结合高等数学中遇到的其他更为复杂的微积分问题进行编程仿真，熟悉基于 Python 进行微积分求解的过程。

3）平面几何

平面几何是高等数学中侧重于逻辑推理和抽象可视化的领域，一般通过绘制几何图形来建立数学问题的可视化表达，是高等数学重要组成部分。本步骤重点是讲解如何利用 Python 进行平面几何计算，包括几何图形的逻辑推理、绘图可视化等复杂数学问题。

通过 Python 的 SymPy 库，既可调用 geometry 模块来创建平面几何的绘图对象，包括常见的点、线和面等，也可以用来计算图形的基本属性，如计算面积、判断图形对象是否共线和计算交点等。

（1）二维曲线。通过设置二维曲线参数，调用函数 Plot( ) 完成二维曲线绘制，分析、对比不同图形对象构成的绘图效果。

（2）三维曲面。通过设置三维曲面参数，调用函数 Plot( ) 完成三维曲面绘制，分析、对比不同图形对象构成的绘图效果。

【例 10-5】绘制经典的心形线。

通过引入应用案例方式，讲解平面几何绘图方法，首先演示如何处理二维平面几何问题，进入工程 kexuejisuan，新建文件 demo4-5.py，代码如下。

```
from sympy import symbols
from sympy import plot_implicit
# 定义符号
x, y = symbols('x y')
# 绘制心形线
p1 = plot_implicit((x**2+y**2-1)**3-x**2*y**3, (x, -2, 2), (y, -2, 2))
```

程序定义了心形线的表达式：

$$(x^2+y^2-1)^3-x^2y^3=0$$

调用符号运算库的 plot_implicit 函数进行绘图，设置坐标系范围为 [-2,2,-2,2]，运行后会得到对应的绘图结果，最终输出结果如图 10-10 所示。

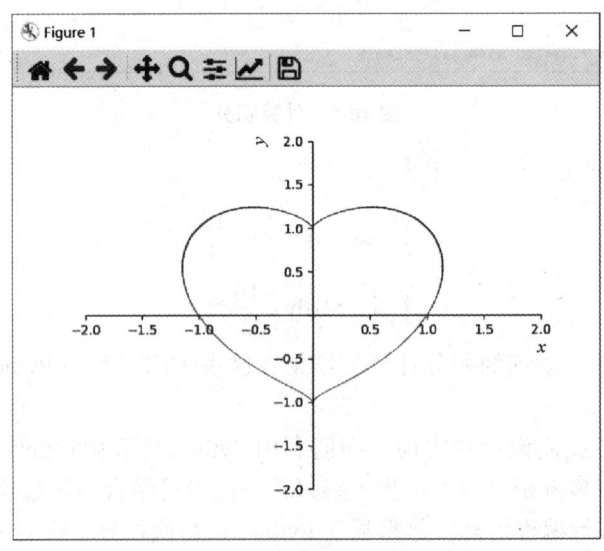

图 10-10 心形线绘图

从图 10-10 可以发现，绘制的心形线正是我们在数学中学到的"心形线"几何效果，这也表明了利用 Python 进行平面几何可视化绘图的有效性。

【例 10-6】 绘制经典的莫比乌斯带。

莫比乌斯带又称为梅比斯环或麦比乌斯带，它是一种经典的拓扑学结构，只有一个面（表面）和一个边界。关于莫比乌斯带，一个比较有趣的例子就是"放一只蚂蚁在莫比乌斯带，则蚂蚁可以不用跨过纸带的边缘而爬遍整个曲面"。下面我们以三维平面几何绘图为例，演示如何绘制经典莫比乌斯带。进入工程 kexuejisuan，新建文件 demo4-6.py，代码如下。

```
from sympy import *
from sympy.plotting import plot3d_parametric_surface
# 定义符号
u, v = symbols('u v')
# 生成莫比乌斯带
x=(1+v/2*cos(u/2))*cos(u)
y=(1+v/2*cos(u/2))*sin(u)
z=v/2*sin(u/2)
# 绘制莫比乌斯带
plot3d_parametric_surface(x,y,z, (u, 0, 2*pi), (v, -1, 1))
```

程序定义了表达式：

$$x(u,v)=\left[1+\frac{1}{2}v\cos\left(\frac{1}{2}u\right)\right]\cos(u)$$

$$y(u,v)=\left[1+\frac{1}{2}v\cos\left(\frac{1}{2}u\right)\right]\sin(u)$$

$$z(u,v)=\frac{1}{2}v\sin\left(\frac{1}{2}u\right)$$

调用符号运算库的 plot3d_parametric_surface 函数进行绘图，设置参数范围为 [0,2*pi, -1,1]，运行后会得到对应绘图结果，最终输出结果如图 10-11 所示。

从图 10-11 可以发现，绘制的图形正是我们在数学中学到的"莫比乌斯带"几何效果，这也表明了利用 Python 进行平面几何三维可视化绘图的有效性。

通过以上例子，我们设计并实现了如何利用 Python 计算平面几何问题，如何绘制二维曲线和三维曲面。下一步，感兴趣的读者可结合高等数学中遇到的其他更为复杂的平面几何问题进行编程仿真，熟悉基于 Python 进行平面几何问题求解的过程。

4）数值优化计算

数值优化计算是高等数学中典型的分析类问题解决方法，常见的有最小二乘拟合、函数极值计算和非线性方程求解等。重点讲解如何利用 Python 进行数值优化计算，包括数值优化方法在数学建模中进行参数拟合、极值计算和非线性问题求解等复杂数学问题。

数值优化计算的典型应用主要包括最小二乘拟合、函数极值和非线性方程求解等方面，对应到前面提到的 Numpy、SciPy 和 SymPy 库，本步骤通过对数值优化问题进行分析及建模求解方式来完成计算。

（1）最小二乘拟合。通过 leastsq( ) 函数完成最小二乘计算，包括模型定义和数值拟合。

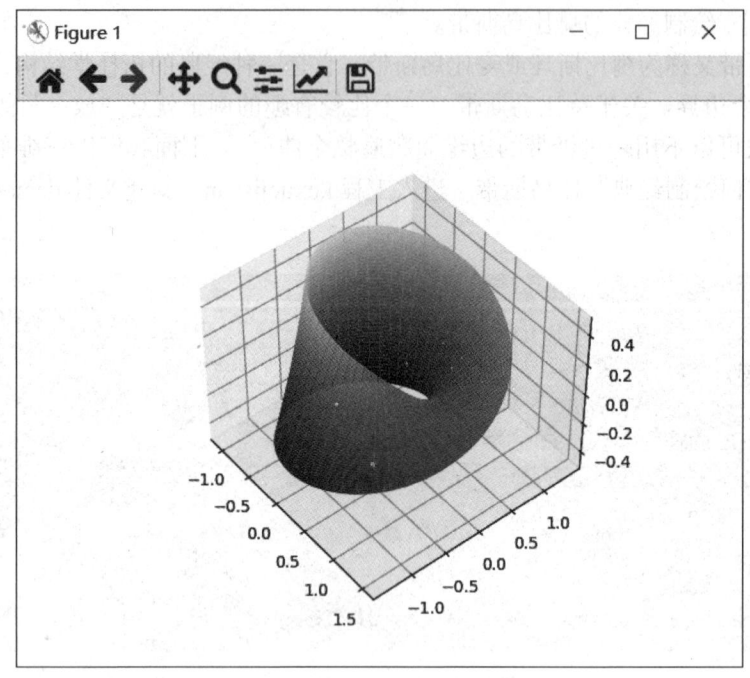

图 10-11　莫比乌斯带绘图

（2）函数极值计算。通过 fmin、fmin_powell 等函数，完成函数极值计算，包括模型定义和极值计算。

（3）非线性方程求解。通过 fsolve 函数完成非线性方程求解，包括非线性方程定义和方程求解。

【例 10-7】 最小二乘拟合案例。

通过引入应用案例方式，讲解最小二乘拟合方法，对于某组实验数据集，通过构建包含未知参数的函数关系进行数学建模，再基于最小二乘方法进行拟合，计算出函数参数，最终得到数据集的函数关系表达式。本案例假设某实验数据集如表 10-2 所示。

表 10-2　某实验数据集

项目	1	2	3	4	5	6	7	8	9
x	7.25	1.11	5.56	8.99	4.19	2.88	3.96	6.38	9.88
y	7.14	1.20	5.49	9.02	4.16	3.00	4.01	6.42	9.75

从实验数据集，可以直观地发现 x、y 存在线性关系，因此考虑建立直线的函数模型 y=k*x+b（其中 k、b 为直线参数），采用最小二乘方法进行拟合以得到这两个参数。在 Python 中可引入 scipy.optimize 模块，采用 leastsq( ) 方法对数据进行最小二乘拟合。下面我们来演示如何构建函数关系并调用 leastsq( ) 进行最小二乘拟合计算，进入工程 kexuejisuan，新建文件 demo4-7.py，代码如下。

```
import numpy as np
from scipy.optimize import leastsq
# 实验数据集
x = [7.25,1.11,5.56,8.99,4.19,2.88,3.96,6.38,9.88]
y = [7.14,1.20,5.49,9.02,4.16,3.00,4.01,6.42,9.75]
# 定义函数模型
def model_func(kb):
    k = kb[0]
    b = kb[1]
    r = np.array(y)-(k*np.array(x)+b)
    return r
# 最小二乘拟合
kb = leastsq(model_func,[1,1])
k=kb[0][0]
b=kb[0][1]
print('y={0:.2f}*x+{1:.2f}'.format(k,b))
# 计算模拟值
y2 = k*np.array(x) + b
print(y2)
# 绘图可视化
import matplotlib.pyplot as plt
plt.rcParams['font.family'] = ['sans-serif']
plt.rcParams['font.sans-serif'] = ['SimHei']
plt.scatter(x, y, label='实验数据集')
plt.plot(x,y2, label='最小二乘拟合得到的直线')
plt.legend()
plt.title('最小二乘拟合')
plt.show()
```

程序定义了表达式：

$$f(x)=(x-1)^2$$

最小二乘拟合就是寻找参数使待拟合函数与实际值的误差和最小，公式如下：

$$E=\sum_{i=1}^{N}[y_i-f(x_i)]^2$$

其中，(x^i, y^i) 表示实验数据集。程序运行后得到对应的最小二乘拟合结果，输出函数模型计算出的值并绘图呈现，最终输出结果如图 10-12 和图 10-13 所示。

```
D:\ProgramData\Anaconda3\python.exe C:/code/project4/kexuejisuan/demo4-7.py
y=0.98*x+0.12
[7.21377856 1.2026953  5.55926215 8.91724515 4.21802697 2.935532
 3.99285689 6.36204526 9.78855852]
```

图 10-12　最小二乘拟合的输出结果

从图 10-12 和图 10-13 可以发现，最小二乘拟合后的结果为

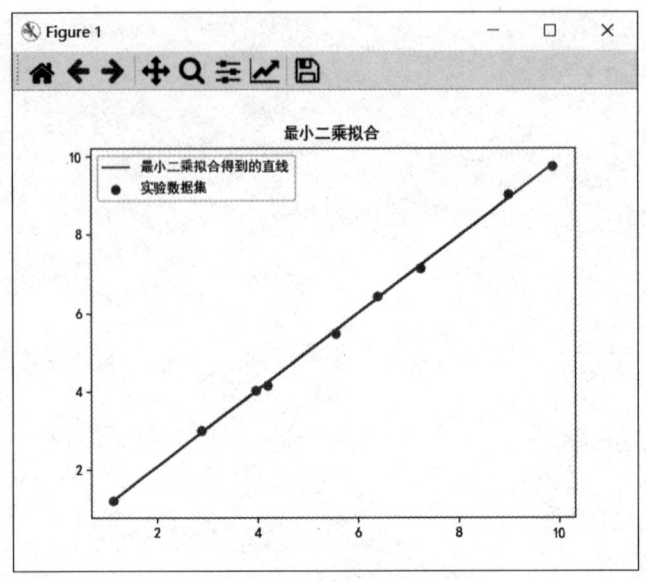

图 10-13　最小二乘拟合的绘图显示

$$y=0.98x+0.12$$

这是一个典型的线性模型,根据输出结果和实验数据集以及绘图显示结果,可以发现线性模型得到的输出值与实验数据集的 y 值较为相似,因此经过最小二乘拟合得到了合理的建模结果。这也正是我们在高等数学中学到的典型数值拟合应用,表明了利用 Python 利用优化方法求解最小二乘拟合问题的有效性。

【例 10-8】 函数极值计算案例。

函数极值是典型的数值优化应用之一,本案例采用 optimize 模块来计算函数极值,可通过调用 fmin 等函数进行计算。下面我们以一个极值计算示例来演示如何计算函数极值。进入工程 kexuejisuan,新建文件 demo4-8.py,代码如下。

```
import numpy as np
from scipy.optimize import fmin
def fun(x):
    y = (x-1)**2
    return y
init=[0]
r = fmin(fun, init)
print('极小值为:({0:.2f},{1:.2f})'.format(r[0],fun(r[0])))
# 绘图可视化
import matplotlib.pyplot as plt
plt.rcParams['font.family'] = ['sans-serif']
plt.rcParams['font.sans-serif'] = ['SimHei']
plt.rcParams['axes.unicode_minus']=False
x = np.linspace(-15,15)
```

```
y = fun(x)
plt.plot(x, y, label=' 函数曲线 ')
plt.scatter(r,fun(r), label=' 极小值 ')
plt.legend()
plt.title(' 计算函数极值 ')
plt.show()
```

程序定义了表达式：

$$y=(x-1)^2$$

采用 fmin( ) 函数计算极小值，设置初值为 0 并进行求解，程序运行后得到对应的极小值，输出结果并绘图呈现，最终输出结果如图 10-14 和图 10-15 所示。

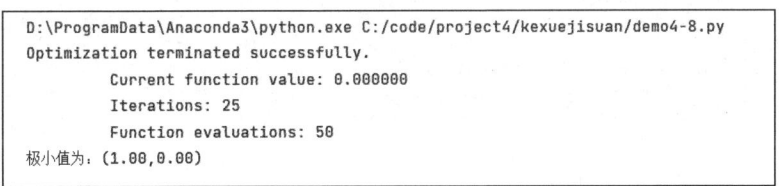

图 10-14　计算函数极值的输出结果

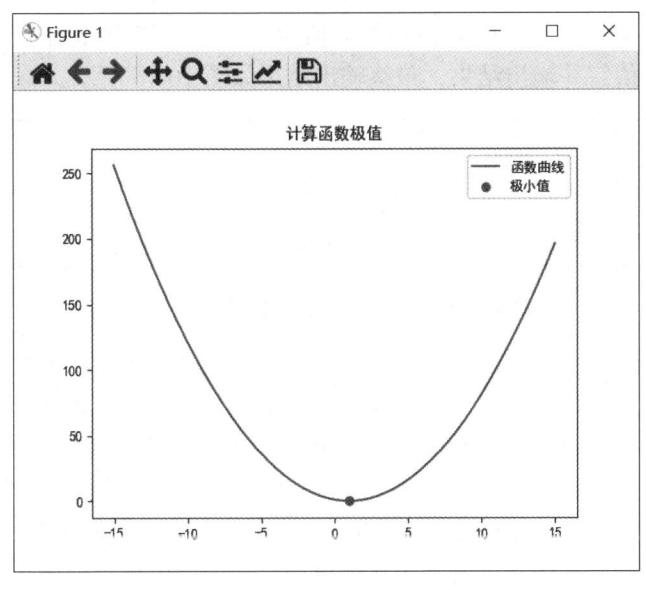

图 10-15　计算函数极值的绘图显示

从图 10-14 和图 10-15 可以发现，计算函数极值的结果为（1，0），该点处于曲线的最低位置，对应函数的极小值。这正是我们在高等数学中学到的典型极值计算应用，表明了利用 Python 优化方法求解函数极值问题的有效性。

【例 10-9】非线性方程求解案例。

非线性方程求解是典型的数值优化应用之一，本案例采用 optimize 模块来计算非线性方程的数值解，可通过调用 fsolve 函数进行计算。进入工程 kexuejisuan，新建文件 demo4-9.py，代码如下。

```python
import math
from scipy.optimize import fsolve
def fun(xs):
    x1=xs[0]
    x2=xs[1]
    #  非线性方程组
    y = [x1+x2**2, math.cos(x1)+math.sin(x2)]
    return y
init=[0,0]
r = fsolve(fun, init)
y = fun(r)
print('数值解为:({0:.2f},{1:.2f})'.format(r[0],r[1]))
print('数值解代入方程得到:', y)
```

程序定义了非线性方程组：

$$\begin{cases} x^1+x_2^2=0 \\ \cos x_1+\sin x_2=0 \end{cases}$$

采用 fsolve 函数计算非线性方程组的数值解，设置初值为 [0,0] 并进行求解，程序运行后得到对应的数值解并输出结果，最终输出结果如图 10-16 所示。

```
D:\ProgramData\Anaconda3\python.exe C:/code/project4/kexuejisuan/demo4-9.py
数值解为：(-0.72,-0.85)
数值解代入方程得到： [1.9984014443252818e-15, 2.1094237467877974e-15]

Process finished with exit code 0
```

图 10-16 计算非线性方程组数值解的输出结果

从图 10-16 可以发现，计算非线性方程组数值解的结果为 x_1= –0.72，x_2= –0.85，将该组数值解代入方程，可得到近似于 0 的结果。这也正是我们在高等数学中学到的典型非线性方程求解应用，表明了利用 Python 利用优化方法求解非线性问题的有效性。

通过本步骤，我们设计并实现了如何利用 Python 计算数值优化问题，如何通过函数定义模型并进行优化计算，得到最小二乘拟合、函数极值和非线性方程求解应用。下一步，感兴趣的读者可结合高等数学中遇到的其他更为复杂的数值优化问题，进行编程仿真，熟悉基于 Python 进行数值优化计算过程。

4. 任务总结

程序分别从方程求解、微积分计算、平面几何和数值优化计算四个方面，实现高数问题求解应用，并给出了实验代码和结果示例，可通过窗体事件函数完成应用的窗体功能。读者可以考虑更换高数问题、设计求解方法和可视化显示等更为复杂的功能。

任务 10.5　测　　试

1. 任务目标

本次任务目标是对高数问题求解软件中的部分代码进行测试，熟悉测试的基本流程。

2. 任务要点

高数问题求解软件主要面向科学计算的经典案例进行设计开发，包括方程求解、微积分计算、平面几何和数值优化计算等内容。因此，本次任务的重点是对计算结果的正确性进行测试，通过前面已搭建的 pytest 测试框架构建测试用例，评测高数问题求解功能的准确性。

3. 任务实施

为了测试高数问题求解软件的功能，我们利用已搭建的 pytest 框架，选择基础的方程求解应用来设计测试用例。为了便于理解，我们以计算方程 $x^3-8=0$ 为例设计测试方案，并利用 pytest 进行测试。

根据前面章节的学习，我们可以定义获取方程计算结果的函数，为了演示代码测试的过程，首先定义函数 run( ) 获取方程的计算结果，然后分别按照方程数值解的对应关系来利用 assert 编写测试用例，最后利用 pytest 进行函数的测试。

进入工程 kexuejisuan，新建文件 test_fc.py，通过以下代码编写测试用例。

```python
from sympy import symbols,solve
#　执行计算
def run():
    x = symbols('x')
    y = x ** 3 - 8
    #　计算方程的根
    result = solve(y, x)
    return result[0]
def test_fc():
    #　测试函数
    assert run() == 2
```

将代码保存后，打开 cmd 窗口，输入命令 pytest test_fc.py 调用 pytest 框架进行测试，运行结果可参见图 10-17。

如图 10-17 所示，执行测试后可发现对给定的方程进行求解的测试用例能顺利通过，并打印出了运行耗时等信息。值得注意的是，这里是对比较基础的方程求解问题进行的测试，采用的是结果对照方式，对于其他诸如最小二乘拟合等问题求解可以采用误差对比等方式展开测试分析。

图 10-17 利用 pytest 测试方程求解函数

4. 任务总结

本次任务针对高数问题求解软件的方程求解功能进行测试，采用预设方程求解的结果对照来设计测试用例，运行结果表明计算结果的正确性。限于篇幅没有设计其他的测试用例，感兴趣的读者可以参考 pytest 的官方网站。

任务 10.6 验　　收

1. 任务目标

本次任务目标是对高数问题求解软件进行项目验收，评审项目各个功能模块，填写验收评价表，熟悉项目验收的基本流程。

2. 任务要点

本次任务综合案例程序编码和功能效果，发起验收申请并设计软件验收评价表，并以填表的方式模拟项目验收评审环节，最终完成项目验收工作。

3. 任务实施

为了进行高数问题求解应用的项目验收，如表 10-3 所示，设计了软件验收评价表，通过发起验收申请、组织评审和填表评价方式来实施。

表 10-3　软件验收评价表

软件名称		高数问题求解应用	
开发人		完成时间	
验收人		验收时间	

续表

评审项	评审指标	指标说明	分值/分	评分/分
软件内容	内容完整性	是否完成任务单中的各项要求	5	
软件运行	运行流畅性	是否可以正常运行	10	
案例效果	案例合理性	是否功能合理、层次清晰	2	
	思路清晰性	解题思路是否清晰	3	
	结果正确性	解题结果是否正确	5	
功能要求	功能设计	技术运用的合理性、代码编写的正确性	15	
	业务流程	关键业务流程实现的合理性	25	
	软件测试	是否通过软件测试	10	
	软件性能	是否易于操作、功能稳定	10	
软件资料	软件代码、说明文档	包含任务单、完整的软件代码、使用说明等文档	15	
总评分			100	
验收结论				
签字				

4. 任务总结

项目验收对于软件工程项目的开发具有重要意义，既是对项目建设情况高度负责的表现，也是对整个项目结果的总体评价。本次任务通过填写软件验收评价表，不仅能掌握软件的基本功能及操作流程，而且能通过沟通反馈发现软件的不足及改进方向，进而为软件正式投运和项目拓展打下基础。因此项目验收后，读者可在使用过程中考虑应用功能的进一步拓展，如其他方程组求解、微积分计算、平面几何绘图及结果导出等。

参 考 文 献

[1] 陈守森. 程序设计基础（Python 语言）（微课视频版）[M]. 北京：清华大学出版社，2023.

[2] 江红，余青松. Python 程序设计与算法基础教程（项目实训·题库·微课视频版）[M]. 3 版. 北京：清华大学出版社，2023.

[3] 董付国. Python 程序设计基础与应用 [M]. 2 版. 北京：机械工业出版社，2022.

[4] 乔海燕. Python 程序设计基础——程序设计三步法（微课版）[M]. 北京：清华大学出版社，2021.